# 선박동력 전달장치

장학수 · 이충성 · 최민종
김진구 · 문병영 지음

SHIP POWER TRANSMISSION SYSTEM

GS인터비전

# 머리말

본 선박동력전달장치 책자는 부산대학교 조선해양공학과 산학연구교수와 군산대학교 조선해양공학과 교수들이 수년간 강의한 선박의 동력전달장치에 관한 내용을 취합하여 책으로 편찬하고자 작성되었다. 편찬에 참여한 저자들은 국내 대형 조선소 출신으로 30년 이상의 경력을 보유하고 있으며, 특히 실무를 수행하면서 경험한 내용을 선박 이론에 추가하여 조선공학 분야 및 선박운항 분야를 전공하고자 하는 학생과 선박 관련 실무자, 배의 동력전달장치에 관심이 있는 일반인들이 조선 지식과 전문적인 업무에 쉽게 접근할 수 있도록 기술하고자 노력하였다.

본 책자는 학생, 일반인, 실무자들이 상식적으로 알고 있는 박용기관이나 축계장치, 프로펠러 등의 단편적인 지식을 시스템적으로 통합한 선박동력전달장치에 대한 구체적인 내용으로서 각종 추진동력장치의 종류와 특징 및 축계의 역할과 진동 문제와 추진기 이론 및 기능과 역할에 대해 기술하여 설계에 참고할 수 있도록 하였다. 즉, 동력생성장치인 디젤엔진 등의 주기관, 동력전달요소인 축계, 그리고 추진력을 발휘하는 선박용 추진기를 기술하고, 소요마력추정 방법과 주요장비의 제작 및 탑재작업과 품질실무에 대해 경험을 바탕으로 기술하였다.

본 책자가 일반인의 조선 지식을 심화하고 향후 조선소에서의 근무를 희망하는 조선해양공학도들에게 선박동력전달장치에 대한 이해를 증진시켜, 실제 설계 등 실무에 투입되어 이를 잘 활용함으로써 우리나라 조선해양산업의 발전에 일부분이나마 기여할 수 있게 되기를 기대해 본다.

끝으로 본 선박동력전달장치 편찬에 참여해 주시고 관련 자료를 제공해 주신 모든 분들께 깊은 감사를 드린다.

2025년 5월

저자 일동

# 차례

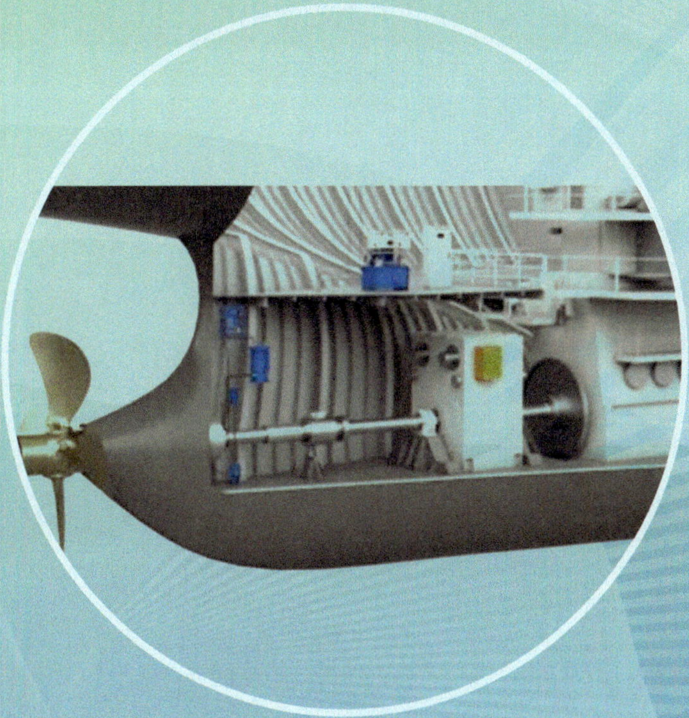

# 1장

# 선박 동력 전달장치 일반

## 1.1 개요

선박 동력 전달장치는 선박의 항행을 위해 동력을 발생시키고 이를 추진기에 전달하여 추진력을 만들어내는 장치로서 선박의 운용 목적 및 운항 특성에 따라 다양하게 구성된다.

선박 동력 전달장치는 일반적으로 아래와 같이 구성된다.

- 동력을 발생시키는 주기관(Main Engine)
- 주기관의 동력을 추진기에 전달하는 축계 시스템(Shaft System)
- 추진력을 발생시켜 선박의 속력을 달성하는 추진기(Propulsor)

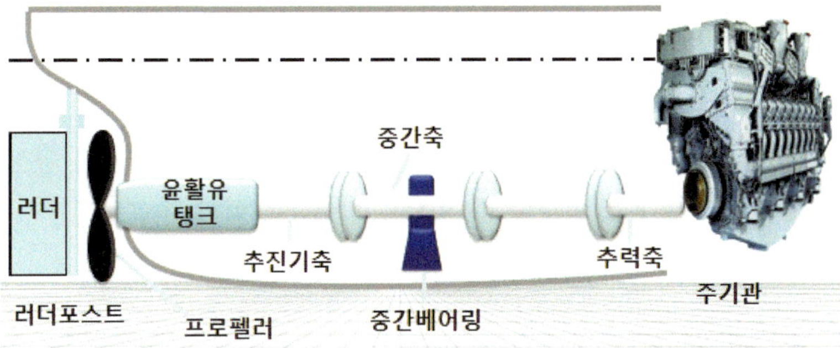


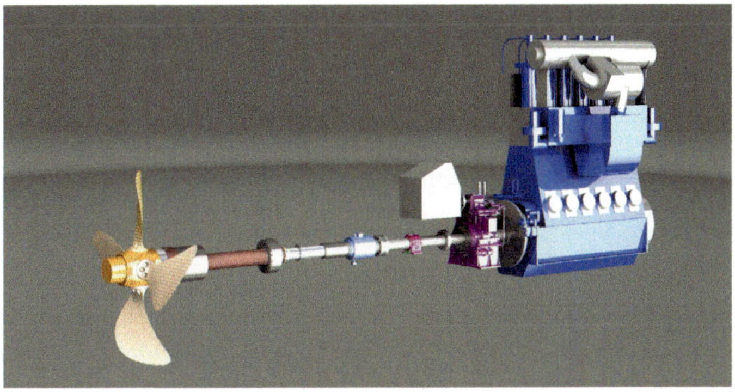

## 1.2 주기관(Main Engine)

선박의 이동에 필요한 동력을 발생시키는 장비로 추진기(Propulsor)를 회전시켜 추진력을 발생시킨다. 선박의 엔진에 해당하며 기계 열기관으로서 주로 연료를 연소하여 열에너지를 발생시키고 열에너지를 기계적 에너지로 변환하여서 축계 프로펠러 장치에 전달하여서 선박을 추진 이동하게 하는 에너지를 발생시킨다.

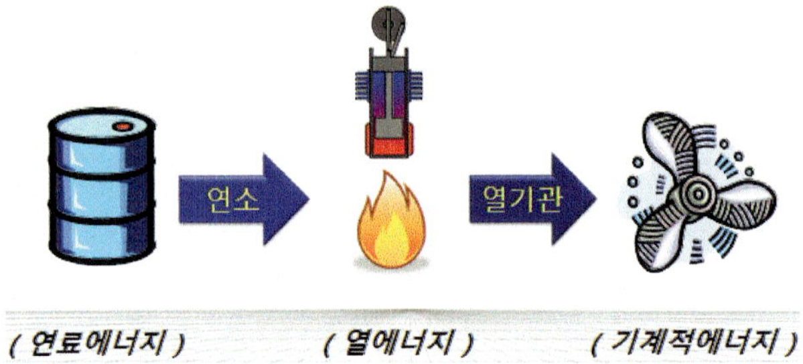


주기관은 기계산업의 발달과정에서 원동기 열기관(엔진)으로 발달해 왔으며 화석연료를 사용하여 최적의 효율을 발생할 수 있도록 발전하여 왔다. 즉, 주기관은 선박의 추진을 위해 설치된 엔진으로 선박의 종류, 크기, 목적 등에 따라 적절히 선정되어야 한다. 일반적으로 선박에 사용되는 주기관의 종류는 아래와 같다.

- 스팀터빈(Steam Turbine)
- 가스터빈(Gas Turbine)
- 디젤엔진(Diesel Engine)
- 친환경연료추진시스템(Eco-friendly Fuel Propulsion System)

### 1.2.1 스팀터빈(Steam Turbine)

보일러에서 발생시킨 고온·고압의 증기를 노즐을 통해 빠른 속도로 분출시켜 회전 날개에 부딪히게 하여 동력을 발생시킨다.

현재 터빈시스템은 선박 주기관의 역할을 하고 있는 디젤기관의 대세에 밀려 있으나, 육상 발전 즉, 화력·원자력 발전 분야에서는 주도적인 역할을 하고 있다.

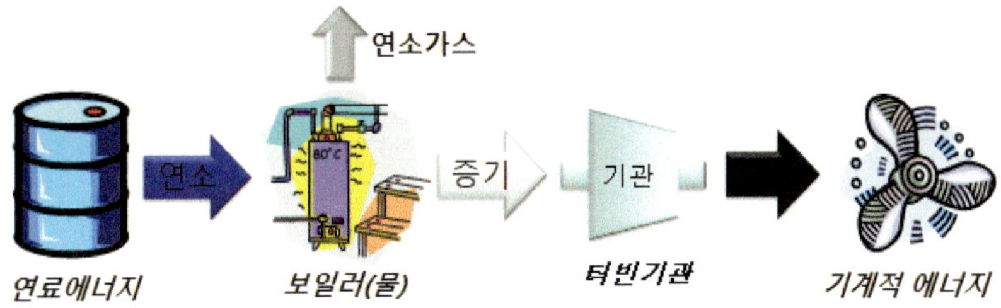


< 스팀터빈 구동과정 >

### 1.2.2 가스터빈(Gas Turbine)

가스터빈은 압축기와 터빈 그리고 연소실로 구성, 압축기에서 압축된 공기가 연료와 혼합되어 연소함으로써 고온 고압의 기체가 팽창하고, 이 힘을 이용하여 터빈을 구동한다.

왕복 운동하는 부분이 없어 고속 회전이 가능하며, 큰 동력이 요구되는 발전용, 선박용, 항공기용 기관에 활용되고 있다.

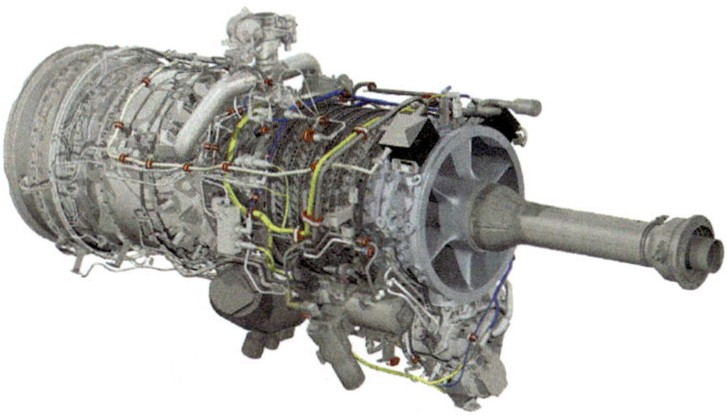

< Gas turbine, Rolls-Royce propulsion >

## 1.2.3 디젤엔진(Diesel Engine)

디젤엔진은 경유 또는 중유를 연료로 압축·점화에 의해서 작동하는 왕복운동형 내연기관을 말한다. 디젤엔진을 압축점화기관이라고도 하는데, 먼저 실린더 내에 공기를 흡입·압축해서 여기에 액체 연료를 분사하여 자연발화 시킨 다음 피스톤을 작동시킴으로써 동력을 얻는 내연기관이다.

디젤엔진은 1893년 독일의 기술자 R.디젤에 의해서 제작되었으며, 효율이 높아(50%) 주기관으로 가장 많이 적용되고 있다.

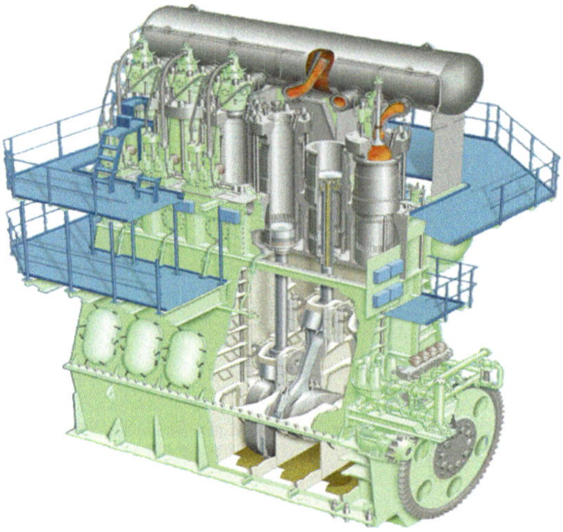

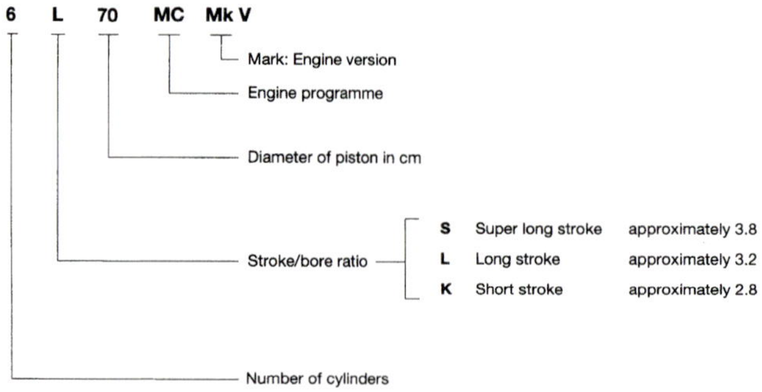


< 선박용 저속 디젤엔진 >

## 1.2.4 친환경연료추진시스템(Eco-friendly Fuel Propulsion System)

대부분의 현존 선박에 사용되는 중유는 저렴하지만 미세 먼지와 공해를 발생시키는 환경오염물질과 지구 온난화의 원인인 이산화탄소($CO_2$)를 많이 발생시킨다.

친환경연료추진시스템은 전통적인 선박 연료인 중유를 사용하지 않고 환경오염물질과 $CO_2$ 발생을 대폭 감축시킬 수 있는 친환경연료와 전기에너지를 동력으로 추진하는 선박 및 친환경기술이 적용된 선박을 말한다.

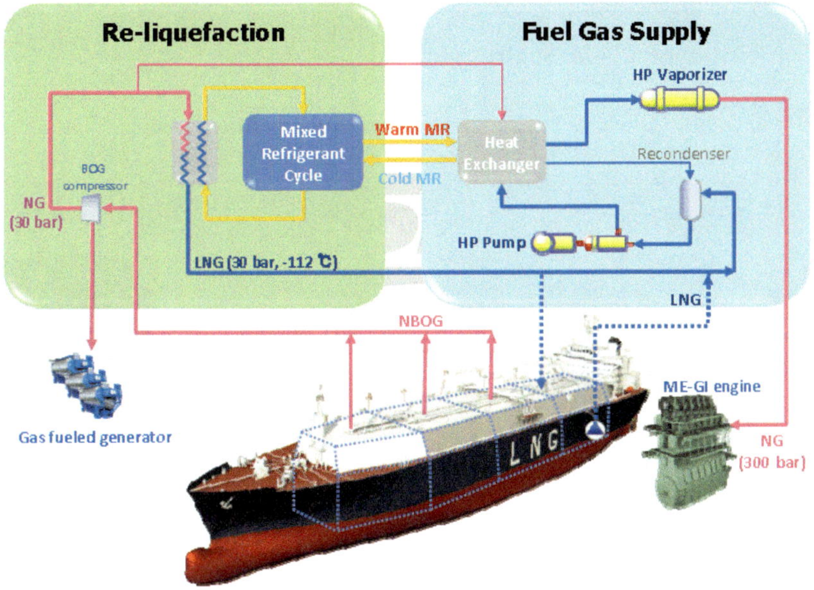


< 친환경 연료추진 시스템 적용 선박 >

## 1.3 축계 시스템

선박의 축계는 동력과 추진력을 전달하는 장치를 의미한다. 즉, 주기관으로 부터 발생한 동력을 추진기로 전달하고, 추진기에서 발생한 추진력을 선체로 전달하는 장치이다.

대형선박에서는 대체로 아래와 같이 구성된다.

- 추력축(Thrust Shaft)
- 중간축(Intermediate Shaft)
- 추진기축(Propeller Shaft)

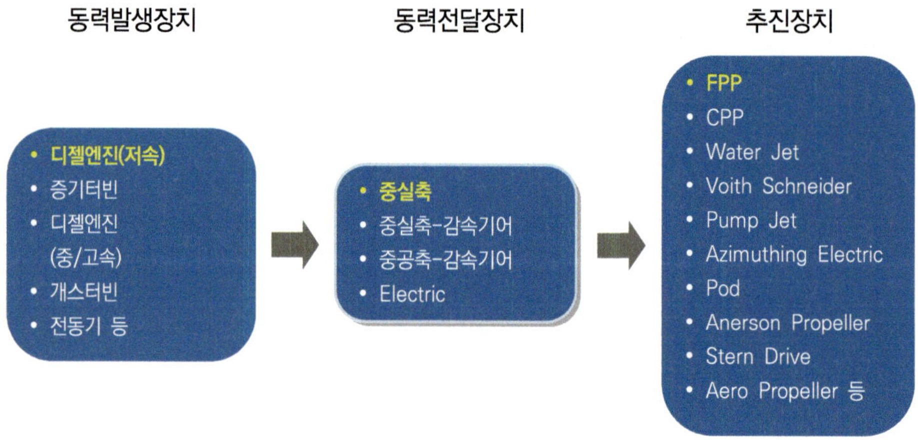

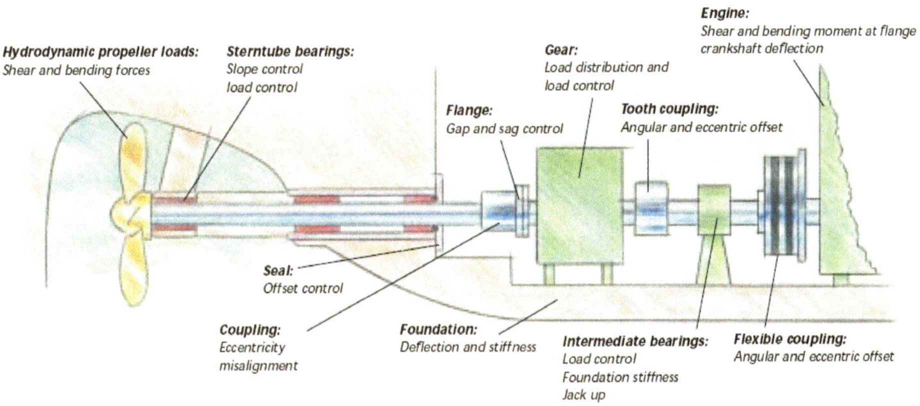


< Shaft alignment DNV >

## 1.4 추진기

선박용 추진기는 수상에 떠 있는 선박 또는 수중 잠수체를 어떤 속도로 운항할 때 대상체를 밀어 주는 추진력을 발생시키는 장치이다.

오늘날 선박용 추진 장치는 선박의 특성과 사용 목적에 따라 여러 가지 형태로 사용되어지고 있다. 가장 일반적인 형태로는 스크루형 추진기인 프로펠러가 엔진에 의해 회전하면 날개 양쪽면에 압력 차이가 발생하고, 전진 방향으로 힘을 받게 되어 물을 뒤로 밀어내게 되며, 그 반작용으로 추진력이 생겨서 선박을 전진시키게 된다.

추진기에서 요구되는 성능은 선속에 해당하는 추력 발생과 엔진마력 흡수, 최고의 추진효율, 날개가 회전할 때 받는 물의 힘을 견디는 강도 등을 만족해야 한다. 그리고 날개가 회전할 때 날개 표면에 발생하는 캐비테이션이 야기하는 문제점들이 최소화 되도록 유체역학적으로 정교하게 설계되어야 한다.

- ☑ Ship: 4,900 TEU Container Ship
- ☑ Owner: NYK, Japan
- ☑ Shipyard: HHI (2007.7.20)
- ☑ Diameter: 8.3 m
- ☑ Weight: 83.3 ton
- ☑ No of Blades: 5

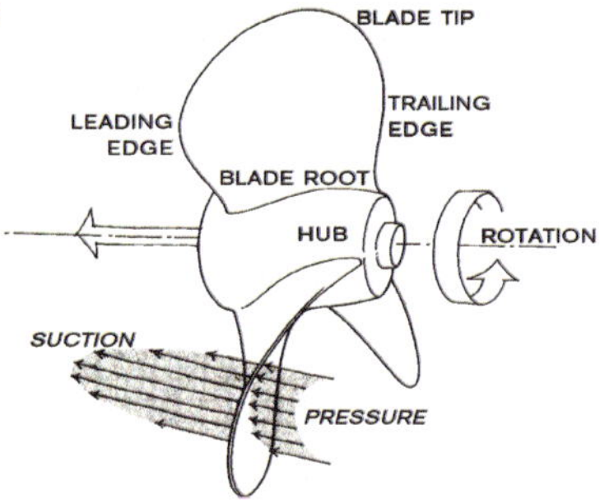


선박용 디젤엔진의 추력발생 제어 계통도는 다음과 같다.

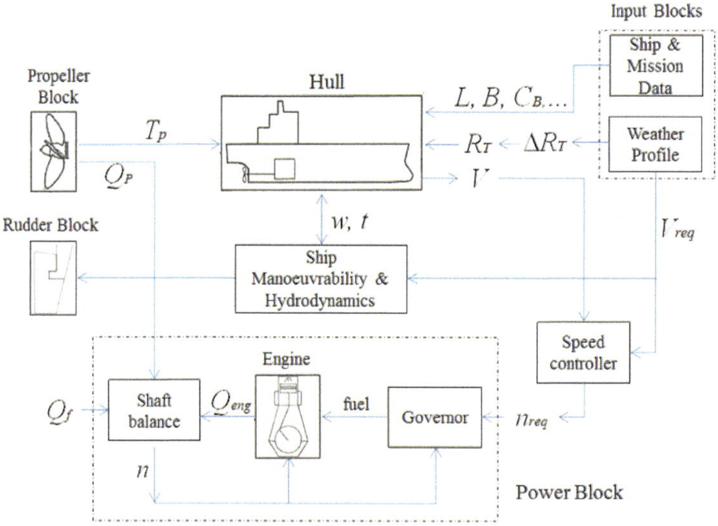

# 2장

## 디젤엔진
## (Diesel Engine)

내연기관의 분류는 아래표와 같다.

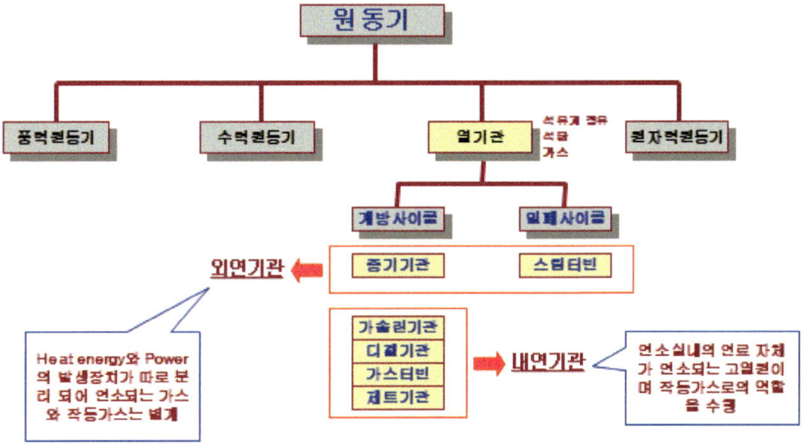


내연기관의 역사는 아래와 같다.

| 년도 | 제작자 | 특 징 | 열효율 |
|---|---|---|---|
| 1860 | Lenoir | 세계최초의 실린더내 연소기관 / 2-Cycle type | 10% 미만 |
| 1867 | Otto, Langen | 프리피스톤 가스기관 실용화 | 8% 전후 |
| 1874 | Brayton | 정압 연소기관 제작 | 6% 전후 |
| 1876 | Otto | 4-cycle type 실용화 / 토치점화 크랭크 피스톤형 수냉 가스기관 | 14% 전후 |
| 1881 | Brayton | 2-cycle 가스기관 발명 / 매 회전연소식 | 14% 전후 |
| 1885 | Daimler | 가솔린을 연료로 하는 Otto기관 개발성공 | 20% 전후 |
| 1886 | Benz | 단기통 수냉식 4 -cycle 개발 / 삼륜차 발표(세계최초의 자동차) | 20% 전후 |
| 1897 | Diesel | 압축착화기관 상품화 성공 / 단기통 수냉식 4 -cycle | 30% 이상 |
| 1791 | 바바(영) | 가스터빈 원형 고안 | |
| 1872 | 스토로체(독) | 가스터빈 제작 성공 | |
| 1938 | 브라운 보베리 社(스) | 발전용 가스터빈 실용화 | |
| 1939 | 하인켈(독) | 최초의 제트기관에 의한 비행성공 | |

## 2.1 디젤엔진의 형식

디젤엔진에는 4행정 기관과 2행정 기관이 있다. 그림 2-1을 보면 동력을 얻는 과정이 공기를 흡입해서 고온·고압으로 압축하고 연료를 분사하여 폭발시킨 후에 배기시킨다. 피스톤이 한 번 올라가거나 내려가는 것을 하나의 행정이라고 한다. 즉, 간단한 원리는 다음과 같다.

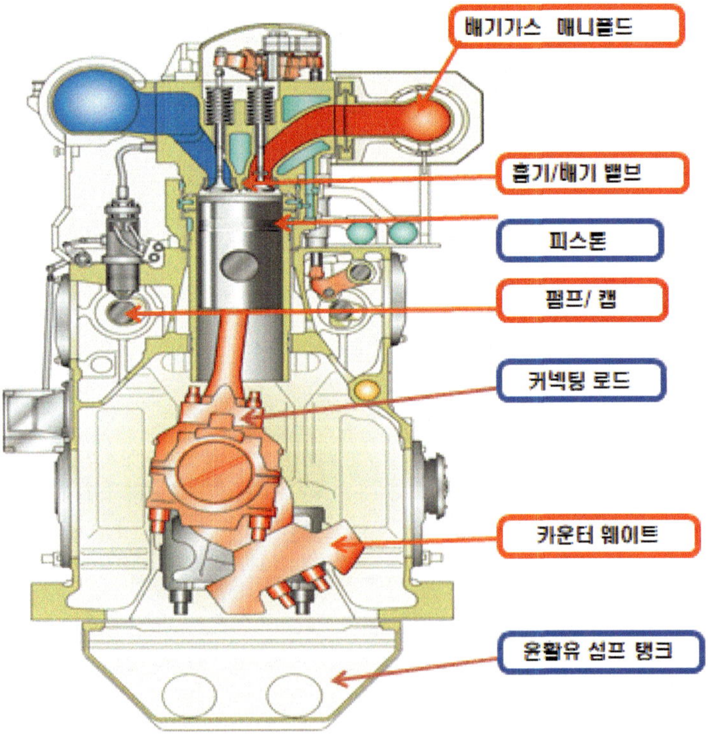


그림 2-1 디젤엔진

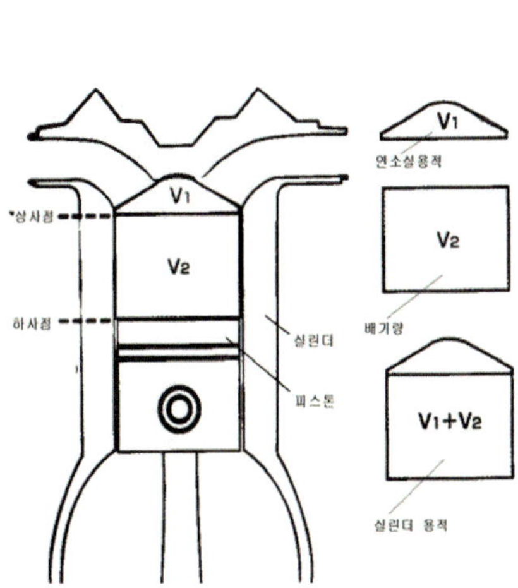


## 2.1.1 4행정 기관

① 흡입행정(공기를 흡입한다): 흡기밸브가 열리면서 배기밸브는 닫힌 상태에서 피스톤이 아래로 내려가고 공기가 실린더 내부로 들어온다(이때 피스톤은 한번 내려오고 첫번째의 행정이 마침).

② 압축행정(공기를 압축한다): 흡기밸브와 배기밸브가 닫히고 피스톤이 올라가면서 공기를 고온·고압으로 압축한다(피스톤은 올라가고 두번째의 행정을 마침).

③ 폭발행정(연료를 분사하여 태운다): 피스톤이 다 올라온 시점에서 연료를 분사해 주면 고온·고압의 공기가 연료를 폭발시키고 피스톤은 다시 내려간다(세번째의 행정을 마치고, 이 힘으로 피스톤이 배기/흡입/압축행정을 계속하게 됨).

④ 배기행정(배기가스를 배출한다): 배기밸브가 열리고 내려갔던 피스톤이 올라오면서 배기가스가 나간다(네번째의 행정을 마침).

즉 흡입-압축-폭발-배기를 하면서 피스톤이 최고점에서 최저점으로 또는 최저점에서 최고점으로 한번씩 이동한다. 피스톤이 한번 올라가거나 한번 내려가는 것을 행정이라고 하는데 위의 엔진에서는 흡입, 압축, 폭발, 배기 이렇게 4번을 이동해야 한번의 동력을 얻을 수 있다. 그래서 4행정 기관이라고 한다.

❑ 가솔린

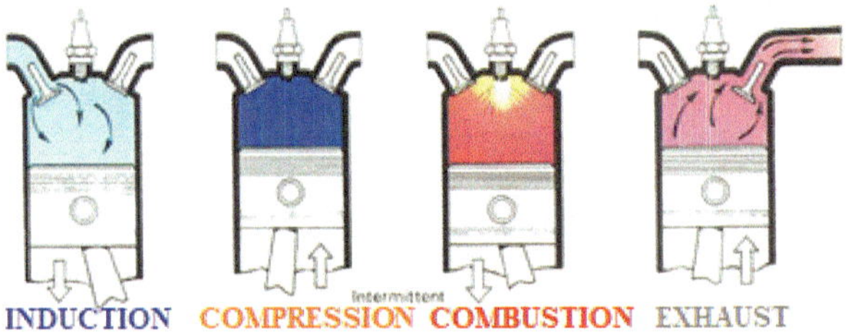


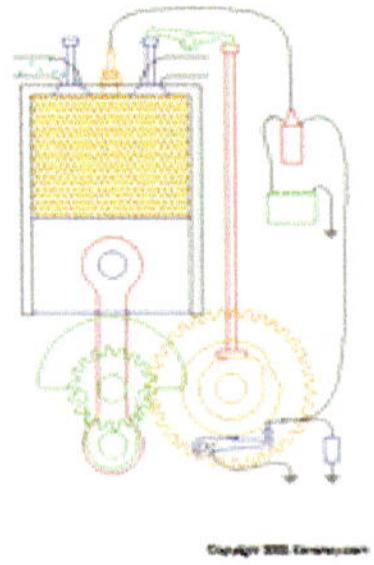

❑ 디젤

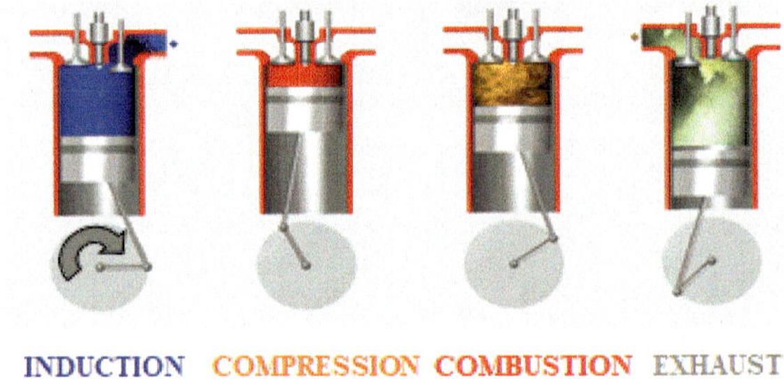


## 2.1.2 2행정 기관

① 흡입·압축행정: 피스톤이 하강한 상태에서 크랭크실의 압축된 공기가 실린더로 들어가고 피스톤이 다시 상승하면서 공기가 고온고압으로 압축된다.

② 폭발·배기행정: 연료가 분사되면서 폭발, 다시 피스톤이 하강하면서 배기가스가 빠져나간다.

즉 흡입·압축, 폭발·배기 이렇게 피스톤이 2번을 이동해야 한 번의 동력을 얻을 수 있다. 그래서 2행정 기관이라고 한다.

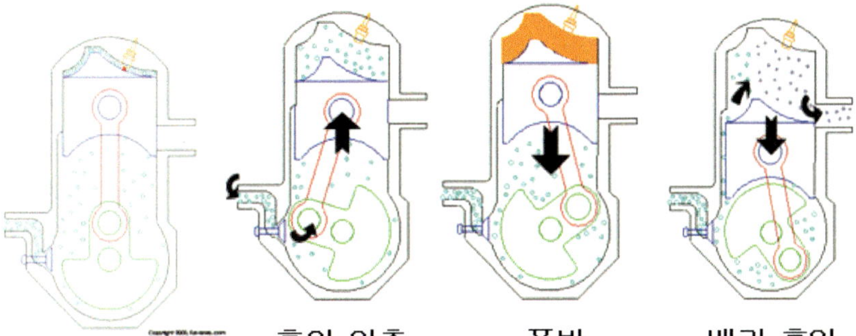


표 2-1 4행정 기관과 2행정 기관의 장점과 단점

| | 장점 | 단점 |
|---|---|---|
| 4행정 | • 연료 소비율이 낮고 열효율이 높음<br>• 시동이 용이<br>• 행정이 각각이므로 체적효율이 높음<br>• 저속 및 고속회전을 할 수 있음<br>• 정속운전을 할 수 있음 | • 회전력이 불균일하고 플라이휠이 큼<br>• 구조가 복잡함<br>• 마력당 중량이 무거움 |
| 2행정 | • 매회전마다 폭발이 일어나므로 출력이 4행정 대비 2배임(실제 1.7~1.8배)<br>• 흡·배기 밸브가 없으므로 구조가 간단<br>• 역회전이 가능<br>• 회전력이 균일하여 플라이휠이 작음 | • 체적효율이 낮음<br>• 유효행정이 작아 유효일량이 적음<br>• 윤활유 소비량이 많음<br>• 소기공, 배기공 때문에 피스톤 링의 파손이 많음<br>• 저속과 고속에서 역화가 일어남 |

## 2.2 디젤엔진의 특징과 용도

디젤엔진은 주로 선박, 자동차, 철도차량에도 동력원으로 사용하고 있으며. 열효율(熱效率)도 좋아서 현재는 50% 정도의 것이 사용되고 있다. 디젤엔진은 주로 시간당·마력당 비교적 낮은 소비비로 저급연료를 사용할 수 있다.

낮은 연료소비는 높은 압축비에 주로 기인한다. 이론적으로 압축비가 높으면 높을수록 연료소비율이 적어지는데 디젤엔진은 가솔린 기관에 비해 약 2배 정도 압축비가 높다. 또한 디젤엔진은 연료분사방식과 연소과정의 특성 때문에 비교적 비정제된 연료를 사용할 수가 있다. 이렇게 디젤엔진은 저급연료도 사용이 가능하므로 연료비가 적게 드는 장점이 있는 반면 마력당 중량, 초기비용, 대기 오염물질과 냄새의 방출, 작동소음이나 진동 등이 크다는 단점도 있다.

디젤엔진은 가솔린엔진보다 값이 저렴한 중유·경유 등의 연료를 사용할 수 있고, 연료소비량이 적으므로 운전비용이 저렴하다. 또한 기동도 쉬워서 내연기관 중에서 가장 널리 사용되고 있다. 대형은 선박의 주기관으로 사용되며 5,000마력 이상 2행정의 기관이 많다. 중형은 선박의 발전기엔진용으로 설치되며 주로 4행정 이다.

## 2.3 디젤엔진의 평균유효압력과 도시마력

### 2.3.1 평균유효압력(Pm, Mean Effective Pressure)

증기기관이나 내연기관의 피스톤의 평균 압력으로서, 인디케이터 선도의 면적으로 표시된 일의 양을 실린더 용적으로 나눈 값이다. 즉, 평균유효압력(Pm, Mean effective pressure)이란 연료가 실린더에 공급되어서 가스팽창과정(연소)을 거치면서 기계적인 일로 전환될 때 발생한 힘의 평균을 말한다. 피스톤이 상사점에서 하사점으로 이동하는 매순간 실린더내의 압력은 각각 다르기 때문에 각 위치에 따라 압력의 시작 생성과 함께 소멸 방출에 이르기까지 일(피스톤을 움직여 크랭크축을 돌린)을 한 압력의 평균을 가지고 설명해야 한다.

이 평균유효압력은 피스톤의 전체 동력행정에서 한 일의 양과 같은 일을 할 수 있는 압력이다. 또한, 평균유효압력은 기관의 출력을 비교하는 척도이다.

### 2.3.2 이론적 열효율(Theoretical Thermal Efficiency)

내연기관은 탄화수소계의 연료를 연소하여 가스팽창의 힘인 일로 바꾸어 동력을 발생시키는데 1800년에 이르러서야 실린더의 압력을 측정하여 크랭크축의 움직임과 압력이 변화되는 것을 측정하여 선으로 변화시켜 도시(그려서 표시)함으로써 일의 양을 구하게 되고, 이론적인 계산에서 실질적인 측정을 통한 효율을 구하게 되었다. 이 도시한 그림 2-2를 지압선도라고 하고 이렇게 실질적인 폭발과정의 압력을 측정한 것을 실제 지압선도라고 한다.

지압선도는 압력과 가스의 팽창이 그려진 PV 선도라고 한다. 그림 2-2에서 공급된 열(공급된 연료의 량에 비례하는 열의 양) Q1과 방출된 열 Q2의(일로 변환되고 남은) 차를 공급된 열량으로 나누어 열효율을 구하게 되는데 이렇게 구한 열효율이 바로 이론 열효율이다. 이것을 다시 일의 개념으로 이야기하면 열이 일로 전환될 때 비가역변화에 의한 손실로 일로 변환된 양의 비율을 말한다고 할 수 있고 공식은 다음과 같다.

$$\eta_{th} = \frac{W_{th}}{Q1} = \frac{Q1 - Q2}{Q1} = 1 - \frac{Q2}{Q1}$$

. $W_{th}$: 사이클 중의 이론적인 일

. $Q1$: 사이클에 공급된 열량

. $Q2$: 사이클에 손실된 열량

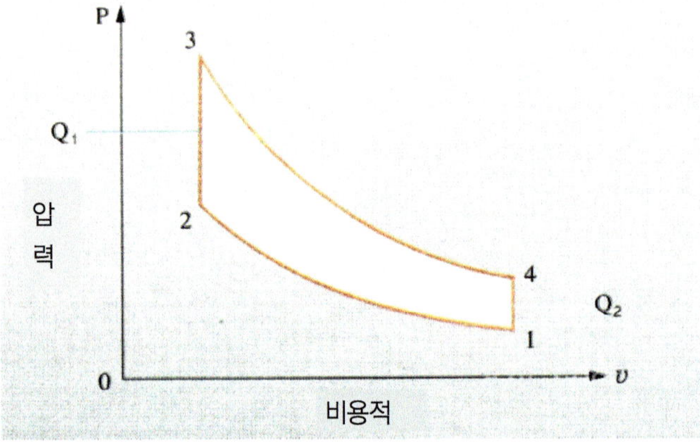


그림 2-2 이론 지압선도

즉, 이론 열효율은 연료가 타면서 일로 바뀐 비율이다.

| | 설명 |
|---|---|
| P-V 선도<br>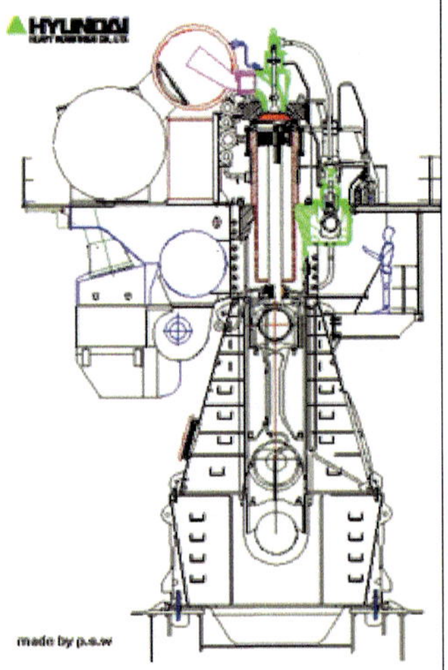<br> | ❑ 정의<br>피스톤 행정에 대하여 실린더 내 압력을 기록하는 선도이며 평균도시압력을 아는 데 편리하다.<br>IHP = 실린더 상수 × 엔진 RPM × 평균도시압력(BAR)<br><br>❑ 평균도시압력(Pi)<br>Pi = A / (L × C)<br>A: P - V 선도의 면적<br>L: P - V 선도의 수평거리<br>C: P - V 선도 계측 시 사용한 INDICATOR의 스프링상수<br><br>실린더 내의 압력은 피스톤의 위치에 따라 변화하므로 이의 특징을 쉽게 표기하기 위하여 계측된 P-V 선도와 동일한 길이에서 동일 면적이 되는 사각형을 설정하면 이 사각형의 높이가 압력항목이므로 평균도시압력이라 함.<br>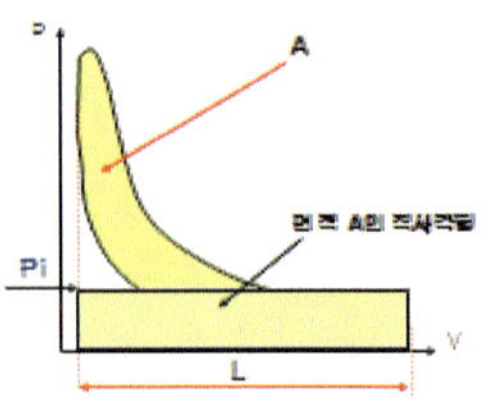<br><br> |

### 2.3.3 도시 열효율(Indicated Thermal Efficiency)

그림 2.3은 실제 엔진에서 측정한 압력을 그려놓은 실제 지압선도이다. 실제 사이클에서는 이론 사이클에서 구해진 이론 열효율 대비 일의 크기가 줄어드는데 불완전연소, 가스누설, 냉각손실 및 흡배기의 펌핑손실 등이 영향을 준다. 이 실제 사이클에서 연료가 일로 바뀐 효율인 열효율이 도시 열효율이다. 도시라는 말은 지시라는 말과 같은 의미이다. 이 실제 지압선도에서 동작가스가 연소팽창하면서 피스톤에 가해지는 힘의 결과인 일을 도시일이라고 하고 이 도시일로부터 얻어진 출력(피스톤이 움직인)을 도시출력이라고 한다. 하지만 그림 2-3의 실제 사이클에서는 도시출력은 지압선도로부터 구해지지만 도시열효율은 이때 소비되는 연료를 측정해서 구한다.

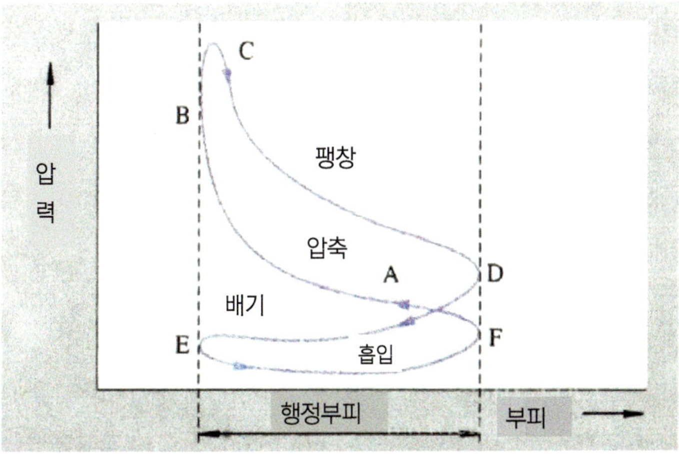


그림 2-3 실제 지압선도

도시 열효율의 공식은 아래와 같다

$$n_i = \frac{\text{도시일에 상당하는 열량}}{\text{총공급열량}} = \frac{W_i}{Q1} = \frac{632.3 \times N_i}{B \times H_L}$$

$N_i$ : 도시마력[PS]

$B$ : 연료소비량[kg/h]

$H_L$ : 저위 발열량[kcal/kg]

$1PSh$ : 632.3[kcal]

※ $n_i < n_{th}$ 이유

- 후연소 : 시간적 지연에 의한 최고 압력이 낮게 된다.
- 흡기, 배기에 따른 펌프 손실
- 동작가스의 누출
- 실린더 벽으로 인한 열의 손실

### 2.3.4 정미 열효율(Net Horse Power Efficiency)

도시일 부분에서 운동부분의 마찰, 밸브펌프, 기타의 보조 장치를 가동하는데 필요한 일을 뺀 것이 유효일 $W_e$이며 실제로는 기관의 축에서 얻는 동력을 정미마력(Net horse power)라 하며 정미마력 열효율이란 이 유효한 일과 총열량과의 비가 된다.

$$n_e = \frac{\text{유효한 일}}{\text{총공급열량}} = \frac{W_e}{Q1} = \frac{632.3 \times N_e}{B \times H_L}$$

$N_e$ : 정미마력[PS]

정미평균유효압력은 지압선도나 어떤 측정 장치를 통하여 실린더 내부의 압력을 측정하거나 계산한다고 구해질 수 없다. 그건 바로 축출력으로 나온 일에 해당하는 압력의 평균을 의미하는 것이기 때문이다.

이론평균유효압력은 이론 PV선도에서 구하고 도시평균유효압력은 실제 PV선도에서 구한다. 하지만 정미평균유효압력은 엔진 다이너모미터(Dynamometer)를 이용해서 측정한 정미출력으로부터 거꾸로 계산하여 구한다. 엔진 다이너모미터가 없던 과거에는 엔진의 출력축인 크랭크축에 드럼을 설치, 그것을 제동하는 브레이크 장치를 설치한 후, 그 브레이크 장치에 레버를 연결하여 제동을 가한 후 돌아가는 힘을 저울의 눌리는 양으로 읽어서 구한다. 이렇게 제동하여 구하여지는 출력이기 때문에 제동출력이라고도 하며 이때의 효율을 제동열효율(Break thermal efficiency)이라고 한다. 이 제동일 구간의 피스톤에 미친 힘의 크기를 압력의 평균으로 나타내어 일의 크기와 같아진 압력을 제동평균유효 압력이라고 한다.

## 2.3.5 기계효율(Mechanical Efficiency)

기계효율이란 축마력(정미마력)과 도시마력과의 비이다.

$$\eta_m = \frac{\eta_e}{\eta_i}$$

도시마력과 정미마력의 차이는 기계의 마찰 혹은 보조장치 등의 운전에 소비되는 부분으로 이것을 기계적 손실 마력이라 하며 가장 큰 손실은 피스톤 링의 마찰 손실이다.

### 2.3.6 선도 계수(Diagram Factor)

도시 열효율과 이론 열효율과의 비이다.

$$\eta_d = \frac{\eta_i}{\eta_{th}}$$

## 2.4 디젤엔진의 연소 4단계

### 2.4.1 연소과정

디젤엔진의 실린더 내에서의 연소는 연료의 분무상태에 따라서 변하며 특정한 장소에서 연소가 시작되는 것이 아니고 발화에 가장 적당한 장소에서 시작한다.

일반적으로 분무 중앙 주변에서 발화가 시작된다. 화염이 전파되어 실린더내의 압력과 온도가 상승하여 다른 부분에서도 연소하게 된다. 연소과정은 실린더 내의 압력, 온도, 회전수, 잔류가스, 연료성분 등에 따라서 영향을 받을 뿐 아니라 연료의 분포, 혼합 상태에 따라서도 영향을 받는다.

다음 그림 2-4를 통해서 연소과정을 설명한다.

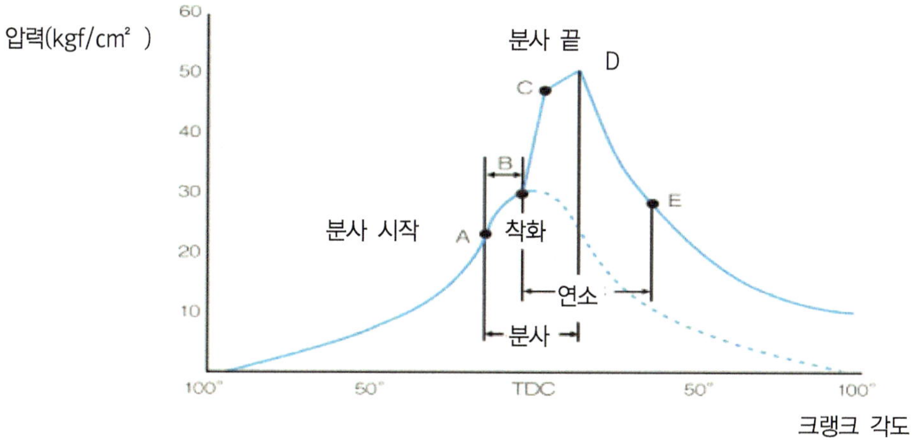


그림 2-4 디젤엔진의 연소과정

① A-B 구간 : 착화지연구간(Ignition delay)이라고 하며, A에서 연료가 분사되고 B에서 최초에 연소하기 시작하여 압력이 상승하게 된다. 이 구간은 가열구간과 착화온도에서 착화시기 까지의 두 가지로 구분할 수 있다. 착화구간의 결정은 연료의 착화성, 실린더내의 온도, 압력, 분무상태와 공기의 와류 등에 따라서 영향을 받게 된다. 디젤엔진의 착화지연은 회전수에 따라서 다르나 0.003~0.007초 정도이다.

② B-C 구간 : 폭발연소구간으로 B에서 실린더 내의 각 부분은 연료와 혼합기는 착화온도까지 도달하였으며, 한 장소에 착화되면 전 부분으로 전파되어 일시에 연소가 시작되고 압력을 B-C와 같이 급격하게 상승하게 된다. C에서는 공기와 잘 혼합된 연료유는 대부분 연소하게 된다.

③ C-D 구간 : 제어연소구간으로 C에서 연소·잔류된 연료를 공기와 혼합하여 연소하고 다시 새로이 분사된 연료유는 분사와 동시에 연소한다. 이 구간에서는 분사로 인한 연소가 제어되고 연소속도는 분사율, 혼합정도, 실린더내의 공기량에 따라서 영향을 받는다.

④ D-E 구간 : 후기연소구간으로 D에서 분사가 완료하여도 연료의 일부는 산소와 접촉하지 못하고 팽창과 동시에 산소와 접촉하여 연소하게 된다. 산소와 접촉하지 못한 연료유는 그대로 매연으로 배출하게 된다. 디젤엔진에서는 가급적 이 구간을 짧게 하여야 하므로 분무의 분포 및 공기와의 혼합이 가장 중요한 것이 된다.

# 2.5 엔진 과급기 Surging 발생원인과 방지법

## 2.5.1 과급기

동일한 실린더 내에 급기 밀도를 증가시켜 연료의 완전연소를 유도함으로써 최대압력, 온도는 거의 비슷하나 배기압력이 증가되며 결과적으로 평균유효압력을 증가시켜 기관의 출력을 증가시키는 것이 주목적이며 마력당 중량이 감소하고 기계효율도 좋아진다.

선박용 과급 디젤엔진은 연소 결과 발생되는 배기가스를 가스터빈으로 팽창시켜 터빈에 직결되어 운전되는 블로워(Blower : air compressor)를 구동하여 주위 공기를 압축시켜 실린더 내로 공급하는 장치이다. 과급기 성능은 기관마력, 소기압력, 실린더 최고압력, 연료소비율(SFOC) 배기온도 등이 기관성능에 큰 영향을 미친다. 2행정 기관은 저속일 때 소기작용이 나쁘므로 별도의 소기 블로워가 필요하다.

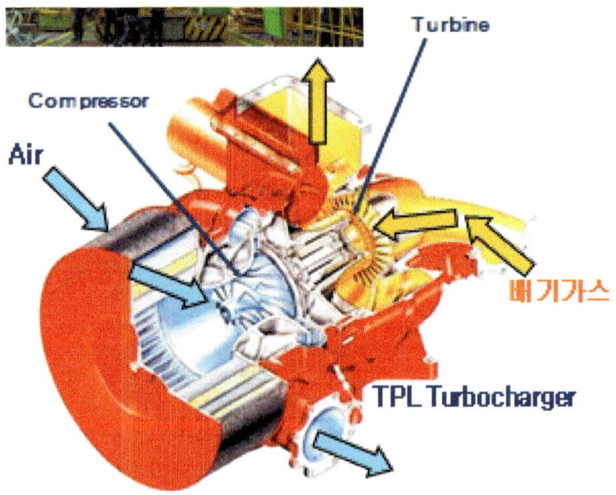

### 2.5.2 과급기 서징이 일어나는 원인과 현상

배기가스터빈 과급기에서 블로워의 송출량에 비해 실린더에 필요한 공기량이 적은 경우 블로워의 송출량이 필요이상으로 많을 때, 블로워는 서징을 일으켜서 송풍량과 공기압력이 맥동하고 소음과 진동이 발생하여 운전이 불안전하게 되고 연속 운전이 불가능하게 되는 현상이 발생한다.

고부하로 운전 중 배가 급선회할 때, 흡기, 배기밸브, 소기, 배기공, 급기냉각기, 배기보일러(Economizer) 등에 카본 퇴적으로 급기, 배기의 저항이 증가될 경우 프로펠러가 공전하거나 흘수가 적어 프로펠러가 수면에 가까울 때 과급기 서징이 일어난다.

### 2.5.3 과급기 서징 방지법

급기의 흡입측, 토출측을 소제하여 블로워의 저항을 줄이거나, 블로워 토출측 일부를 개방하여 공기를 방출함으로써 실린더에서의 필요 공기량과 블로워의 공급 공기량을 맞추어주는 방법 및 송풍기 디퓨저의 입구각도를 작게 하는 방법이 있다.

## 2.6 연료분사 펌프

### 2.6.1 디젤엔진 연료분사 펌프의 주요 구성요소

연료분사 펌프는 적정량의 연료를 압력을 높여, 정해진 시기에 일정시간 동안 분사노즐로 압송하는 유닛으로 일반적으로 조속기, 분사시기 조정장치 및 연료공급 장치, 연료탱크 등과 함께 디젤엔진의 최적화를 위한 분사량 및 분사시기, 분사율 등을 제어하는 연료공급 계통의 핵심 유닛이다.

연료분사펌프의 주요 구성부품 및 부품별 기능을 요약하면 다음과 같다.

① 롤러 가이드(Roller guide) : 캠(Cam)의 상면에 위치하며 캠의 회전운동을 상·하 직선운동으로 변환하여, 스프링(Spring)을 통해 펌프 플런저(Pump plunger)로 직선운동을 전달한다.

② 펌프 플런저(Pump plunger) : 롤러 가이드로부터 직선왕복 운동을 받아서 운동을 하며 플런저는 플런저 배럴 내에서 상하 운동하면서 연료를 송출하는 작용을 한다. 플런저 배럴은 본체에 고정되며 플런저에 따라서 유효행정이 변화되어 분사량을 바꿀 수 있다. 분사량을 변화시키기 위하여 경사지게 파진 홈인 리드와 연료가 송출되는 중심 구멍이 가공되어 있는 중요 핵심 부품이다.

③ 비가역밸브(Non return valve) : 플런저 상부에 위치하여 연료의 압력조절 역할을 하며 연료 분사 밸브로 송출하는 역할을 한다.

④ 상하부 하우징(Upper, Lower housing) : 플런저, 슬리브, 스프링, 롤러가이드를 내장하고 감싸고 있는 몸체로서 벽면에 홈을 마련하고 있어 누설하는 연료를 모으는 역할도 한다.

위의 주요 부품으로 구성된 연료분사 펌프는 연료를 압축하여 연료분사 파이프를 거쳐 연료분사 노즐로 보내주는 장치로 연료를 고압으로 압축하기 위하여 플런저를 사용하며, 연료분사 펌프에서 공급해주는 연료 양이 엔진의 회전수와 출력에 직접적인 영향을 미치므로 연료분사펌프는 정확한 양의 연료를 정확한 시기에 연료분사 노즐에 공급해 주어야 한다.

또한 연료분사펌프에서 연료에 가해지는 압력은 연료분사 노즐로부터의 유량(油量)의 크기에 영향을 주므로 연료펌프는 디젤엔진에서 가장 핵심적인 부분이다.

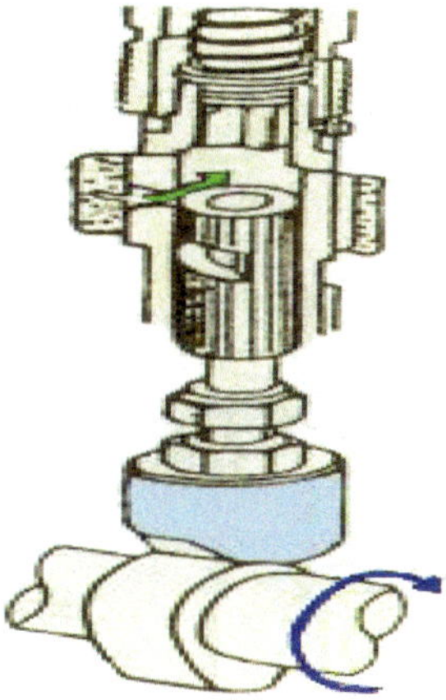

그림 2-5 연료분사펌프와 밸브

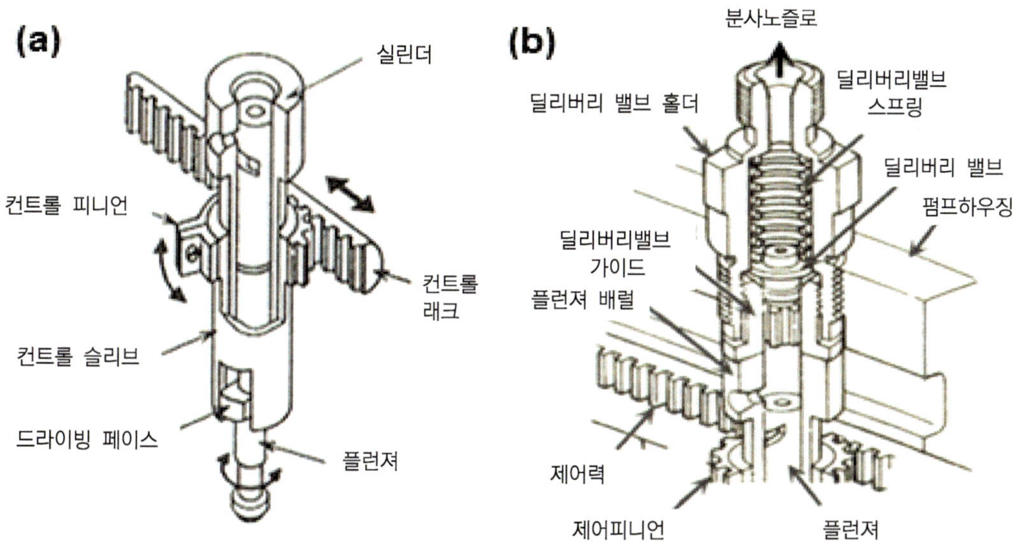


그림 2-6 (a) 연료분사펌프와 캠의 작동원리 (b) 연료분사 구조 및 구성품

## 2.6.2 관련기술 현황

디젤엔진을 탑재한 최초의 선박인 Selandia호가 취항한지 90년, 디젤엔진은 선박 및 플랜트용 추진 장치나 발전기용 동력발생장치로 현재 선박, 해양, 플랜트 시장에서 절대 우위를 차지하고 있다. 디젤엔진의 역사는 연료분사 펌프의 고압화를 위한 기술개발 역사라고도 할 수 있다.

고압화를 위한 요구분사 압력은 계속 상승되어 왔으며, 현재 높은 압력에서 연료분사가 이루어지는 시스템에 관해 지속적인 연구 개발이 이루어지고 있다.

최근 국내외적으로 연료분사의 고압화를 실현하기 위한 연구가 활발하나 국내의 경우 선박 및 플랜트용 중·대형 디젤엔진의 경우, 현재까지도 일본 및 독일, 덴마크 등으로부터 연료분사 펌프 등 주요 장치들을 수입하고 있어 근본적으로 연구개발에 많은 애로를 겪고 있다. 그러나 최근 학계를 중심으로 크게 다음과 같은 세 가지 방법으로 디젤엔진의 효시로 볼 수 있는 독일 MAN사와 일본 NICO사 등을 추월하기 위한 관련 기술 개발을 활발히 진행하고 있다.

① 기존의 분사펌프를 기반으로 하여 플런저의 지름, 캠 리프트, 캠 형상 등의 압송능력에 관련된 파라미터를 변경시키고, 시스템의 고압화에 따른 신뢰성을 확보하도록 하는 것이다.

② 분사펌프의 압송부 구조를 변경하는 것이다. 즉, 분배형 분사펌프인 경우에는 현재 주류를 이루고 있는 페이스 캠 방식을 대신하여 가압능력이 높은 이너 캠(Inner cam) 방식을 채용하는 것이다.

③ 연료를 분사하는 부위를 직접 제어하는 방법 즉, 분사노즐에 제어기능을 갖도록 하는 방법이다. 또한 SULZER 및 MITSUBISHI사 등의 경우, 저급 연료유를 신뢰성의 저하 없이 연소하는 능력을 더욱 향상시키고 운전과 유지보수과정을 단순화시키는데 주력을 하고 있으나 국내의 경우 현대중공업, STX 엔진 등을 중심으로 선박 및 플랜트용 중·대형 디젤 엔진의 부품 및 기자재의 국산화율 제고를 위한 개발에 주력하고 있어 국내의 관련 제품 전문 메이커의 국산화개발 역할이 더욱 중요시 되고 있다.

# 2.7 디젤노크(Diesel Knock)

## 2.7.1 노킹

피스톤 기관의 연소 과정에서 정상 연소의 범위를 넘어 필요 이상 급격한 폭발 연소가 일어나 금속을 두드리는 듯한 특이한 소리를 내는 현상을 말한다. 단순히 노크(Knock)라고도 한다.

노킹이 일어나면 가스와 실린더벽 사이의 열전달율이 증대하여 실린더의 온도 상승, 흡입 효율의 저하, 열손실의 증대, 기계 손실의 증대 등에 의해 일반적으로 출력이 저하된다. 노크의 강도가 크고, 장시간 이어질 때는 엔진의 파손을 초래하는 경우도 있다.

## 2.7.2 발생 원인

일반적인 가솔린엔진의 경우 연료의 폭발이 피스톤 상사점에서 완전하게 일어나야 하며 이를 위해 크랭크 회전이 피스톤 상사점 이전일 때부터 연료의 주입이 진행되며 점화플러그 작동 역시 상사점 이전부터 터진다. 이때 불꽃의 전파 속도가 너무 빠르거나 혹은 최종 압축된 혼합기에 국부적으로 발화점 이상의 열이 응축될 경우 점화 플러그가 있는 헤드 부분이 아닌 대체로 실린더 하단부 부터 화염이 발생해 퍼지게 된다. 이것이 조기 점화 현상이며 이때 혼합기의 온도가 평상시에 비해 더 높은 상태이므로 화염 전파속도 또한 더 빨라짐에 따라 폭발한 혼합기가 상사점까지 올라가지 않은 피스톤 및 엔진 내벽에 큰 충격을 가하며 소리가 나게 되는데 이것이 노킹이다.

디젤엔진의 경우 역으로 화염이 너무 늦게 점화될 때 노킹이 발생한다. 실린더가 하사점에 거의 다다를 때 불꽃이 발생하는 것으로 이 역시 실린더가 크랭크를 충분히 밀어내지 못하므로 충격으로 인해 엔진에서 깡깡거리는 소음이 발생하게 된다.

### 2.7.3 노킹의 피해

- 출력이 떨어진다.
- 기관이 과열된다.
- 기계 소손이 온다.

### 2.7.4 디젤노크(Diesel Knock)

디젤엔진의 노킹은 연료의 발화 지연 기간이 길면 그 기간에 분사된 연료에 의해 폭발성 혼합기체의 축적이 많아지고 이것이 일시에 자연발화 하기 때문에 실린더 내의 압력이 급격히 증가되어 그 때문에 가스진동을 일으키고, 특수음을 발생시키는 현상을 말하며, 이것을 특히 디젤 노크라고 한다. 따라서 디젤 노크는 가솔린엔진의 경우와 같이 주로 연소 초기에 노킹이 일어나는 것과 달리 연소가 끝나는 시기에 일어나는 것이다.

### 2.7.5 디젤노크 방지책

착화지연기간이 길어서 발생하는 현상이기 때문에 이 착화지연기간을 짧게 하기 위해 아래와 같은 방법이 있다.

- 압축비, 흡기의 농도, 흡기압력의 증가와 상사점 부근에서 분사를 개시한다.
- 착화지연을 짧게 하고 착화점이 낮은 연료를 사용한다.
- 분사 시작시에 공기압력을 증가한다.
- 냉각수 온도를 높이는 동시에 연소실 특히 분무되는 곳의 온도를 올린다.
- 엔진의 회전속도를 느리게하고 분사압력은 크게 한다.
- 실린더의 체적을 크게 한다.

표 2-2 디젤 노크와 가솔린 노크의 방지책

| | 디젤엔진 | 가솔린엔진 |
|---|---|---|
| 연료의 착화온도 | 낮게 | 디젤엔진과 반대 |
| 연료의 착화지연 | 짧게 | |
| 압축비 | 높게 | |
| 흡입온도 | 높게 | |
| 흡입압력 | 높게 | |
| 회전속도 | 느리게 | |
| 연소실벽의 온도 | 높게 | |
| 점화시기 | 빠르게 | |

## 연습문제

1. 2행정 & 4행정 기관의 장단점을 기술하시오

2. 엔진의 "평균유효압력(Pm, Mean effective pressure)"에 대해 기술하시오

3. 디젤엔진의 연소과정 하기 그림 A-B, B-C, C-D & D-E 각 구간의 디젤엔진 연소과정에 대해 기술하시오

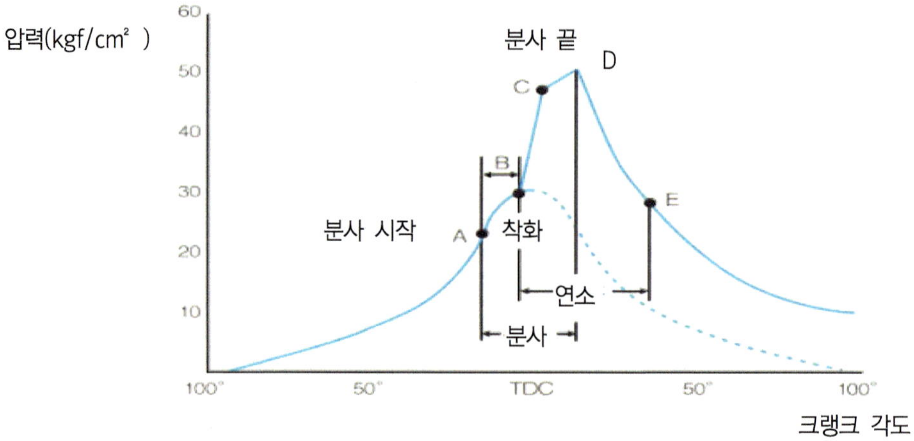


4. 엔진 과급기 Surging 발생원인과 방지책에 대해 기술하시오

5. 디젤노크(Diesel Knock) 발생원인과 방지책에 대해 기술하시오

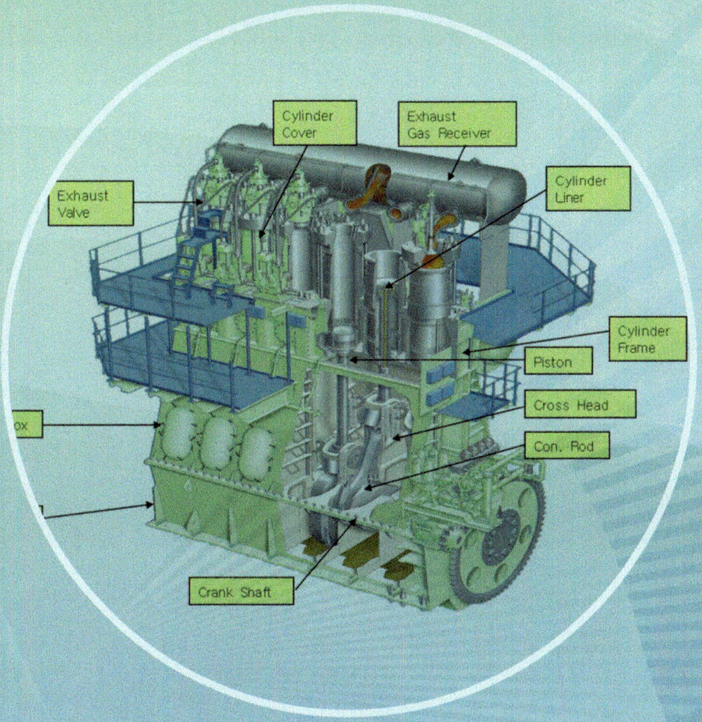


# 3장

## 주기관

## (Main Engine)

## 3.1 주기관(Main Engine)

선박의 추진목적으로 설치된 엔진을 주기관이라 한다.

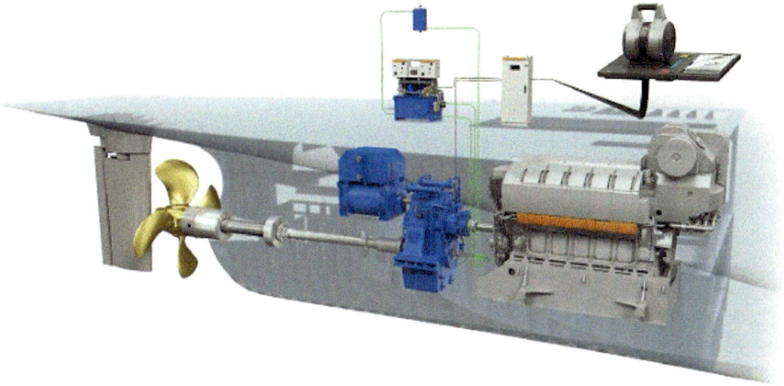

< Wärtsilä main engine systems >

## 3.2 선속(Ship's Speed)

선속은 해상에서의 선박의 빠르기로서 그 단위로는 knot가 사용된다. 주기관의 출력에 대한 선속을 알기 위하여 시운전(Sea trial)시 속력 테스트를 하며, 보통 마일포스트(Mile post)간을 왕복하면서 측정하는 방법이 이용된다. 선박에 작용하는 힘은 저항($R_T$)과 추력($T$)으로 추력이 저항보다 클 때 선속($V$)이 발생하며 선박의 진행이 가능하게 된다.

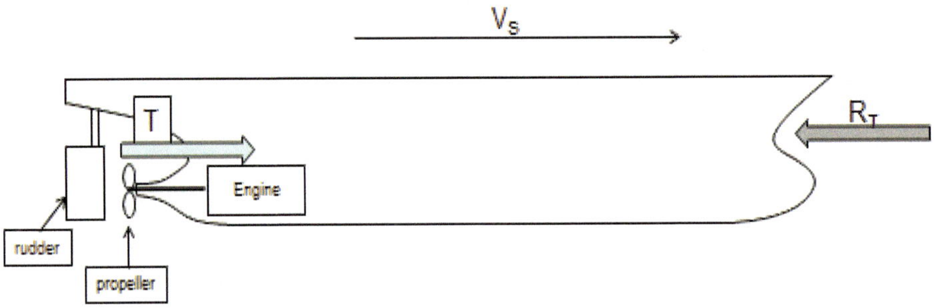


## 3.3 주기관 출력

선박의 주기관 출력의 종류 및 출력비는 아래 표 3-1과 같다.

표 3-1 기관 출력의 종류 및 출력비

| 출력종류 | 출력비(%) |
|---|---|
| 연속최대출력(MCR, Max. continuous rating) | 100 |
| 상용출력(NCR, Normal continuous rating) | 80~90 |
| 과부하출력(Overload output) | 110 |
| 후진출력(Astern output) | 40~60 |

## 3.4 항해속력(Sea Speed)

대양에서 정상적인 항행상태에서 상용출력(NCR)을 사용하여 나오는 속력을 항해속력(V)이라 한다.

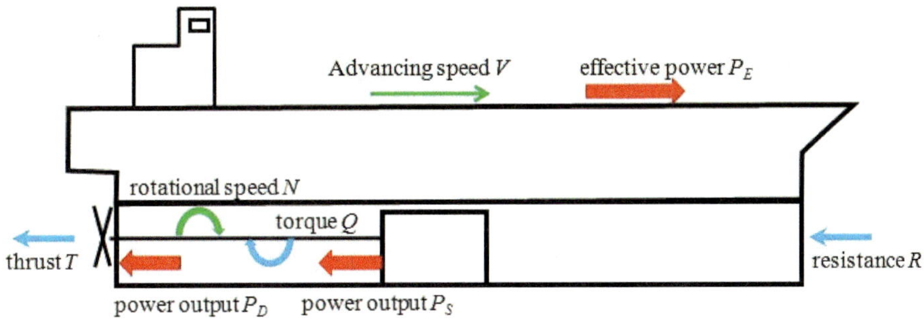


## 3.5 조종속력(Maneuvering Speed)

대양에서는 통상 Sea speed로 항해하지만 입/출항시, 협수로, 교통밀집 지역, 제한시계인 경우 주기관을 주위의 여건에 따라서 언제라도 가속, 감속, 정지, 발동 등의 형태로 사용할 수 있도록 준비된 상태로 항주하는 속력을 Maneuvering speed(or Harbor speed)라 한다. 선박이 협수로 등 제한수로에서 항주중일 때에는 보통 Maneuvering speed로 항해하지만, 가끔 도선사의 요구에 따라 Sea speed로 진행하는 경우도 있다. 이런 경우 선박에 따라 다르지만 Sea speed에서 Maneuvering speed로 감속하는데 수 분 정도의 시간이 소요된다. 따라서 선장 또는 항해사는 이에 대한 본선의 특징을 잘 파악하여 그 정보를 도선사에게 미리 알려주어야 한다.

## 3.6 주기관의 De-rating

예를 들면 항해속력을 내기 위하여 주기의 마력이 Sea margin을 고려하여 9,000PS가 필요하고 이때 NCR(상용출력)을 MCR(연속최대출력)의 90%로 가정하면 주기관의 MCR이 10,000PS인 것을 선택하면 된다. 그러나 만일 10,000PS인 주기관이 없고 11,000PS의 주기관이 있으면 MCR 11,000PS인 것을 선택하고 9,000PS을 NCR로 하여 운전하게 된다. 따라서 이때 주기관의 MCR에 대한 NCR의 비율이 약 82%가 된다. 이렇게 하면 MCR이 10,000PS의 주기관을 90% MCR로 적용할 때 보다, 11,000PS의 주기관 82% MCR로 적용할 때의 연료소비율이 줄어든다(단위 마력당).

또한 주기관의 출력에 많은 여유가 있으므로 기관의 내구성이 길어지며, 주기관의 유지·보수 기간이 연장된다. 그러나 이 경우 단점으로는 주기관의 초기투자비가 증가하고, 중량과 용적 역시 증가한다. 주기관의 De-rating은 유류파동 이후 많은 선박에서 채택하였다. 초기투자비와 운항비의 관점에서 선박의 수명 동안에 경제성 분석을 하여 유리한 쪽을 택해야 한다.

## 3.7 주기관 출력($Ps$)의 토크($T$)와 회전수($n$)의 관계

선박을 건조할 때 먼저 선체의 설계가 끝나면 선박의 속력과 이에 따른 추진 저항을 구하고 이로부터 요구되는 추력과 추진기 전진 속도를 얻을 수 있는 추진기의 크기, 모양 및 회전 속도가 결정된다. 그 다음 추진기 구동에 필요한 동력을 발생하는 추진 기관을 선정한다. 추진 기관이 디젤엔진이고, 고정 추진기가 설치된 선박에서 추진기관의 동력과 회전수의 관계는 다음과 같다.

디젤엔진의 회전축에 발생하는 회전력 크기는 실린더내의 평균유효압력과 실린더의 행정체적을 한 사이클 동안 각 변위로 나눈 값에 비례하고, 회전수의 크기와는 무관하다. 그런데 행정체적은 변화가 없으므로 회전력 $T_b$는 평균유효압력 $P_e$에 비례한다.

$$T_b = CP_e$$

여기서 $C$는 비례 상수이고, 디젤엔진의 제동동력 $P_b$는 회전력과 회전수의 곱이므로 평균유효압력 $P_e$와 회전수 n에 비례한다.

$$P_b = CP_e n$$

평균유효압력이 일정(1사이클 당 연료 분사량이 일정)하다면 제동마력의 크기는 기관의 회전수에 비례하게 된다.

$$P_b = Cn\,(P_e = constant)$$

## 3.8 주기관의 부하선도(Load Diagram) 및 특징

부하선도란 특정의 프로펠러를 설치한 선박에 탑재되어진 기관의 연속적인 운전을 위해 기관에 걸 수 있는 부하의 한계치를 정하는 데에 쓰인다. 세로축에는 기관출력을 가로축에는 기관회전수를 백분율로 표시하고 눈금은 대수(Logarithm)눈금으로 되어있으며, 따라서 프로펠러 곡선과 평균유효압력 등은 직선으로 표시된다.

추진기에 전달해야 할 전달동력과 추진기관이 발생해야할 제동동력은 회전수의 지수함수가 되어 표준 눈금의 좌표에서는 포물선으로 나타나므로 불편하다. 지수함수의 양변에 대수로 나타내면 다음 식이 된다.

$$\log P = \log(C \times n^i) = i \times \log n \times \log C$$

따라서 지수함수는 대수눈금의 좌표에서는 직선으로 나타난다. 즉 기관의 특성에 의한 추진기관의 제동동력은 회전수에 대하여 기울기 $i=1$인 직선이 되고, 추진기 법칙에 의한 전달동력의 크기는 회전수에 대하여 기울기 $i=3$인 직선이 된다. 이와 같이 대수눈금의 좌표에서는 지수함수가 직선적으로 나타나므로 기관의 Layout 선도와 부하 선도는 대수눈금의 좌표를 사용한다. 이 선도를 이용함으로써 기관을 보다 안전하게 운전할 수 있을 뿐만 아니라 부하에 영향을 주는 선체오손의 정도 등을 판단 가능하게 함으로써 선저소제 시기를 결정할 수도 있다. 부하선도의 구성은 출력, 회전수와 평균유효압력(MEP)의 대수 함수로 구성된다.

그림 3-1은 MAN B&W MC 엔진의 부하선도로서 계속운전을 위한 조건을 제시하고 있으며, 각 선과 부하와의 관계는 다음과 같다.

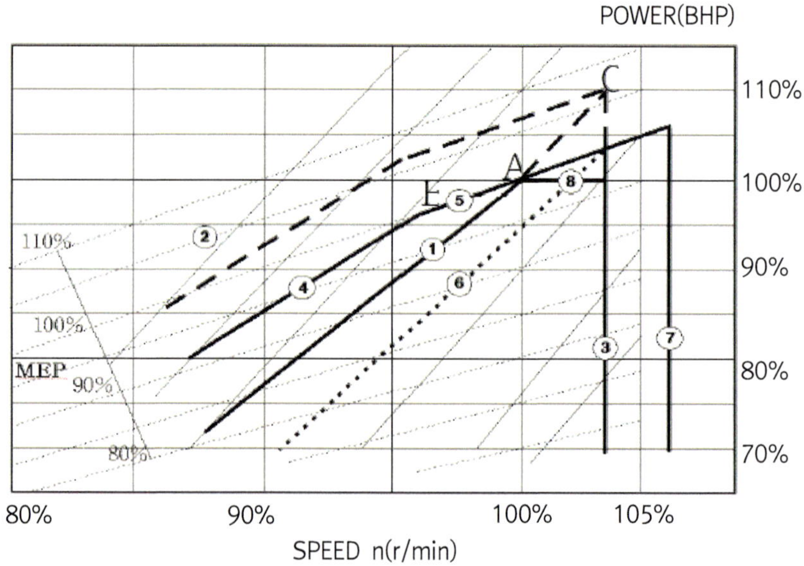


그림 3-1 Load diagram of MAN B&W MC type engine

① Line : 기관부하의 Normal power Line으로서 MCR(100% 출력과 100% 속도) A점과 C점(110% 출력과 103.3% 속도)을 관통하여 연결된 선으로서 이 선과 평행한 선들은 주어진 운전 상태에서 주어진 프로펠러에 의하여 흡수된 출력을 위한 프로펠러 커브로서 이선의 우측에서 운전되어야 한다.

② Line : 이 선과 평행한 선들은 평균유효압력(MEP)을 표시하는 선이다. 이 선을 토크선이라고도 한다. 선은 연료의 소비량과 밀접한 관계가 있다.

③ Line : 기관의 연속 운전을 위한 속도 상한선으로서 회전수는 103.3% 이다.

④ Line : 보통 토크 리치선이라고도 하고, 평균유효압력 제한선이라고도 한다.

⑤ Line : 기관의 계속운전을 위한 평균유효압력의 상한선 즉 토크 리밋선이라고 하고, 100% MEP선과 MCR선을 연결한다.

⑥ Line : 디자인 프로펠러 커브(프로펠러 회전수 마진을 적용한 커브)

⑦ Line : 106% 속도선으로서 시운전시의 경우를 제외하고는 어떠한 경우라도 이 한계를 넘기지 않아야 하는 속도 상한선이다.

⑧ Line : 출력 상한선으로 회전수 100%를 상회하여 운전시 부하 제한선이다.

## 3.9 연료소비율(Specific Fuel Oil Consumption)

주기관의 연료소비율은 시간당·마력당 얼마나 많은 연료가 소비 되었는지를 나타내는 것으로 g/ps.hr 형식으로 표시한다. 주기관의 연료소비율은 연료의 발열량에 따라 달라지므로, 연료의 소비율에는 연료의 발열량을 함께 기록하여야 한다. 발열량에는 고위·저위 발열량이 있는데, 디젤엔진의 경우에는 저위발열량을 증기터빈의 경우에는 고위발열량을 사용한다.

- A 중유의 저위발열량 : 10,000 ~ 10,200 kcal/kg
- C 중유의 저위발열량 : 9,700 kcal/kg

연료소비량은 선주 측에서 보면 매우 중요한 문제이므로 보증항목이다.

A 중유로 육상 시운전한 연료소비율이 155g/ps.hr이라고 하면 실제 C 중유를 사용할 경우 A와 C 중유의 발열량비는 다음 계수를 곱해주어야 한다.

$$\text{계수} : \frac{10{,}000 \sim 10{,}200}{9{,}700}$$

## 3.10 저질중유 사용에 의한 기관 연소상태와 실린더라이너의 부식과 마모방지책

### 3.10.1 개요

중유는 KS에서 내연기관용, 보일러용 및 각종 장비의 연료로서 적합한 품질의 광유라고 정의하고 있다. 제조상으로 구분하여 보면 나프타 유분까지의 경질유를 제거한 증류유(Distillates oil)와 증류잔사유(Residual oil)의 혼합물 또는 증류잔사유 그 자체를 총칭한 것이다.

이와 같이 중유는 증류잔사유를 주성분으로 하거나 경유, 감압유출유등과 혼합한 것으로 특히 화학적인 정제를 하지 않으므로 석유제품 중 품질면에서 저급이라고 할 수 있다. 그러나 원유에서 필요한 석유제품을 빼내고 남은 것을 중유라고 하는 것은 아니며 이를 다시 가공하여 윤활유, 아스팔트, 석유 코우크스 등을 제조할 수 있기 때문에, 중유는 명확한 목적을 가지고 만들어진 석유제품이라 할 수 있다. 더구나 그 용도에 따라 점도, 잔류탄소분, 황성분 또는 유동점등을 조정하여 제품으로 만들 필요가 있어 연료로서 부적당한 잡물질과 수분 등의 혼입을 피해야 하기 때문에 품질에 충분한 주의가 필요하다.

중유는 열 에너지원으로서 중요한 역할을 가지고 있기 때문에 자주 석탄과 비교된다. 석탄의 발열량은 5,000~7,000 kcal/kg인데 비해 중유는 9,700~10,200 kcal/kg으로 일정 열량을 얻는데 소요되는 연료의 양은 대체로 석유 : 석탄 = 1 : 1.7 로 중유가 발열량이 높다. 중유는 석탄에 비해 연소에 필요한 공기량이 적기 때문에 과잉공기에 의한 열손실이 적고, 노에 석탄을 넣고 빼는데 따르는 노의 냉각이 필요 없다. 또한 연소의 조절이 용이하여 점화 및 소화가 간편하고 열의 이용도가 높다. 더욱이 중유는 수송, 하역, 저장이 간편하여 특정한 장소를 필요로 하지 않으며 계량이 용이하고 타고 남은 재의 처리에 관한 문제가 없다.

중유는 경유에 비해 가격이 저렴하기 때문에 디젤엔진 연료 등의 동력원, 보일러 연료 등의 열원으로서 용도가 크다. 중유는 그 용도가 상당히 넓기 때문에 이에 요구되는 품질도 각양각색인데 특히 다음 3.10.2 와 같은 항목이 중요하다.

## 3.10.2 중유 선정시 주요항목

### (1) 동점도(Kinematic Viscosity)

동점도는 중유의 종류를 구분하는데 중요한 항목이며 용도상으로도 중요하다. 중유는 일반적으로 분사 또는 증발에 의해 무화(안개상태)되어 연소되므로 동점도가 낮을수록 무화되기 쉽다. 그러므로 엔진이나 버너 또는 노의 크기, 구조에 따라 어느 정도의 점도가 적당한지 계산되는 것이 보통이다. 그러나 동점도는 온도에 의해 좌우되므로 고점도의 중유라면 이를 예열하여 적당한 점도로 조정하여 사용할 수 있다.

동점도는 유체역학상 점성저항을 나타내는 것이므로 펌프로 송유할 때는 대단히 중요한 요소가 된다. 이 경우 유동점에 대해서도 합치되도록 고려해야 한다. A중유는 예열할 필요가 없을 정도로 점도가 낮고, B중유와 C중유는 예열하여 사용하는 것이 보통이다. 동력원 열원으로서 중유를 사용하는 경우, 연소시에 기름 입자의 크기가 연소성에 영향을 주므로 엔진과 버너의 구조에 알맞은 동점도를 가진 중유를 사용하는 것이 대단히 중요하다.

### (2) 인화점(Flash Point)

인화점은 그다지 중요한 성상은 아니지만, 취급상 위험하지 않은 온도라는 의미에서 예열처리를 고려하여 규정하고 있다. 실제로 사용되는 경우를 보아도 엔진이나 버너에 이르는 도중에 밀폐식 가열기에 의해 가열되는 것이 보통이므로 인화점이 약간 낮아도 화재 위험은 거의 없다. 동점도를 낮추기 위해서 경질유를 혼합할 경우 얻어지는 제품의 인화점은 혼합비에 따라 산술평균한것 보다 훨씬 낮아진다.

### (3) 유동점(Pour Point)

유동점은 송유시 특히 동절기에 많이 문제가 되는 성상이다. 저온유동성의 문제는 주로 융점이 높은 파라핀 때문이지만 아스팔트 성분이 많은 경우(5% 이상)에도 유동점은 높아진다. 이런 경우에는 유동점 강하제가 필요하다. 유동점의 측정은 본질적으로 정확을 기하기 어렵다. 또한 예를 들어 유동점이 5℃인 기름을 5℃의 기온에서 사용하기 어렵다는 것은 아니며 실용면에서 문제가 될 수 있으나 이 유동점을 대신할 적당한 방법이 확립되어 있지 않기 때문에 일반적으로 기름의 유동성을 나타내는 것으로서 중시되고 있다.

### (4) 회분(Ash)

중유는 석탄과 달라서 연소 후에 재가 거의 없는 것이 큰 특징이다. 그러나 중유에도 최대 0.1% 정도의 회분이 남게 된다. 중유중의 회분은 유기 금속혼합물 및 원유중의 잔료 수분으로 존재하는 금속이 증류잔사유중에 남아있는 것으로서 주로 철($Fe$), 규소($Si$), 알루미늄($Al$), 칼슘($Ca$), 마그네슘($Mg$), 나트륨($Na$), 니켈($Ni$), 바나듐($V$) 같은 무기물로 되어 있다. 이러한 금속은 연소하면 산화물이 되며 디젤엔진에 사용되는 경우 실린더 마모에 영향을 끼치는 것으로 알려져 있다. 또한 가열용으로 사용될 경우 상온에서 노벽과 과열기관 등에 부착하여 보일러 효율을 저하시키는 원인이 되기도 하고, 바나듐 등은 나트륨과 함께 500℃~700℃의 저용융점물질 $V_2O_2$, $Na_2O$를 만들어 현저한 부식장해를 일으키기도 한다.

### (5) 황분(Sulfur Contents)

황분이 많은 중유는 그것이 부식의 원인이 되므로 도자기 제조용 또는 제강용 중유처럼 직접적으로 제품의 품질저하를 일으킨다. 최근에는 중유의 연소가스 가운데 아황산가스($SO_2$)가 공해문제를 일으키므로 지역적으로 대기오염의 정도에 따라 사용하는 중유의 황분 함량을 규제하고 있다.

저유황중유를 많이 확보하기 위해 중유를 직접 또는 간접 탈황하는 방법이 널리 쓰이며 동시에 저유황유 수입 등으로 아황산가스에 의한 대기오염방지에 대처하고 있다.
중유제품의 황분은 직류잔사유와 탈황처리를 한 중유 또는 경유 등 경질유와의 혼합에 의해 조정되고 있다. 황분에 의한 부식문제는 연소가스의 온도를 조절함으로써 효과적으로 피할 수 있다. 즉, 중유의 황분은 연소하여 아황산가스가 되지만 그 중 일부는 삼산화황($SO_3$)이 되며 그것이 연소가스의 노점(Dew point : 이슬점) 이하의 온도에서는 즉시 가스중의 수분과 결합하여 황산($H_2SO_4$)으로 되어 금속을 현저하게 부식시킨다. 연소가스의 노점은 삼산화황의 농도가 클수록 높아지기 때문에 그만큼 황산으로 되기 쉬워진다. 삼산화황의 생성에는 노내의 온도와 바나듐, 산화철 등의 존재도 관계되나 연소가스의 온도를 항상 그 가스의 노점이상으로 보존함으로써 황산의 생성을 방지할 수 있다.

### (6) 슬러지(Sludge)

중유는 석유제품중 비교적 저질인 연료유로 아스팔텐(Asphaltenes)과 수지(Resin) 등도 포함되어 있고, 증류유와 잔사유를 혼합하여 만들고 있으므로 저장중에 아스팔텐과 수지가 수분과 섞여 슬러지 상태로 침전되기도 하고, 저온에서 왁스물질을 함유하여 침전되기도 하는 현상이 일어난다. 이로인해 사용시 장해가 되며 특히 디젤 연료유일 경우에는 불완전연소의 원인이 되고 실린더 내에서의 탄화 퇴적물을 증가시키며 분사기의 연료출구를 막아버리는 때도 있으므로 원심분리기와 필터로 슬러지 분을 제거하는 방법이 이용된다.

### (7) 발열량(Heat of Combustion)

발열량은 중유가 열에너지원이므로 대단히 중요한 성상이다. 그리고 그 수치도 비교적 안정되어 있으며 비중에 따른 총발열량은 대체로 10,000 ~ 11,000 kcal/kg의 범위에 있다.

### (8) 연소성(Combustion Characteristics)

연소성은 중유에 있어서 가장 중요한 성질이다. 수분, 회분, 슬러지 또는 잡물질 등 불연성 물질과 연소장해물을 제외하면 점도가 연소성을 평가하는 가장 큰 요인이 된다. 중유의 연소성은 엔진, 버너의 구조와 연소기술에 좌우되는 경우가 대부분이다. 연소방법은 여러 가지가 실용화되어 있고, 각기 적당한 유량, 압력, 온도에 따라서 그 연료의 점도나 공기 공급량 등이 계산되기 때문에 용도에 적합한 연료만 선정되면 연소성에 관한 문제는 대부분 해결된다.

## 3.10.3 유동접촉분해(FCC, Fluid Catalytic Cracking)

최근 디젤엔진은 높은 열효율과 저급의 연료 사용이 가능하고 오랫동안 검증된 시스템으로 여러 분야에 사용되어 왔다. 그리고 선박의 주기관이나 발전기관 등 디젤엔진에서 사용하는 연료유는 원유(Crude oil)를 정제해서 사용하고 있다. 이때 선박에 공급하기 전 원유를 채취하여 정유사로 옮긴 후 열분해, 접촉분해 등 기타 여러 과정을 거쳐 고급 휘발유, 경유, 잔사유등으로 분리한다. 최근 휘발유의 가격이 잔사유에 비하여 아주 고가이므로 각 정유사들은 재차 분해 과정을 거쳐 고탄화수소계를 저탄화수소계로 분해한다. 이 분해과정 중 유동접촉분해(FCC-Fluid Catalytic Cracking) 방법을 많이 사용하고 있다. 이 방법은 연료유에 직접 촉매를 투입하여 유동중인 고분자 물질을 저분자 물질로 분해하여 원유의 부가가치를 높이고 있다. 따라서 전 세계적으로 원유값 상승과 환차손으로 직격탄을 맞고 있는 정유사들이 공세적 전략으로 위기돌파에 나서고 있는 실정이다.

한편 원유의 분해과정이 끝나면 유동접촉분해 촉매는 재사용 또는 연료유의 질을 향상시키기 위하여 최대한 분리 회수해야 하나 회수 장치가 고장나면 분해를 위해 사용되었던 유동접촉분해 촉매는 잔사유에 남게 된다. 유동접촉분해법에서 문제가 되는 점의 하나가 중유에 촉매가 혼입되는 경우이다. 촉매와 연료유가 중력차에 따라 분리가 일어날 때, 이 원심분리기에서 기계고장 또는 정상 운전 중이더라도 일부의 촉매는 분해유와 동반되고 정유탑의 저부로 모이며 이런 성분이 많이 함유된 저부의 중유를 내연기관에 사용하는 경우 연료펌프, 연료분사밸브, 실린더라이너, 피스톤링의 마모를 일으킬 수 있다.

## 3.10.4 유동접촉분해 촉매가 기관에 미치는 영향

박용연료유의 저질화는 비중, 점도, 잔류탄소, 아스팔트 분, 유황분 등이 증가하며 종래 원유의 약 40%에 달하는 중유를 사용하여 비교적 저질유 자체로는 문제가 없었으나 미국이나 유럽 등에서 중유에서 경질, 고급유를 많이 생산하기 위하여 많은 정유법을 개발하여 20%이하까지 경질유를 추출하고 있다. 특히 유동접촉분해(FCC)에 의해 생산된 중유중의 잔사유가 기관 고장을 일으키는 주된 원인이 된다.

1980년대 일본에서 연료의 저질화에 대한 대책을 세우고자 신조선 및 운항선에 대하여 관련기기의 신뢰성, 보전성, 취급성, 적합성 및 대책을 조사하였다. 그 연구 내용 중 기관부품과 유동접촉분해 성분과 관련하여 연료 펌프, 연료분사밸브, 실린더라이너, 피스톤링의 마모가 심하다는 것을 밝혔으며, 알루미늄($Al$), 규소($Si$)에 따른 마모도 심하며 특히 바나듐($V$)과 나트륨($Na$) 성분이 높을수록 마모가 많다고 보고하였다. 유동접촉분해 촉매 함유량의 의의와 시험법에서 유동접촉분해 성분을 미량 함유 하더라도 입자와 입경 또는 그 마모성에 따라서 피스톤링 스카핑, 분사펌프, 연료 플런저나 분사밸브 손상, 실린더라이너 마모, 피스톤링의 마모를 일으킬 수 있다고 하였다.

### 3.10.5 실린더라이너, 피스톤링 등의 마모방지책

① 연료유를 보급(Bunkering) 받은 후 침전 Tank로 이송하여 70℃ 정도 가열하여 연료유내에 포함된 슬러지 및 수지 분을 걸러낸다.

② 유청정기(Fuel oil purifier)를 설치 유동접촉분해(FCC)시 촉매로 사용된 알루미늄(Al)과 규소(Si)를 사용 연료유에서 분리한다.

③ 연료유가 공급되는 엔진입구에 30~50 $\mu m$ Fine filter를 설치해서 이 물질의 엔진 유입을 사전에 방지한다.

④ 황성분으로 인한 저온부식을 막기 위해 실린더 라이너의 재킷 냉각수 출구측에 온도 제어 밸브를 설치 냉각수의 온도가 높을 경우 냉각수를 실린더 커버와 배기밸브 쪽으로 우회시키고, 낮을 경우에는 냉각수가 순환펌프에 의해서 실린더 라이너로 순환시킬 수 있도록 조절한다.

## 3.11 육상용과 비교하여 선박용 기관장치를 설계할 경우 고려 사항

### 3.11.1 동력발생장치의 개요

선박이 원하는 곳으로 항해하도록 추진력(Propulsion power)을 발생시키는 추진기관을 주기관(Main engine)이라 하고, 전력(Electric power)을 발생시키는 발전기관(Generator engine) 및 각종 보조기기가 설치된 구획을 기관실(Machinery space or Engine room)이라 한다.

선박을 움직이게 하는 동력(추진력)을 발생시키는 주기관과 선박의 제어, 조명, 내부 순환펌프 등에 소요되는 전력을 생산하는데 사용되는 동력을 발생시키는 발전기관을 선박에서는 동력발생장치라 한다. 또 다른 표현으로는 선박의 추진력 및 전력을 얻기 위해 추력축(Propulsion shaft)과 추진기(Propulsor) 또는 발전기(Generator)의 회전자를 회전시키는데 필요한 동력을 연료를 연소시켜 발생하는 에너지로부터 얻게 되며 이러한 장치를 동력 발생장치라 한다. 추진기관으로 사용되거나, 발전을 위해 회전력을 발생시키는 디젤엔진, 증기터빈 및 가스터빈이 해당된다.

### 3.11.2 엔진 정격 및 고려사항

선박의 사용 목적에 따라 선형, 항로, 속도, 운항주기 등을 결정하며 운항 형태에 적합한 주기관을 선정한다. 엔진 제작사들은 선박의 운항 형태에 따라 엔진의 출력을 여러 가지로 정의하고 있다. 엔진 정격(Engine rating)은 ISO 8665 조건인 대기압 100 $kPa$(1 bar), 외기온도 25℃, 상대습도 30%의 조건이다. 주기관의 선정 시, 선형, 부하, 속도, 운항시간 등을 고려하여 결정한다.

## 3.12 증기터빈 선박과의 비교에서 디젤엔진 선박의 장·단점

### 3.12.1 디젤엔진의 특징

디젤엔진은 실린더 내에 공기를 흡입하여 압축하고 공기온도가 높아지면 연료를 무화 상태로 분사시켜, 이 무화연료가 공기 압축열로 인하여 자기착화 연소하며, 열역학 표준 사이클은 저속에서는 정압사이클, 고속의 것은 정적, 정압인 사바테(Sabathe) 사이클이다.

#### (1) 장점

- 열효율이 높기 때문에 연료 소비율이 적다(40~50% 정도)
  (증기터빈의 열효율은 30~40% 정도)
- 엔진의 시동에 걸리는 시간이 짧다
  (증기터빈의 경우 Steam의 압력 및 온도를 높이기 위한 준비 시간이 필요하다)
- 스팀 노출로 인한 인명손상에 대한 위험이 적다
  (증기터빈의 경우 Steam의 압력 60 bar & 온도 500℃로 스팀배관의 절연미비 및 누설 시 인명손상의 안전사고 위험내재)

### (2) 단점

폭발 압력이 높기 때문에 기관의 각 부분을 견고하게 할 필요가 있으며 이로 인하여 기관의 중량이 증가한다. 또한 어느 정도의 소음, 진동이 발생한다.

압축착화 방식이기 때문에 주로 연료상의 문제에서 연료의 최대 분사량이 제한되는 동시에 고속 회전을 제한받게 된다.

## 3.13 주기관 보조 시스템

선박의 운항에 요구되는 파이핑 시스템 다이아그램(Piping system diagram)은 서비스 용도별로 파이프라인의 재질, 압력, 온도, 치수, 접합부재, 시험 및 검사, 취급, 규정 및 규칙등을 반영하여 작성하며, 또한 밸브(Valve) 및 피팅(Fitting)류 등을 시스템의 기능에 맞게 선정한다.

디젤엔진을 장비한 선박은 아래와 같은 시스템(System)들로 구성된다.

- 오수처리(Bilge) system
  선내에서 발생된 빌지를 정화장치를 거쳐 선외로 배출.
- 발라스트(Ballast) system
  화물 적재에 따라 평형수를 탱크에 주입 또는 배수하여 선박 균형 유지
- 소화(Fire) system
  화재발생시 소화작업을 위한 해수를 공급하는 시스템으로 펌프, 호스, 커플링, 밸브 등의 소화설비가 준비 됨.
- 냉각(Cooling) system
  주기관, 보조기관 및 부속된 냉각기 등의 냉각 장치에 냉각수 공급.
- 윤활유(Lubricating oil) system
  주기관, 추진 축계 및 동력전달장치, 선박의 추진상 필요한 보기를 구동하는 원동기계에 윤활유를 공급.

- 연료유(Fuel oil) system
  주/보조 기관 및 Boiler에 연료 공급
- 압축공기(Compressed air) system
  주/보조 기관의 시동, 소화, 청소 등
- 음용수 및 생활용수(Domestic F.W & Sanitary) system
  선내에서 필요한 음용수, 생활용수, 기기의 작동수, 세척 및 기타 일반 용수로 필요한 청수를 공급.
- 보일러 용수 및 복수(Feed water, Steam & Condensate) system
  증기 발생 장치를 통해 증기를 생성하고 원유/연료가열 및 난방 사용 후 회수함. 회수된 복수를 다시 증기 발생장치로 공급함.
- 오폐수 및 하수(Soil & Drainage) system
  선내에서 발생한 오수 및 하수를 처리하여 선외로 배출시키는 설비.

## 3.13.1 Fuel Oil System

### (1) 이송계통 (FO Transfer System)

- 연료공급선에서 급유장소(Bunker station)의 연결구로 호스로 연결
- HFO(Heavy Fuel Oil) 저장탱크(Storage tank)에 받음
- 연료유 이송펌프(FO transfer pump)를 사용하여 필요한 만큼 HFO 침전탱크(Settling tank)로 이송
- 통상 HFO settling tank에 레벨스위치(Level switch)를 부착하여 Settling tank 내의 기름양이 정해진 높이까지 줄어들면 이송펌프를 자동으로 구동시키고 충분한 높이에 이르면 자동으로 멈추도록 구성함

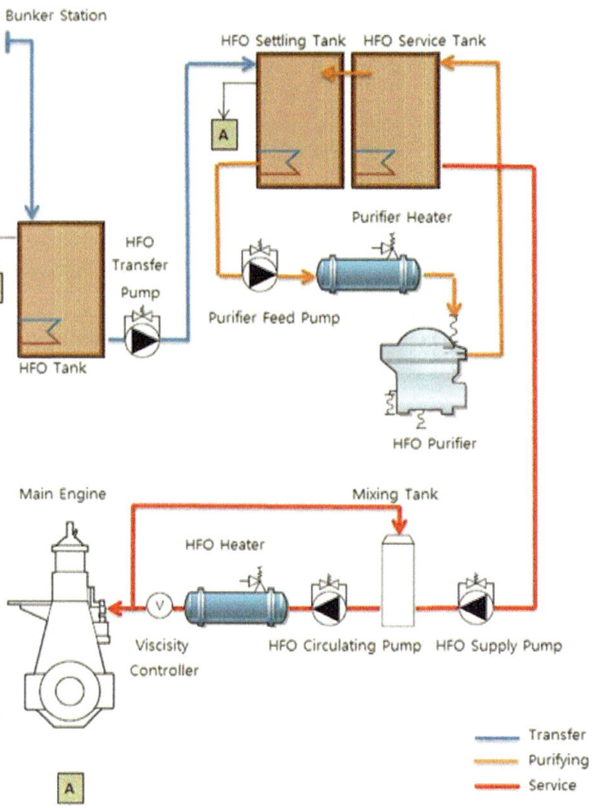


그림 3-2 Fuel Oil System

## (2) 청정계통 (FO Purification System)

- Settling tank 에서 비중이 큰 물은 아래로 모이므로 간헐적으로 배출(Drain) 시켜 어느정도 수분을 제거.
- Heavy fuel oil(HFO)은 많은 불순물이 포함된 저질유이므로 청정기(Purifier)를 사용하여 엔진에 사용할 수 있을 정도로 불순물 및 수분을 완전히 제거.
- 청정기는 일종의 원심분리기로 빠른 속도로 회전하는 통에 가열된 기름을 주입하여 비중이 큰 물과 불순물 분리.

### (3) 서비스계통 (FO Service System)

- Service tank의 기름은 공급펌프(Supply pump)로 펌핑하고 순환펌프(Circulating pump)로 승압함.
- 점도조절기(Viscosity controller)를 통해 엔진의 노즐에서 분사되기 적합한 점도로 맞추어져 엔진으로 공급됨.
- 엔진에서 필요한 연료량 보다 충분히 많게 공급하고 잔여분은 혼합탱크(Mixing tank)로 되돌아와 Service tank 쪽에서 온 기름과 섞여 다시 엔진쪽으로 가는 순환이 이루어 짐.

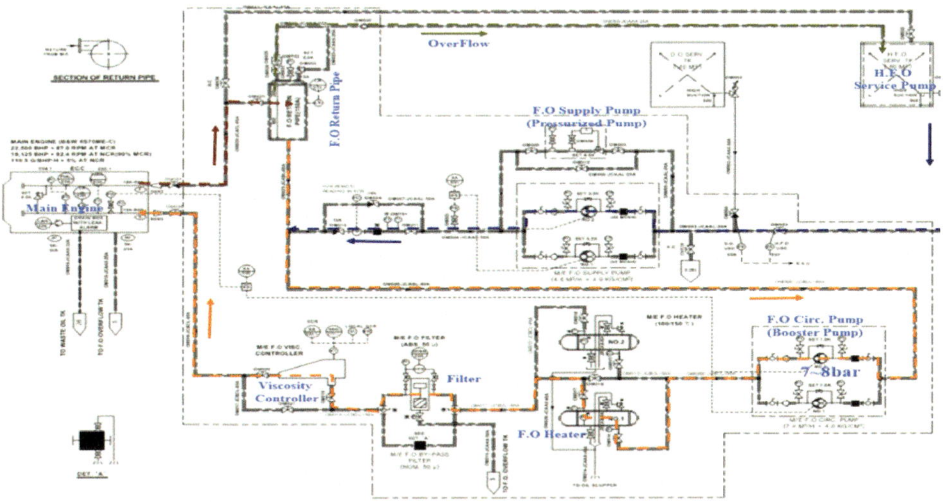


그림 3-3 Main Engine F.O Service System

## 3.13.2 Lubricating Oil System

- 선박 기관실내의 윤활 및 냉각을 필요로 하는 기기에 윤활유 공급을 위한 배관 및 제반 장치.
- 기기의 활동부 사이에 유막을 형성하여 고체마찰을 유체마찰로 만들어 마모 및 마찰저항을 감소.
- 윤활작용을 목적으로 하며, 부가적으로 냉각, 소제, 및 밀봉 작용.

### (1) 선박기관 윤활유의 역할

#### 1) 마찰 감소 기능

금속 표면에 유막을 형성함으로써 고체 마찰을 액체 마찰로 변환시켜 마찰을 감소시키는 것으로 윤활유에 있어 가장 일반적이고 중요한 기능이다.

#### 2) 냉각 기능

마찰이 일어나는 부위에서는 반드시 마찰열이 발생하며, 이에 해당 열을 흡수하거나 외부로 방출하는 것이 필요하며, 그렇지 않을 경우 시스템의 파손 및 변형을 가져오게 되는데 이것에 대한 저항 역할을 윤활유가 담당한다.

#### 3) 하중의 분산 기능

기어나 베어링의 경우 접촉면이 점이나 선 정도로 제한됨에 따라 순간적으로 높은 하중이 걸린다. 윤활유를 도포할 경우 윤활유 유막이 해당 하중을 유막 내에 분산시켜 높은 하중으로부터 시스템을 보호하게 된다.

#### 4) 세정 기능

장비의 부식이나 노후화에 따른 이물질이 발생할 가능성, 특히 내연연소 기관의 경우 그을음 등이 다량으로 발생하며, 이러한 부식물들이 시스템에 영향을 미쳐 수명을 단축시킨다. 윤활유는 이러한 이물질들을 자체 성능으로 비누처럼 씻어내는 기능을 수행하고 있다.

5) 밀봉 기능

시스템 내의 미세한 틈 사이를 막는 역할을 뜻한다. 특히 내연기관이나 공기압축기와 같은 피스톤과 실린더 사이를 밀봉시켜 연소가스의 누출, 외부 이물질의 내부 유입을 차단하여 당초 설계대로 내부 압력 등을 유지, 시스템을 보호하는 기능이다.

6) 방청 기능

금속은 물과 산소에 장기간 노출 시 필연적으로 녹이 발생하게 되는데, 윤활막으로 금속 표면을 보호할 시 녹 발생은 억제되고 이에 따라 시스템의 작동 수명이 연장되는 효과가 있다.

## (2) 실린더 및 시스템 오일(Cylinder & System Oil)

크로스헤드 타입 엔진은 실린더 부분과 크랭크 케이스가 칸막이로 구분된 엔진으로, 피스톤을 누르는 압력이 피스톤 로드와 컨넥팅 로드를 통해 크랭크 축에 전달된다. 각 부분의 윤활은 실린더 내부벽면인 실린더 라이너와 크랭크 케이스 내 를 구분하여 별도로 급유해야 한다. 실린더 라이너에 공급하는 오일을 "실린더오일", 크랭크케이스 각부에 공급하는 오일을 "시스템오일" 이라 한다.

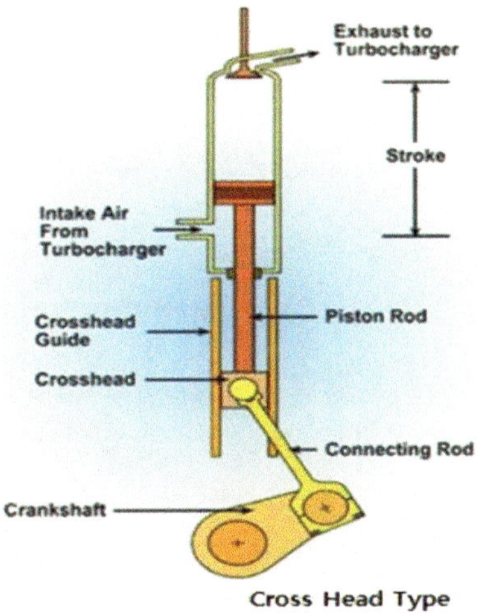


그림 3-4 Cross Head Type Engine

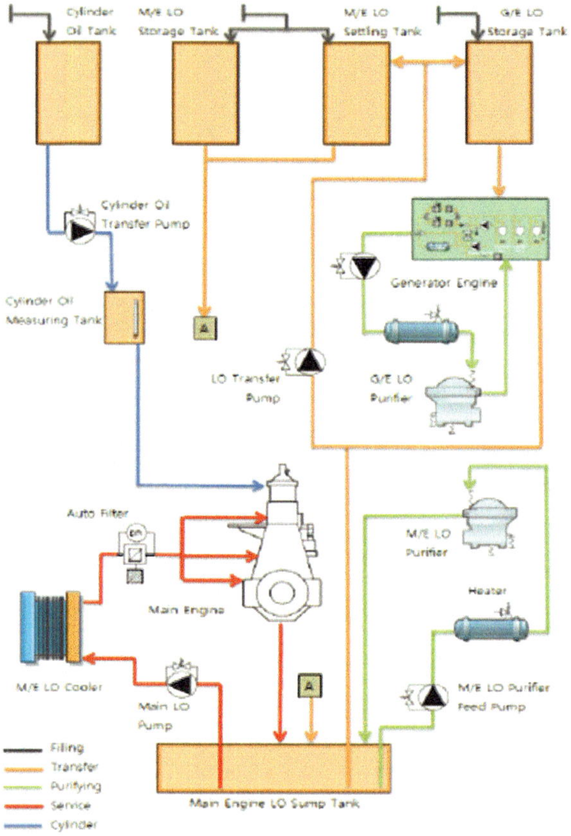


그림 3-5 Cylinder & System Oil System

## (3) 실린더 라이너(Cylinder Liner) 길들이기(Running-in)

엔진 운전초기 일정 시간 동안 다량의 Cylinder oil을 공급해서 Cylinder Liner와 Piston ring 습동면에 적절한 유막을 형성하여 부식/마모를 최소한으로 경감시킴으로써 Cylinder내의 압축압력 및 연소압력의 손실을 방지하기 위함이 그 목적이라 하겠다.

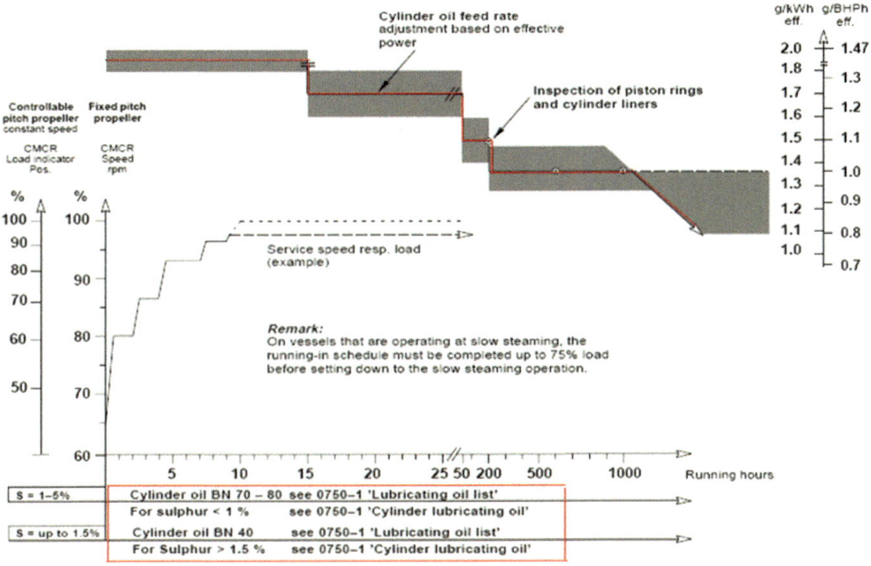


그림 3-6 Cylinder Liner 길들이기

## (4) Main L.O Sump Tank

Main engine L.O 집유 Tank, 회수되는 L.O를 모아주는 탱크이다.

① 실린더를 제외한 Main engine 윤활을 목적으로 사용하는 탱크(Crank shaft, 크로스헤드 등)

② Main engine 하부에 설치

③ 일반적으로 주기관으로 공급되는 윤활유가 저장되는 주기관 윤활유 저장 탱크(Main L.O sump tank)의 용량은 엔진 제작사에서 추천하는 용량 그리고 메인 윤활유 펌프(Main L.O pump)의 최소 흡입 오일레벨(Minimum suction oil level) 그리고 윤활유 순환 계통에 관련된 기기(Main L.O cooler, Filter, Pipe) 내의 윤활유의 양 등을 감안하여 SOLAS(Ch.Ⅱ-1 Reg.26) 규정 및 해당 선급협회 (Classification Society)의 규정에 따라 결정하게 된다.

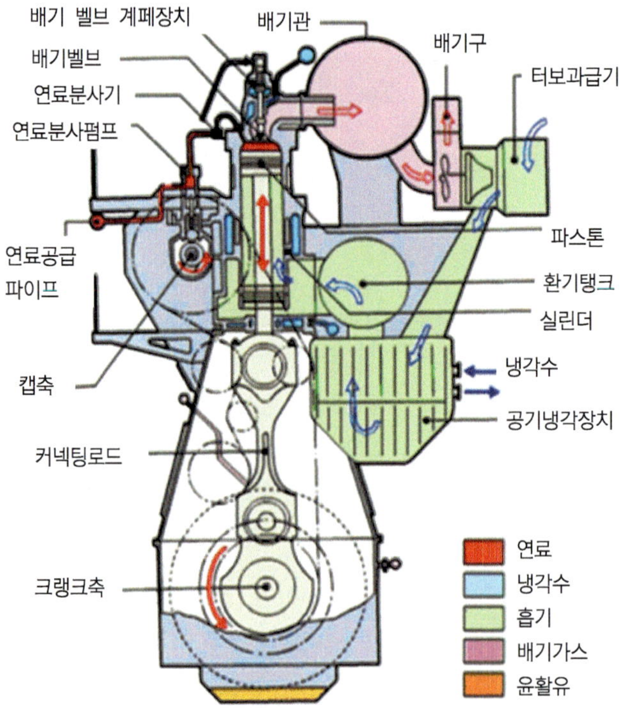


그림 3-7 저속 2행정 엔진

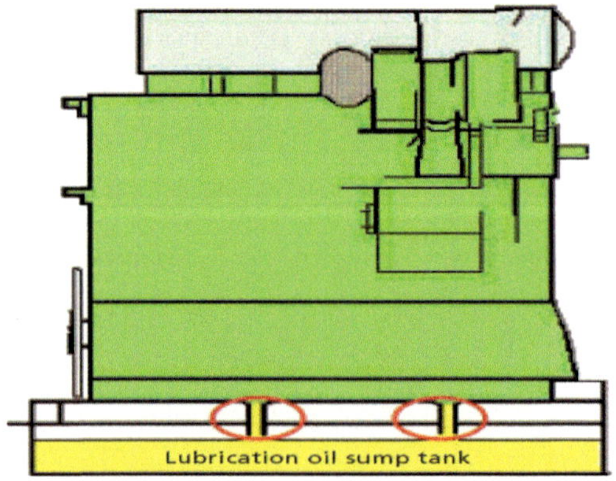


그림 3-8 주기관 L.O Sump Tank

**Lubricating Oil Tank**

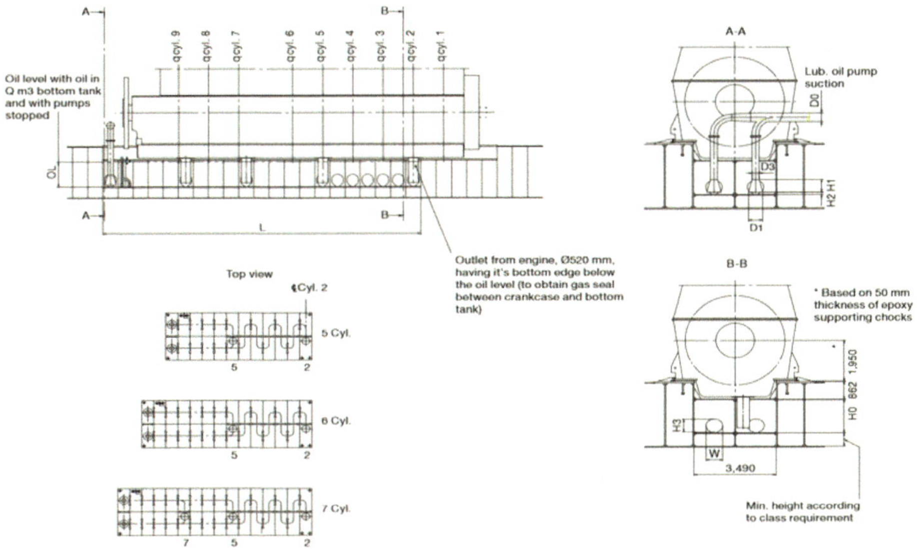


그림 3-9 주기관 L.O Sump Tank with Cofferdam

| Cylinder NO. | Drain at cylinder No | D0 | D1 | D2 | H0 | H1 | H2 | H3 | W | L | OL | $Qm^3$ |
|---|---|---|---|---|---|---|---|---|---|---|---|---|
| 5 | 2-5 | 300 | 450 | 2x225 | 1,240 | 450 | 90 | 400 | 600 | 9,600 | 1,140 | 38.2 |
| 6 | 2-5 | 350 | 475 | 2x250 | 1,315 | 475 | 95 | 600 | 700 | 11,200 | 1,215 | 47.5 |
| 7 | 2-5-7 | 375 | 550 | 2x275 | 1,400 | 550 | 110 | 600 | 700 | 12,800 | 1,300 | 58.1 |
| 8 | 2-4-6-8 | 400 | 550 | 2x275 | 1,495 | 550 | 110 | 600 | 700 | 15,200 | 1,395 | 74.0 |
| 9 | 2-5-7-9 | 400 | 600 | 2x300 | 1,585 | 600 | 110 | 600 | 700 | 16,800 | 1,485 | 87.1 |
| 10 | 2-5-7-10 | 425 | 600 | 2x300 | 1,675 | 600 | 110 | 600 | 800 | 18,400 | 1,575 | 101.1 |
| 11 | 2-5-8-11 | 450 | 650 | 2x325 | 1,770 | 650 | 120 | 600 | 800 | 20,000 | 1,670 | 116.6 |
| 12 | 2-5-8-11 | 475 | 700 | 2x350 | 1,870 | 700 | 130 | 700 | 900 | 21,600 | 1,770 | 133.4 |
| 14 | 2-5-8-10-13 | 500 | 700 | 2x375 | 2,000 | 700 | 130 | 700 | 900 | 24,800 | 1,900 | 164.4 |

그림 3-10 주기관 L.O Sump Tank 용량 및 사양

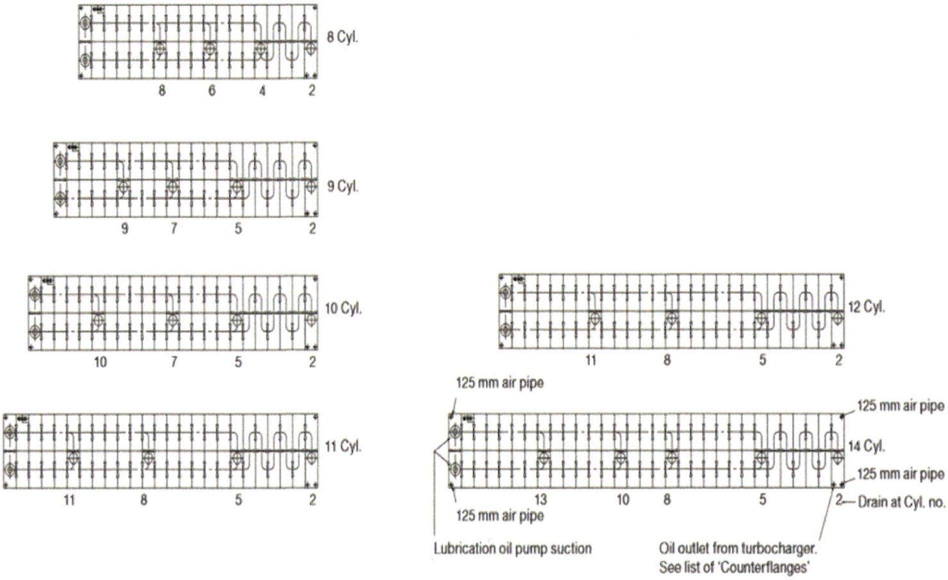


그림 3-11 주기관 L.O Sump Tank with Drain Hole

## 3.13.3 Cooling Water System

기관실내 주기관(Main engine), 보조기관(Aux. engine)등의 내연기관의 냉각, 배출증기(Exhaust steam)의 응축 및 냉각을 위해 구성하는 시스템

### (1) 개별 해수냉각(Conventional Cooling System)

- Main engine 및 Aux. engine의 Cylinder jacket을 Fresh water (청수)로 냉각.
- 그 외의 장비는 Sea water(해수)로 냉각시키는 시스템.
- 독립적인 해수 냉각 시스템을 형성함으로써 펌프 구동비 절감 및 시스템 작동에 장점.
- 대부분의 관이 해수로 채워져 관 부식에 대한 결점이 있음.

## (2) 중앙집중 청수 냉각(Central Cooling System)

- Main engine 및 Aux. engine의 Cylinder jacket을 냉각시키기 위한 고온 청수냉각순환 방식(High temperature cooling system)
- 그 외의 냉각기 및 장비들의 냉각을 위한 저온 청수냉각순환 방식(Low temperature cooling system)

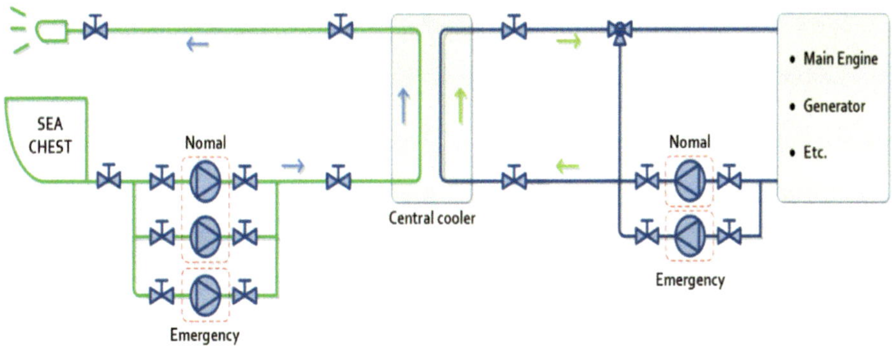


그림 3-12 Central Cooling System

## (3) Central Cooling System 구성

### 1) 해수흡입구(Sea Chest)

기관실에는 두 개의 해수 흡입구가 설치되고, 항해시 보통 선저 바닥에 설치된 Low sea chest 를 사용하고 항내와 같이 수심이 낮은 곳에서는 조금 높은 곳에 설치된 High sea chest를 사용한다.

### 2) 해수냉각펌프(Main Cooling Sea Water Pump)

선내의 기기에서 발생하는 열을 빼앗아 바다로 버리는 역할을 하는 해수를 순환시키는 펌프이다. 해수냉각펌프는 두 대 이상을 설치하여 한 대는 비상시를 위해 항상 대기할 수 있도록 한다.

3) 중앙냉각기(Central Cooler)

각 기기를 순환하며 열을 빼앗아 온 냉각청수(Cooling fresh water)를 해수로 냉각시키는 열 교환기이며, 저온청수냉각기(Low temperature cooling fresh water cooler, L.T cooler)라고 부르기도 한다.

4) 조수기(Fresh Water Generator)

해수를 증발시켜 선내에서 필요로 하는 청수를 만드는 기기로, 이젝터 (베르누이의 법칙에 의해 진공이 형성되는 원리)로 진공을 만들어 낮은 온도에서 해수가 증발될 수 있도록 한다.

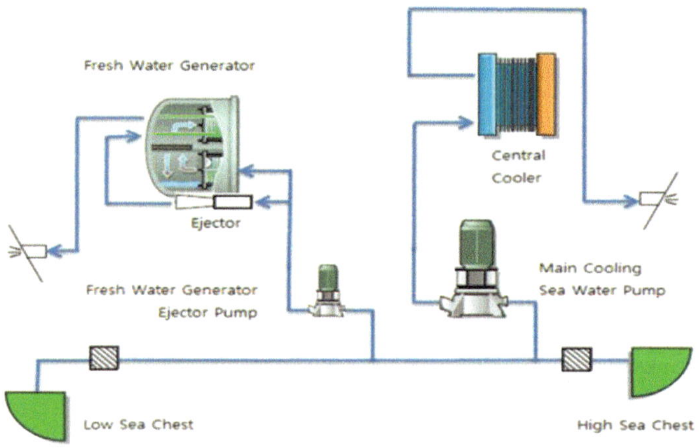


그림 3-13 Central Cooling System 구성

Note : 기관실에 두 개의 흡입구가 설치되고, 항해시 보통 선저 바닥에 설치된 Low sea chest를 사용하고 항내와 같이 수심이 낮은 곳에서는 조금 높은 곳에 설치된 High sea chest를 사용한다.

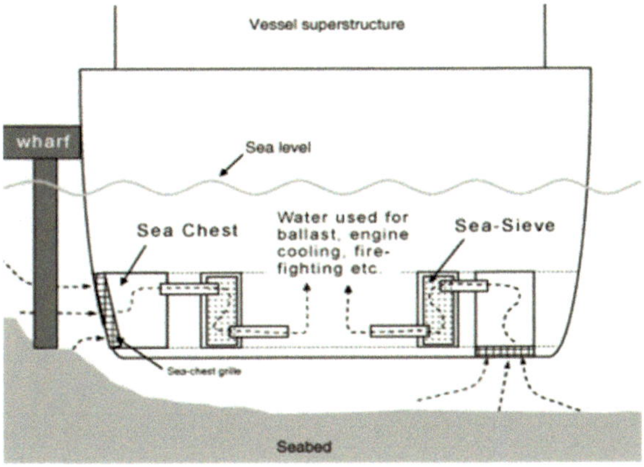


그림 3-14 Low & High Sea Chest

## (4) High/Low Temperature Cooling System

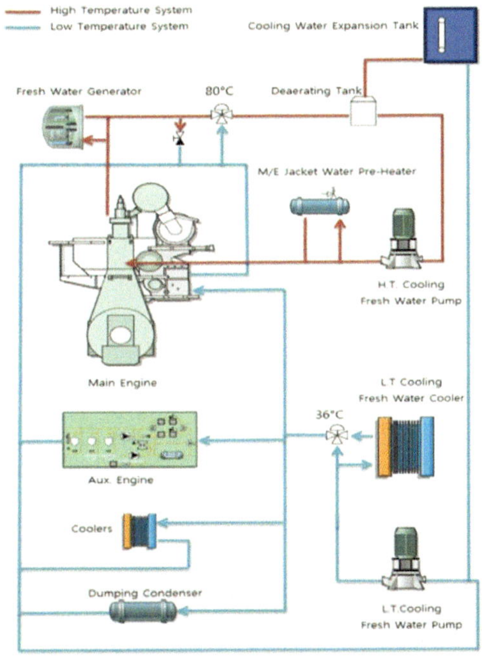


그림 3-15 High/Low Temperature Cooling System

1) **저온 냉각청수 시스템(Low Temperature Cooling Fresh Water System, LT CFW Sys)**

각종 기기류에서 발생한 열을 빼앗아 LT cooler(혹은 Central cooler)에서 냉각해수 쪽으로 전달하는 역할을 한다. 냉각수의 온도는 36℃로 유지되는데 이는 청수를 식혀 주어야 하는 해수의 온도가 지역마다 큰 편차가 있으나 일반적으로 최대 해수 온도를 32℃ 로 정의하여 설계하기 때문이다.

2) **고온 냉각청수 시스템 (High Temperature Cooling Fresh Water System, HT CFW Sys)**

메인엔진과 발전기엔진에는 소기(Scavenge air) 냉각을 위한 에어쿨러(Air cooler) 및 윤활유 냉각기(L.O cooler)에는 저온 냉각수가 들어가지만 실린더자켓(Cylinder jacket)에는 고온 냉각수가 필요하다(65℃ ~ 70℃). 이를 위해 별도의 HT cooling system 이 필요해지는데 위의 그림은 고온냉각수를 식히기 위한 별도의 열교환기 없이 저온냉각수의 일부가 고온냉각수와 섞이는 방식을 사용한 시스템의 예이며, 발전기 엔진의 경우 엔진 자체에 이와 같은 HT system 을 포함하고 있는 경우이다.

## 연습문제

1. 주기관(Main engine)의 하기 출력에 대해 설명하시오
   1) 연속최대 출력(MCR : Maximum Continuous Rating)
   2) 상용 출력(NCR : Normal Continuous Rating, 혹또는 MER : Most Economical Rating)
   3) 과부하 출력(Overload rating)

2. 주기관(Main engine)의 하기 주요구성품의 기능에 대해 설명하시오
   1) Turning Gear
   2) Auxiliary Blower
   3) Piston Stuffing Box
   4) Turbocharger

3. 엔진의 소기(Scavenging) 및 Uniflow scavenging system에 대해 기술하시오

4. 하기 Fuel oil tanks의 기능에 대해 설명하시오 (10점).
   1) F.O Storage tank
   2) F.O Settling tank
   3) F.O Service tank

5. 하기 Lubricating oil system에 대해 기술하시오
    1) Cylinder Oil System
    2) System Oil System

6. 선박기관 윤활유의 역할 5가지 이상을 나열하고 각 역할에 대해 간략히 기술하시오.

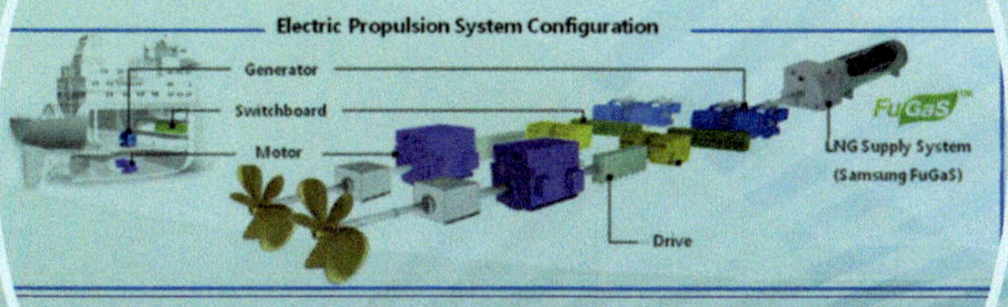
Electric Propulsion System Configuration
Generator
Switchboard
Motor
FuGaS
LNG Supply System
(Samsung FuGaS)
Drive

# 4장

# 각종 추진 동력장치

# 4.1 증기터빈

## 4.1.1 개요

증기터빈은 고온고압의 증기를 터빈(선풍기처럼 생긴 바람개비로 이해하면 쉽다. 바람이 불 때 선풍기를 바람에 마주보고 놓으면 선풍기가 돌아가는데 이와 동일한 원리다)을 돌려줌으로써 기계적 에너지를 얻는 장치를 말한다. 일반적으로 증기터빈은 회전운동만으로 회전속도를 빠르게 하여 출력당 중량을 작게 할 수 있고 장시간의 연속운전이 가능하며 따라서 왕복형의 증기기관이나 내연기관 등에 대신하여 화력발전소, 선박, 공장 등의 대출력 원동기로서 널리 사용되고 있다. 보일러에서 발생시킨 고온·고압의 증기를 노즐 또는 고정된 날개로부터 분출, 팽창시켜 나온 고속의 증기를 터빈 날개에 부딪쳐서 그 충동작용 또는 반동작용에 의하여 축을 회전시키는 것이다.

따라서 증기터빈은 증기가 가지는 열에너지를 속도에너지로 바꾸기 위한 노즐과 속도에너지를 기계적 일로 바꾸기 위한 터빈 날개를 바탕으로 하여 구성되어 있다. 노즐과 터빈 날개의 한 조를 터빈의 단(Stage)이라고 한다. 증기터빈은 이러한 단을 여러 개 나란히 배열하여 구성하고 있다.

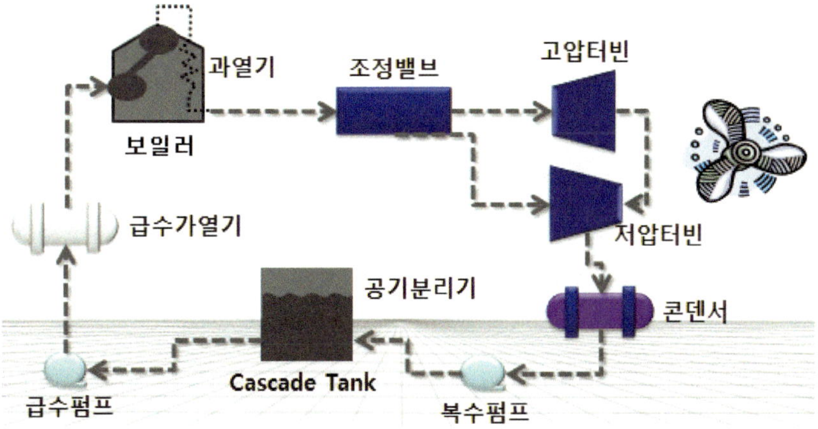

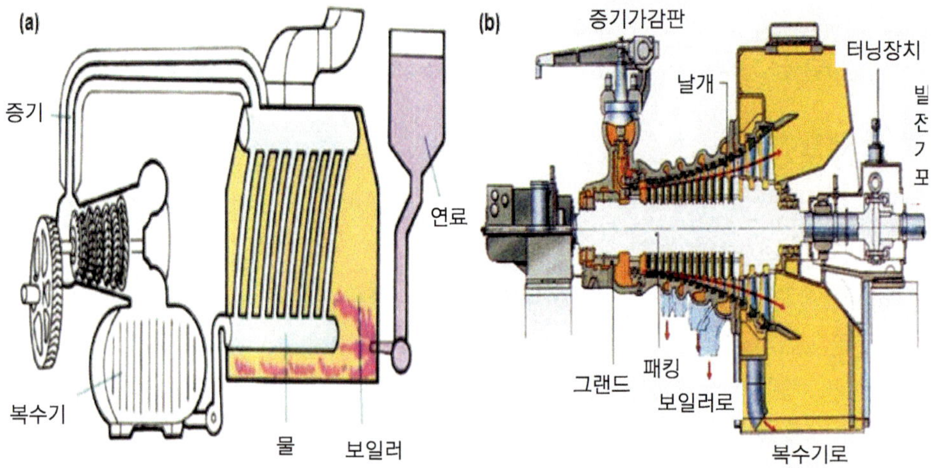


그림 4-1 (a) 증기터빈 스팀공급 개략도 (b) 증기터빈 단면도

보일러로부터 보내오는 고압증기는 조절밸브를 지나 증기실로 들어가고 여기서부터 팽창하면서 각단을 통과하여 배기실로 나간다. 보일러에서 발생된 고압증기는 증기밸브, 조속기로 개폐되는 가감밸브를 거쳐 증기실 (Steam chest)로 들어가서 팽창하면서 각단을 지나 배기실에 이른다. 증기의 체적은 팽창하면서 현저히 증가하므로 이에 상응하는 통로를 두어야 하므로, 노즐 및 회전익의 높이는 저압단으로 가면서 커진다. 차실을 나온 증기는 복수기(Condenser)로 들어가 냉각되어 물이 된다. 이 물은 다시 급수펌프로 보일러에 되돌려진다. 터빈의 단에는 터빈날개를 충동력만으로 구동하는 것과 충동력과 반동력의 양쪽에 의하여 구동하는것이 있다. 전자를 충동단(Impulse stage), 후자를 반동단(Reaction stage)이라고 한다. 충동단만으로 이루어진 터빈을 충동터빈(Impulse turbine), 반동단만으로 이루어진 터빈을 반동터빈(Reaction turbine)이라고 한다.

## 4.1.2 증기터빈의 구조

터빈의 구조는 터빈의 제조자나 형태에 따라 다소 차이는 있으나, 공통되는 주요요소는 기초(Foundation), 차실(Casing), 로터 및 블레이드(Rotor & blades), 노즐(Nozzle), 베어링, 씰(Seal) 장치 등으로 구성된다. 선박용 터빈은 육상용의 것에 비하여 한층 더 운전의 신뢰성을 필요로 하는 동시에 거치장소가 제한되고, 자체의 무게를 제한할 필요가 있으며, 감속장치, 역전장치 및 변속운전이 중요한 문제이다. 또한 선박용 증기터빈의 추진기관으로서 최대의 결점은 역전이 불가능한 점이다. 이러한 이유로 전진과 후진 터빈을 설치되어야 하며 전진 시에는 후진터빈이 공회전(空回轉)하여 전진출력의 일부를 사용하므로 후진 터빈은 간단한 구조의 소형으로 구비한다.

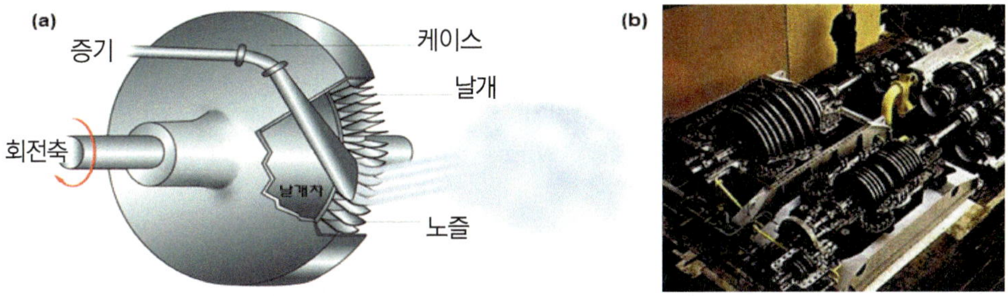


그림 4-2 (a) 증기터빈 원리 (b) 선박에 설치된 증기터빈

### (1) 로터(Rotor)

터빈차축 및 회전익으로 구성되며, 차실밖에 설치된 베어링으로 지지되어 회전하며 회전익은 회전바퀴의 끝에 고정되어 교대로 설치된 노즐과 더불어 증기통로를 만든다.

### (2) 회전익

회전익은 바퀴(Wheel) 또는 로터에 설치되어 증기로부터 운동에너지를 회전력으로 변환하면서 고속으로 회전하므로 고온·고압의 증기에 견디어야 한다. 사용재료는 주로 Cr 또는 Cr-Mo 등의 고합금 강이 많이 사용된다. 저압의 증기를 사용하는 경우 315℃ 이하에서는 Mn-Cu 합금 또는 Cu-Ni 합금을 사용하고, 증기온도가 220℃ 이하에서는 Cu-Zn 합금을 사용하기도 한다.

## (3) 노즐

노즐의 주 기능은 증기의 열에너지를 증기속도를 증가시켜 운동에너지로 변환하는 것이며, 부수적으로 블레이드에 증기를 안내하여 주는 것이다. 노즐은 가이드와 일체가 되어 있고, 이 가이드는 수평의 중심선을 기준으로 하여 상하로 이등분되어 차실에 지지되어있다. 노즐은 입구, 목(Throat) 및 출구로 구성되며 그 단면적의 변화에 따라 선단 축소, 선단 확대 와 평행노즐로 구분한다.

### 1) 축소노즐(Convergent nozzle)

목과 출구의 단면적이 같은 것을 말하며, 출구 밖의 압력이 매우 낮아 증기가 모든 방향으로 팽창되므로 난류를 일으킨다.

### 2) 축소-팽창노즐(Convergent-divergent nozzle)

축소노즐의 난류 팽창을 방지하기 위하여 노즐의 단면적을 목 부위로부터 점차적으로 확장시켜 증기의 유동을 원활하게 한다.

## (4) 축 그랜드패킹(Shaft Gland Packing)

고압터빈에서 차실을 가로질러 축이 있으므로 차실 내외의 압력차가 크기 때문에 축과 차실 사이에는 누설이 생기며 이를 최소화하기 위하여 축 그랜드패킹이 설치된다. 이 그랜드패킹에는 여러 가지 형태가 있으나 일반적으로 래비린스패킹(Labyrinth packing)과 카본패킹으로 구분한다. 래비린스패킹은 축주위에 기계 가공된 패킹 스트립을 차실에 설치하여 스트립 사이에 아주 작은 간극을 만들고 이 좁은 간극을 통한 증기의 누출로 압력이 강하하고 여러 개의 스트립을 통과하면 증기압은 대기압과 비슷하여진다. 이 패킹은 고온·고압에서 파손 우려가 많은 카본패킹에 비해 고압에서 주로 사용된다. 카본패킹은 저온·저압의 패킹에 주로 사용된다. 패킹을 사용하여도 증기터빈으로부터 완전히 증기를 차단할 수는 없으며, 저압터빈에서 차축과 차실 사이의 압력이 대기압 이하로 강하될 때 이 틈새로 공기가 유입되어 터빈을 거쳐 복수기로 들어갈 우려가 있어 씰 장치를 사용하여 공기의 유입을 방지한다.

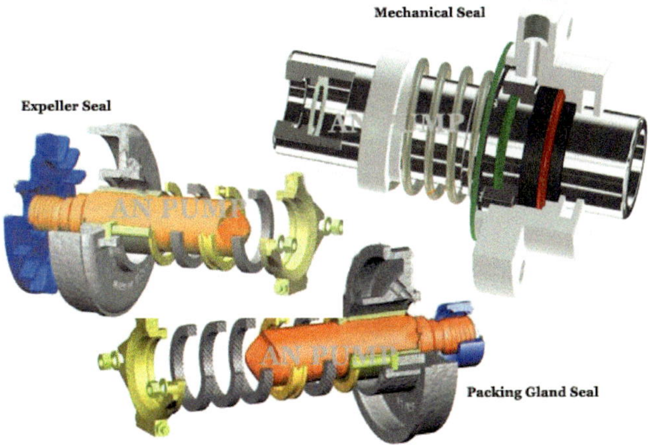


그림 4-3 Shaft gland packing set

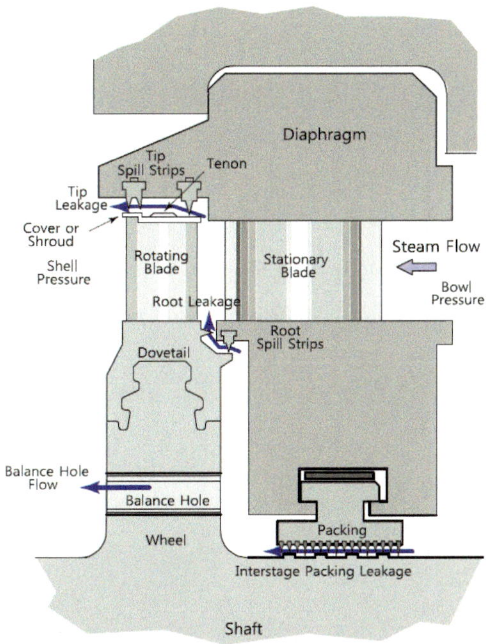


그림 4-4 Shaft gland packing 설치도

## (5) 베어링

증기터빈에는 메인 베어링과 추력베어링이 있다. 메인 베어링은 로터를 지지하고 로터와 차실 사이의 반지름 방향의 간극을 유지시키는 기능을 가지고 있다. 베어링으로는 슬리브(Slive), 볼(Ball), 롤러(Roller) 베어링이 있으나 지나친 접촉 면압을 억제하고 냉각 윤활을 위한 윤활유의 유동을 원활하도록 하며 설치와 보수를 용이하게 하기 위해 주로 슬리브 베어링을 사용한다. 추력베어링은 차축 중심방향으로 작용하는 힘을 견지하고 터빈 축의 축 방향 위치를 결정한다. 두개의 배빗(Babbitt)면을 가진 슈(Shoe)는 축에 부착된 추력 칼라(Thrust collar)를 에워싸고 있는 형태를 가지며 추력 칼라와 슈 사이의 간극은 아주 작고, 축이 회전하면 추력 칼라는 슈와 접촉하여 축의 정위치를 유지시킨다. 큰 추력 베어링은 여러 개의 칼라를 가지며 이에 맞는 고정 슈를 설치하기도 한다.

## (6) 기타부속장치

### 1) 조속기(Governor) :

터빈의 회전속도를 필요범위 내로 유지하도록 하는 제어 기구를 조속기라 한다. 이 장치는 터빈의 안전과 운전에 필요한 것으로, 터빈이 지정된 속도보다 지나치게 빠른 속도로 회전하는 경우 원심력에 의해 회전익이 휠에서 빠져나올 수 있고, 파손의 우려가 있으며, 발전장치의 경우 주파수 변화에 대한 문제가 대두되며 직류의 경우 전압에 영향을 준다. 부하에 따라 증기의 공급을 변화시키는 데에는 첫째단에 증기압력을 부하에 따라 변경시키기 위하여 교축(Throttling)하는 방법, 조속장치에 의해 작동되는 밸브가 부하 증가시 보조노즐에 증기를 별도로 공급하는 방법 및 이 두가지를 혼용하는 방법이 있다.

### 2) 주 증기 정지밸브(Main steam stop valve) :

보일러의 주증기를 고압 터빈에 공급하는 밸브로서 유량제어는 하지 못하고, 개폐기능만 있다. 정상운전 중에는 고압 터빈에 증기를 공급하고, 비상시나 정지시에는 차단 기능을 가진다.

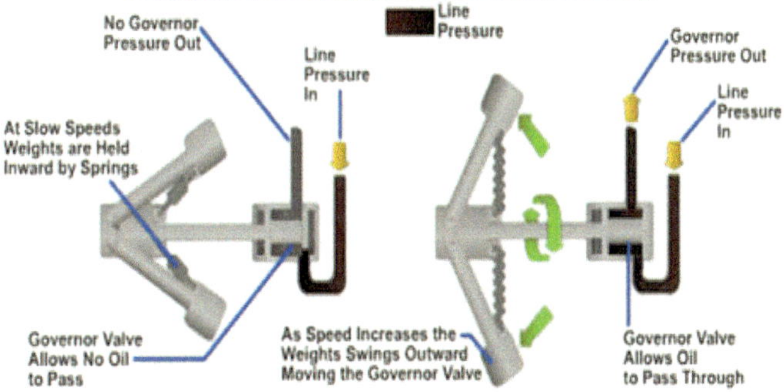


그림 4-5 조속기

3) 교축밸브(Throttling valve) :

터빈의 회전속도를 가감하기도 하고 급히 정지하기 위하여 사용하는 것으로 보통은 조속기와 연계되어 있다.

4) 배출밸브(Exhaust valve) :

전밸브의 역할을 하는 밸브로 터빈내의 압력이 계획된 값 이상 상승하는 경우 자동적으로 개방시켜 위험을 방지하고, 통상 저압터빈의 케이싱 전·후부에 각 1개, 고압터빈에서는 후부에 1개를 설치한다.

5) **복수장치**(Condenser) :

주 기능은 터빈의 배압을 낮게 유지하는 것이며, 이차적인 기능으로 복수를 만드는 것이다. 복수기는 밀폐된 용기로 압력을 낮추기 위하여 공기펌프와 증기를 물로 만드는 열교환기로 구성되어 있다.

6) **조정밸브**(Maneuvering valve) :

조정장치는 조정밸브와 비상차단장치로 구성되며, 고압터빈의 앞쪽에 위치한다. 조정밸브는 유압에 의해 개폐되며, 비상의 경우 비상 차단장치의 작동에 의해 조정밸브를 닫음으로써 신속히 정지시킨다. 전진밸브와 후진밸브가 링크레버에 의해 작동되므로 동시에 열리는 것은 불가능한 구조로 되어있다.

## 4.1.3 증기터빈 감속장치

### (1) 개요

증기터빈(Steam turbine)은 과거 LNG선 등의 주기관으로 쓰였으며 증기터빈을 탑재한 배의 이름 앞에 SS(Steam Ship)라는 글자를 붙이는 일이 있다. 일반 상선용으로는 현재 1기에 70,000PS까지 동력을 낼 수 있다. 증기터빈은 동일 출력의 디젤엔진에 비해 연료소비량(C 중유)이 30~40% 많다는 결점이 있으나, 유지보수가 비교적 간단하다는 장점이 있고 또한 감속기어를 통하여 프로펠러를 돌리게 되어 있으므로 저속운전이 용이하고 프로펠러의 효율을 높일 수 있다.

### (2) 감속장치

증기터빈은 일반적으로 빠른 회전속도로 운전되기 때문에 이들을 원동기로 삼을 때 회전이 너무 빨라서 그대로 사용할 수 없다. 원동기의 축에 작은 기어를 장치하고 피동축에 큰 기어를 장치해서 맞물리게 하면, 기어의 잇수에 비례하여 회전수를 적게 할 수 있다. 이와같이 기어를 사용하는 장치를 기어 감속장치라고 하며, 보통 지름이 다른 여러 개의 기어를 조합해서 감속한다.

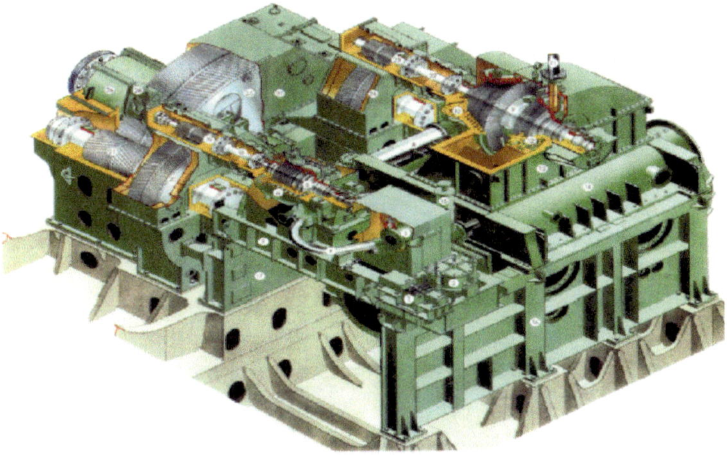

그림 4-6 증기터빈과 감속기

## 4.2 가스터빈

### 4.2.1 개요

가스터빈(Gas turbine)은 연소가스의 흐름으로부터 에너지를 추출하는 회전동력기관이다. 가스터빈은 압축기와 터빈 그리고 연소실로 구성되어 있고 압축기에서 압축된 공기가 연료와 혼합되어 연소함으로써 고온·고압의 기체가 팽창하고 이 힘을 이용하여 터빈을 구동한다. 에너지는 샤프트를 통해 토크(Torque)로 전달되거나 추력이나 압축 공기 형태로 얻는다. 이렇게 얻은 에너지로 항공기, 기차, 선박, 발전기, 전차(戰車) 등을 구동 하는데 쓰인다. 고속운전에 적합하면서 소음과 진동이 적은 증기기관의 이점과, 내연기관 특유의 컴팩트함 및 높은 기동성을 겸비하고 있다. 가스터빈은 터보젯(Turbo jet), 터보팬 또는 바이패스(Turbo fan or by-pass), 터보프롭(Turbo-propeller), 터보샤프트(Turbo shaft)등 여러 형태로 발전하여 왔다.

< 롤스-로이스 MT30 가스터빈 엔진이 장착된 선박 >

## 4.2.2 가스터빈 형식

### (1) 터보제트(Turbo Jet) 엔진

배기 노즐을 가스발생기의 하류에 부착하여 순전히 제트 추력을 동력으로 사용하는 것을 터보제트엔진이라 한다. 그리고 가스발생기와 배기노즐사이에 후부연소기(Afterburner)를 추가하여 가스를 재가열한 후 배기 노즐로 분사시켜 추력을 증강하는 것을 후부연소터보제트(After burning turbo-jet)라 하며 전투기와 같이 짧은 시간 동안 급속한 추력의 증가를 필요로 하는 경우에 응용된다.

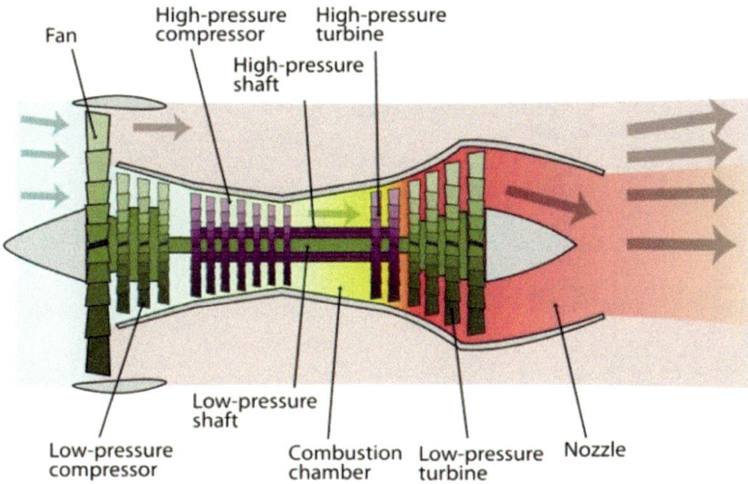


그림 4-7 터보제트 엔진

## (2) 터보팬 또는 바이패스(Turbo Fan or By-pass) 엔진

터보제트와 터보프롭 엔진의 특성을 합하였다고 볼 수 있는 엔진으로 이 엔진은 동력터빈과 배기 노즐이 동력 발생부분을 구성하고 있다. 동력터빈에서는 저온저압이지만 다량의 공기흐름을 발생하는 팬을 회전시킨다. 제트의 추력은 가스의 유량과 유동속도를 곱한 것이기 때문에 팬에서 나오는 흐름은 속도는 작지만 유량이 크기 때문에 상당한 양의 추력을 얻을 수 있다. 이 엔진은 추진효율 향상에서 오는 연료 소모율의 저하 이외에도 소음의 저하라는 엄청난 성능향상을 가져오게 하였다. 민간 항공의 계속적인 증가에 따른 여객기 수가 증가되고 소음공해가 심각한 문제로 대두되고 있는 상황에서 소음의 감소는 매우 바람직한 특성이며 대부분의 민간 항공기가 고 바이패스비(바이패스되는 유량 / 엔진을 통해 나오는 고온의 가스유량) 엔진을 사용하며 군용기도 저 바이패스비 엔진을 사용하고 있다.

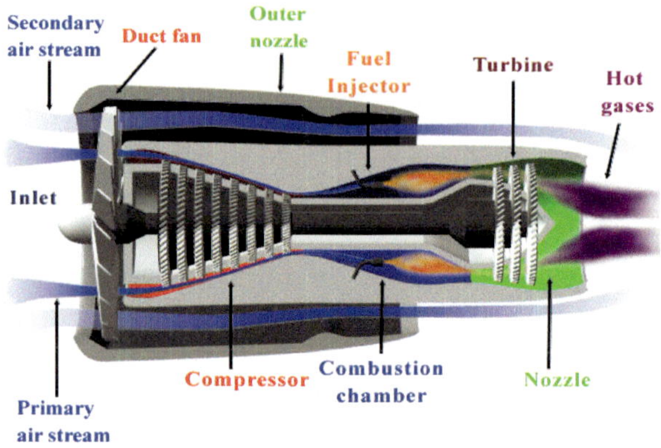


그림 4-8 바이패스 엔진

## (3) 터보프롭(Turbo-prop) 엔진

동력발생 부분에 동력터빈과 배기노즐을 장착하여 동력터빈으로는 프로펠러를 돌리고 나머지 가스에너지는 노즐을 통해 분사시켜서 추력을 활용하는 것을 터보프롭엔진이라 한다. 기계적 에너지와 제트 추진에너지의 두 형태를 동시에 사용하는 것이 특징이며 총 추력에서 제트의 추력이 1/4-1/5이다. 터보프롭의 추진효율은 저속(500mph/hr)에서 터보제트 엔진보다 우수하므로 저속의 항공기에 사용된다. 이 엔진은 소음과 진동은 적으나 프로펠러에서 발생하는 소리가 비교적 크다.

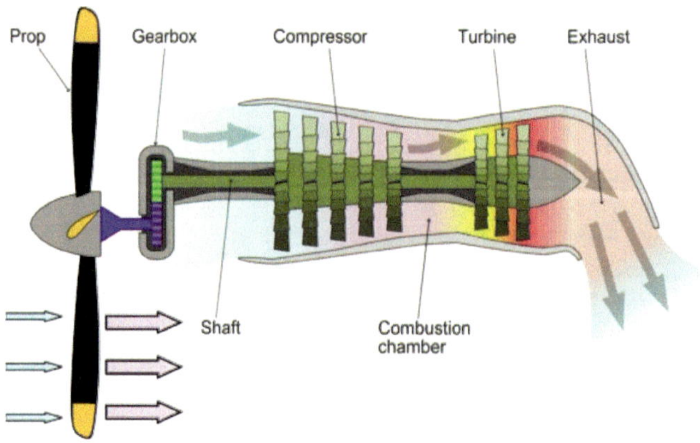


그림 4-9 터보프롭 엔진

### (4) 터보축(Turbo-shaft) 엔진

터보축 엔진은 순전히 회전식 기계에너지만을 공급하는 것으로서 가스발생기 하류에 동력터빈만을 연결시키고, 감속장치를 통해서 동력을 전달한다. 이 엔진은 주로 지상, 차량, 선박 등의 동력용으로 사용되며, 고속 비행 장치가 아니다. 작동 가스는 터빈에서 대기압으로 팽창하기 때문에 제트추력은 생기지 않는다. 헬리콥터용 동력으로는 제트추력이 별도로 필요하지 않기 때문에 터보프롭 엔진보다는 터보축 엔진을 사용하여 회전익을 돌린다.

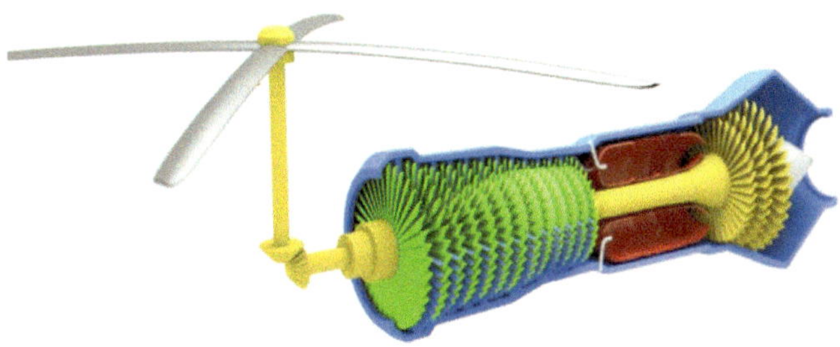

그림 4-10 터보축 엔진

## 4.2.3 선박용 가스터빈

가스터빈은 고속운전에 적합하면서 소음과 진동이 적고 컴팩트함 및 높은 기동성을 겸비하고 있으나 단독으로 사용하기에는 열효율이 낮아서 결합추진방식이 적용되고 있다. 특히 군함에서 각광받는 방식이며 민간선박에서도 채용되고 있다.

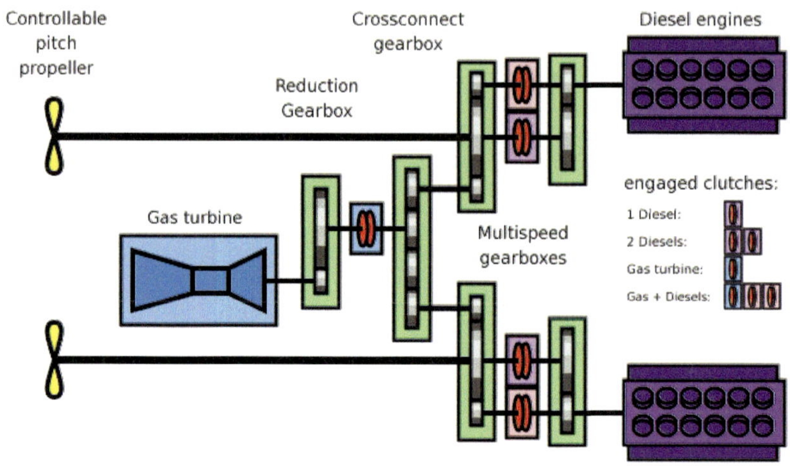


그림 4-11 선박용 가스터빈

## 4.3 원자력 추진

### 4.3.1 개요

원자력추진이란 방사성물질이 원자핵의 분열을 일으킬 때에 발생하는 열에너지를 동력으로 이용하는 추진이다. LNG선 등 특수선박의 추진기관으로 적용되는 터빈(Turbine)은 보일러(Boiler)로 증기를 얻는데 비하여 원자력추진은 원자로로 증기를 만들어 추진한다.

#### (1) 원자력추진의 장점

- 원자로에 쓰이는 핵연료 필요량은 근소하며, 중량은 무시할 수 있는 정도이다.
- 핵연료의 보급도 2~4년에 1회로 좋으며, 그 동안은 장기간 추진이 가능하다.
- 연료 연소시 공기(산소)를 필요로 하지 않고, 잠수선, 잠수함에도 이용가능하다.

- 화학연료(중유, 석탄, Gas 등)와 같이 배기가스를 내지 않기 때문에 환경을 오염시키지 않는다.
- 연료의 소비량이 적다. 1 g의 우라늄의 발열양은 2 ton의 중유에 해당한다. 일반선박에 비해서 연료비가 훨씬 저렴하다.
- 대형보일러, 대용량의 중유탱크, 대규모의 배관장치가 필요 없다.

## (2) 원자력추진의 단점

- 원자로는 핵연료로부터 방출되는 방사선을 차단하기 위해서 차폐 벽을 설치해야 한다. 차폐 벽에는 철, 납, 중콘크리트[자갈대신에 철설(鐵屑; 쇠부스러기)등을 섞은 것], 콘크리트 등이 사용된다. 차폐용 재료의 중량은 무겁기 때문에, 그만큼 배의 적재량이 감소한다.
- 배의 원자로의 주변에는 항상 승무원이 생활하고 있어, 방재를 위해 2중·3중으로 안전설비를 마련해 둘 필요가 있다.
- 원자로로부터 방출되는 방사선에 오염되어, 방사성을 띤 폐기물은 투기하는 것이 허가되지 않기 때문에, 항해 중에는 선박에 보관해 두지 않으면 안된다.
- 원자로 관계 기기의 소요전력량이 많다.
- 원자력선의 건조비는 일반선박에 비교해서 훨씬 고가이다.
- 운항시스템이 복잡하여 승무원을 많이 필요로 한다.

## (3) 선박용 원자력 플랜트

선박용 원자력 플랜트는 육상 플랜트(Plant)의 조건 외에 선박의 특성에대한 고려도 필요하기 때문에 선박의 동요에 충분히 견딜 수 있는 가압수형 원자로가 사용되고 있다. 또한 선체의 휨, 진동, 충돌좌초 등에 의한 충격(Shock)에도 충분히 견딜 수 있는 구조여야 한다. 원자로는 소형·경량으로 차폐재도 가능한 한 가벼운 것과 핵 연료교환의 간격이 가능한 한 길어지도록 효율이 좋은 것이 바람직하다.

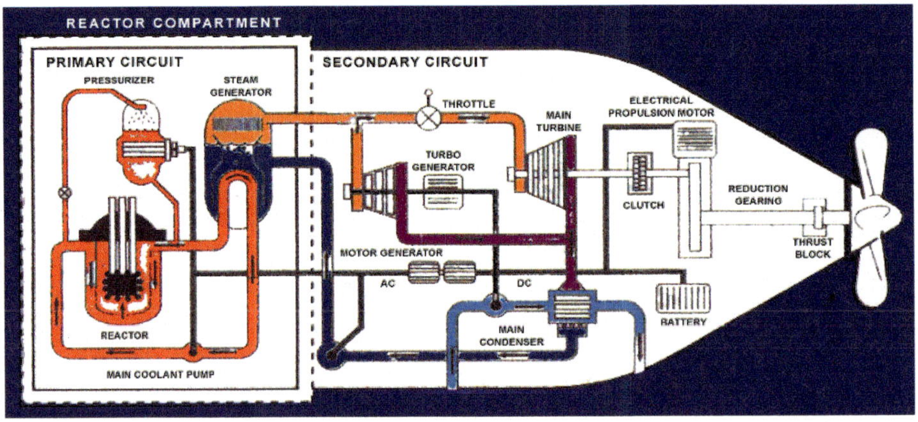


그림 4-12 원자력 추진 장치

< IAEA Profile of Nuward SMR Conceptual Design>

## 4.4 전기추진

전기추진 시스템은 선박 엔진과 연결된 축으로 동력을 프로펠러로 직접 전달하는 것과 달리, DFDE(Dual Fuel Diesel Electric) 전기추진과 같이 엔진에서 생산된 전기를 모터에서 축계를 통해 프로펠러로 동력을 전달하는 방식과 선체 외부에서 직접 연결되어 배치되는 모터 및 프로펠러에 의한 추진 방식(예 : Azipod, Mermaid) 등이 있다. 전기추진 방식은 직접 구동 방식의 디젤엔진에 비해 효율이 20% 이상 떨어지지만, LNG운반선의 경우에는 화물로 적재된 LNG의 증발가스를 발전기 연료로 사용하기 때문에 본 전기추진 방식이 많이 채택되어 왔다.

또한 전기추진은 일반 프로펠러에 비해 3배나 높은 가격과 항진 능력 저하, 전기변환 과정에서 발생하는 로스(약 70%) 등의 단점으로 일반 상선 보다는 저진동·저소음 특성이 중요한 여객선에서 주로 채용되어 왔다. 최근 친환경 연료(LNG, 수소 등)의 수요 및 효율 증대 메커니즘의 개발로 전기추진 방식이 점차 증가하고 있으나 축전력을 회전력으로 변환시키는 축계 구성에 의한 동력 손실이 크므로 이에 대한 개량 기술이 계속 개발될 필요가 있다. 선외에서 추진하는 포드(Pod) 추진 방식은 조종성 극대화, 선박설계의 자유도 증대, 저소음·저진동이라는 장점을 가지고 있다.

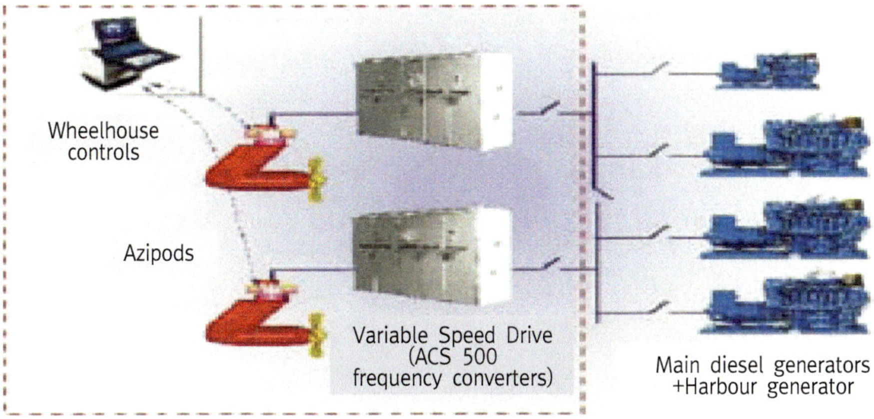


그림 4-13 전기추진 장치

# 4.5 LNG 운반 선박의 추진 동력장치 변천사

## 4.5.1 증기터빈(Steam Turbine)

LNG선이 처음 등장한 1960년대 선박 기술자들은 BOG(Boil Off Gas)에 대한 고민을 해결할 수 있는 가장 손쉬운 방법으로 스팀터빈엔진을 채택했다. LNG선에 스팀터빈엔진을 장착하고, BOG를 그 연료로 사용하는 것이다. BOG로 보일러의 물을 끓여 발생한 고압의 스팀으로 스팀터빈을 구동하고, 이 회전력으로 프로펠러를 돌린다. 그러나 외연기관인 스팀터빈엔진은 열효율이 30% 밖에 안된다는 문제가 있다. 연료가 100이 투입된다고 하면, 실제 프로펠러 구동에 쓰이는 에너지는 30에 불과하다. 그럼에도 불구하고 스팀터빈엔진은 BOG 문제를 손쉽게 해결할 수 있다는 이유로 처음 LNG선에 장착된 1964년부터 2000년대 중반까지 40여년간 LNG선의 메인 엔진으로 적용해 왔다.

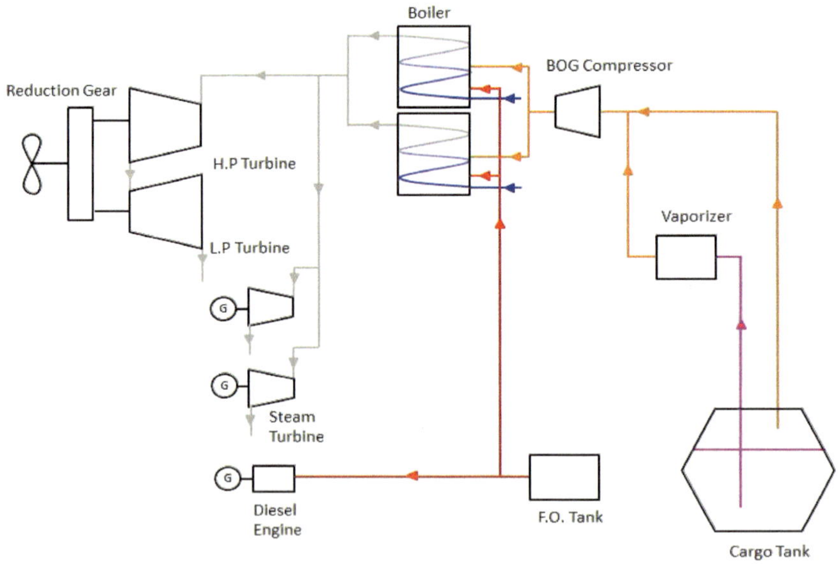


그림 4-14 BOG & Steam turbine

## 4.5.2 DFDE(Dual Fuel Diesel Electric) System

DF(Dual Fuel)엔진은 열효율이 우수한 내연기관으로 천연가스와 디젤오일을 모두 연료로 사용할 수 있는 엔진으로 BOG를 직접 연료로 사용할 수 있다. DFDE는 BOG로 DF엔진을 돌려 전기를 생산한 뒤 이 전기로 프로펠러와 연결된 모터를 돌려 선박을 구동하는 방식이다. DF엔진은 발전용 엔진인 셈이다. DFDE의 열효율은 약 41~43% 수준으로 스팀터빈 엔진에 비해 엔진 효율이 30% 이상 높다. 이는 연간 수백만 달러의 연료비를 절감할 수 있다는 것을 의미한다. 또한 DFDE는 고온고압의 스팀을 사용하는 스팀터빈 엔진에 비해 안전성이 탁월하다. 이러한 장점에 힘입어 DFDE는 2000년대 중반부터 스팀터빈엔진을 몰아내고 LNG선의 새로운 추진시스템으로 채택되었으며, 최근까지도 LNG선 추진시스템의 대세로 자리매김 하였다.

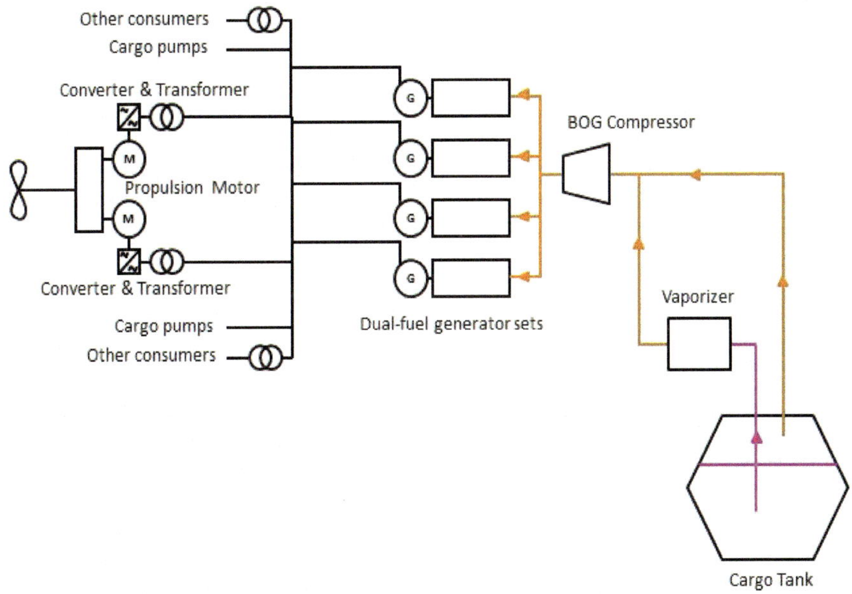


그림 4-15 DFDE system

### 4.5.3 일반 저속디젤엔진 & 재액화 설비

LNG선과 달리 대부분의 상선은 중유를 연료로 하는 선박용 디젤엔진을 장착하고 있다. 디젤엔진으로 프로펠러를 직접 구동하는 것이 DF엔진으로 전기를 생산해 모터를 돌리는 것보다 추진 효율이 더 좋다. LNG선의 경우에도 BOG 문제만 해결할 수 있다면 디젤엔진을 장착하는 것이 더 효율적으로 BOG 문제는 재액화 장비를 이용해 자연증발한 가스를 다시 액화시켜 화물창에 되돌려 넣는 방식으로 해결했다.

디젤엔진을 장착해 엔진 추진효율이 더 좋고, BOG를 화물창에 되돌려 넣기 때문에 LNG 화물의 손실도 방지할 수 있게 된 것이다. 그러나 선상에 재액화장비를 설치하는데 필요한 초기 투자비용, 재액화장비를 가동하는데 소모되는 에너지 비용 등을 종합적으로 고려하면 DFDE시스템이 디젤엔진 방식보다 더 경제적일 수 있다.

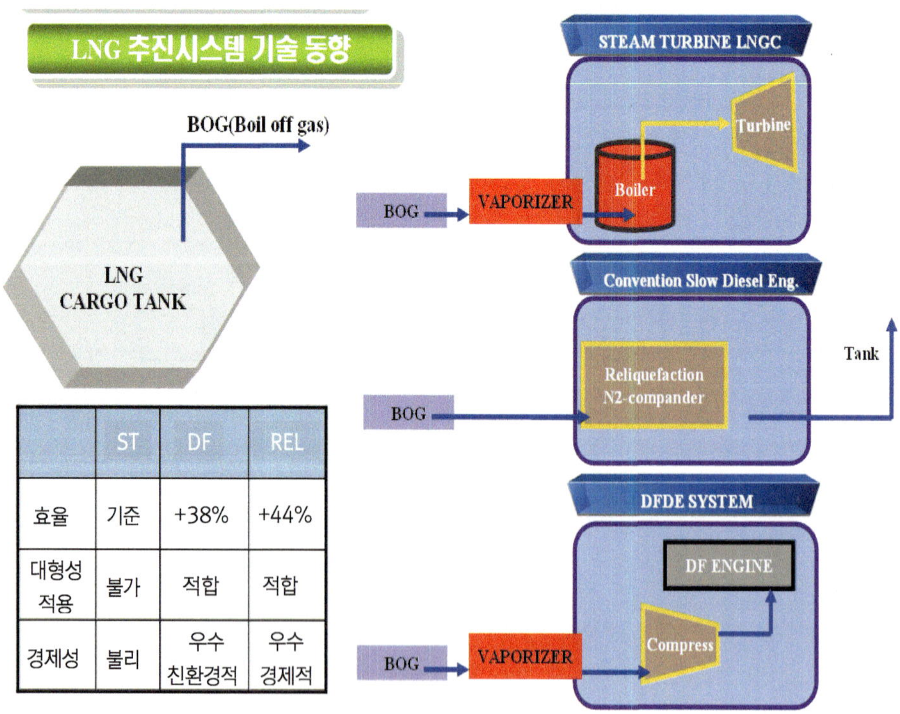


| | ST | DF | REL |
|---|---|---|---|
| 효율 | 기준 | +38% | +44% |
| 대형성 적용 | 불가 | 적합 | 적합 |
| 경제성 | 불리 | 우수 친환경적 | 우수 경제적 |

그림 4-16 BOG 재액화

### 4.5.4 Gas Injection 저속디젤엔진

최근 천연가스를 연료로 사용하면서 프로펠러를 직접 구동하는 새로운 엔진이 개발됐다. 엔진 제작사인 만디젤(MAN D&T)이 개발한 ME-GI (Main engine Electronic control Gas Injection) 엔진과 윈지드(WinGD)의 X-DF(eXtra long stroke Dual Fuel) 엔진이다.

이 두 엔진은 벙커C유와 천연가스 모두를 연료로 사용할 수 있는 이중연료 엔진일 뿐 아니라 기존의 선박용 디젤엔진과 마찬가지로 프로펠러를 직접 구동하기 때문에 엔진 효율이 높다는 장점이 있다.

DFDE 시스템보다 연비가 약 10% 가량 우수하다. 게다가, 새로운 엔진 시스템은 BOG 재액화의 경제성 문제도 해결했다. LNG선에서 발생된 BOG를 모두 연료로 소모할 수 있는 것은 아니다. 경우에 따라서는 엔진을 풀가동해도 시간당 약 1ton 정도의 BOG가 남기도 하는데 이러한 잉여 BOG는 별도의 연소시스템을 사용해서 태워버린다. 선박에 재액화장비를 설치해서 남는 BOG를 LNG로 다시 액화하면 되겠지만, 재액화장비를 설치하는 데 드는 비용과 장비 가동에 사용되는 에너지 비용 등을 감안하면 그냥 태워버리는게 더 경제적이기 때문이다. 그런데 새로운 엔진시스템에서는 잉여 BOG를 재액화하는 것이 용이해졌다. 새로운 엔진은 압축된 천연가스를 연료로 사용하기 때문에 연료공급 시스템 내에 압축기가 설치되는데 BOG를 LNG로 재액화하는 데도 압축기가 사용된다는 것이다. 기체상태의 가스를 압축해 고온고압의 기체로 만들고 냉각수 등으로 냉각해 저온고압 상태로 바꾼 뒤 팽창기를 통해 기체의 압력을 떨어뜨려 저압의 극저온 상태로 냉각시키는 것이 재액화 공정의 기본프로세스이다.

결론적으로 새로운 엔진시스템에는 압축기가 기본적으로 설치되기 때문에 약간의 투자를 더해 열교환기와 팽창기만 추가로 장착하면 연료로 사용하고 남은 잉여 BOG를 재액화할 수도 있게 되는 것이다. 이처럼 새 시스템은 종전의 DFDE 시스템보다 엔진효율이 높을 뿐 아니라, 잉여 BOG까지 재액화 할 수 있다는 장점에 힘입어 최근 많은 선사의 주목을 받고 있다. 그런 만큼 점차 시장점유율을 확대해 머지않아 DFDE 시스템을 대체할 것으로도 전망된다.

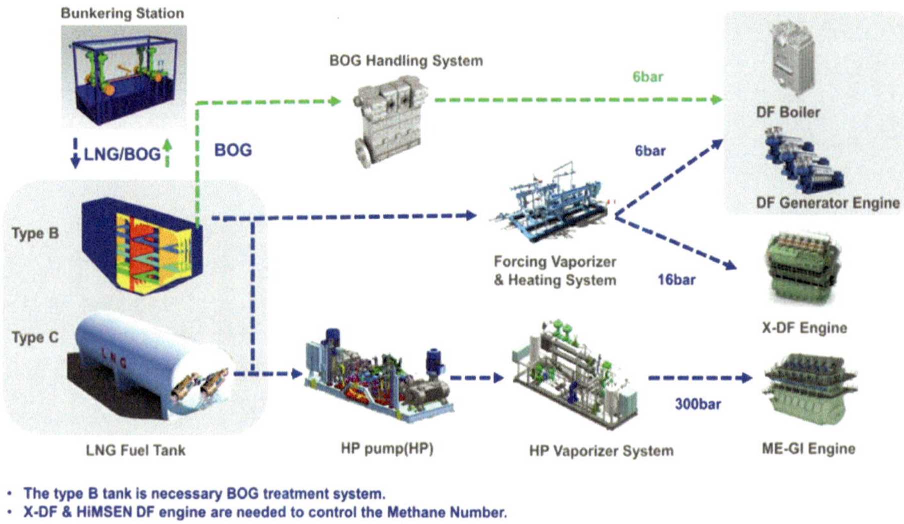


그림 4-17 FGSS(Fuel Gas Supply System) for DFDE & ME-GI(Gas Injection) 저속디젤엔진

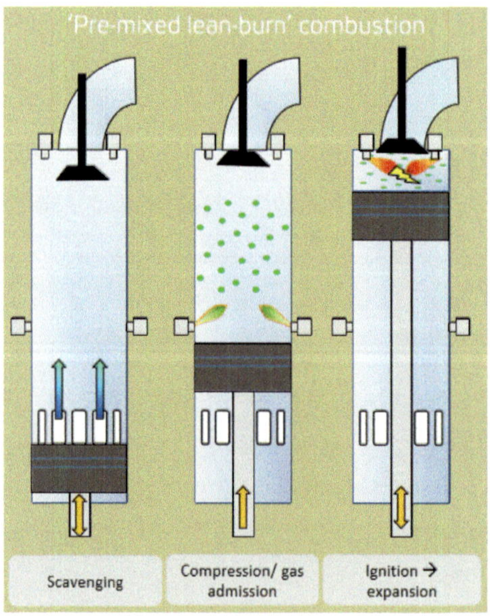


그림 4-18 Gas Injection 저속 X-DF 엔진

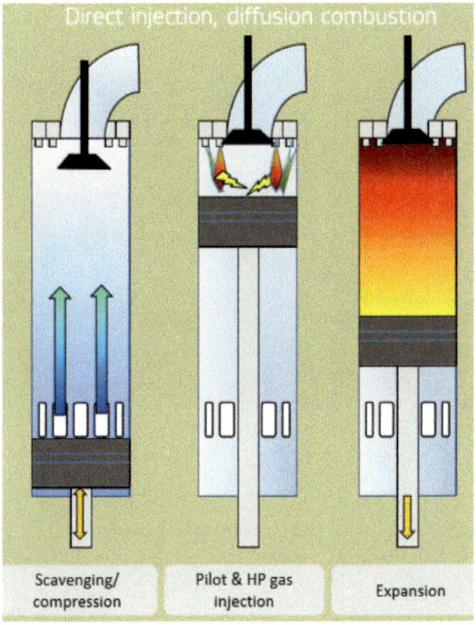


그림 4-19 Gas Injection 저속 ME-GI 엔진

## 4.5.5 추진시스템 비교

표 4-1 추진시스템 비교

| 추진시스템 | | Steam turbine | DFDE | 저속엔진&재액화 | ME-GI 엔진 |
|---|---|---|---|---|---|
| 개념도 | | 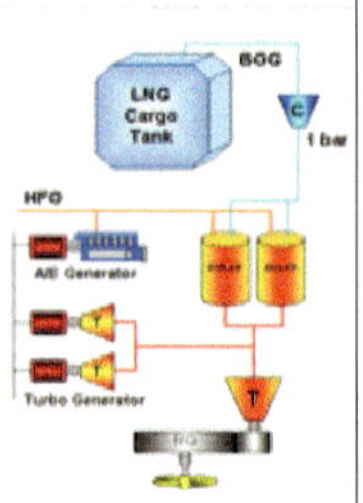  | 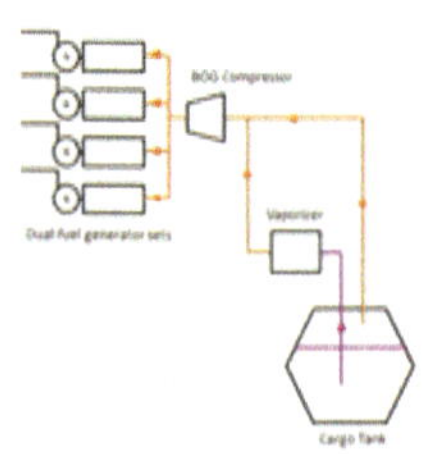 | 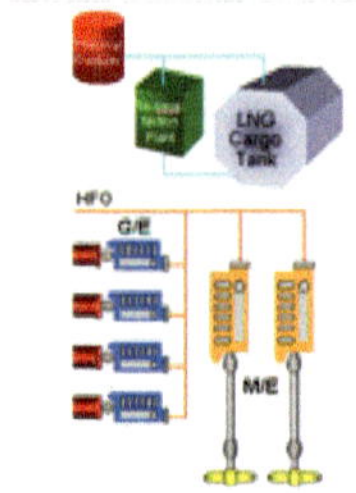  | 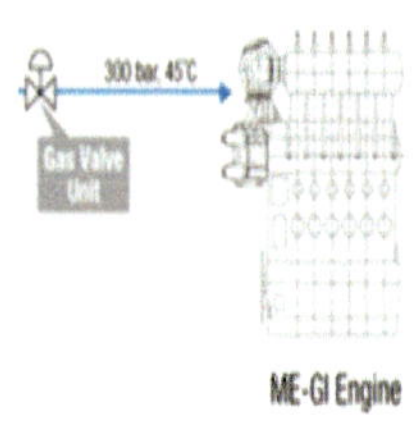  |
| 장점 | | 60년대 이후 적용<br>신뢰성 높음 | 연료효율이 좋음 | 연료효율이 좋음<br>Cargo/Engine part 분리 가능 | 연료효율이 좋음 |
| 단점 | | 연소효율이 나쁨 | BOG만의 연료사용<br>불가능 | 재액화장치 구동 전력 요구됨 | LNG고압펌프/증발기 요구 |
| 경제성 | 초기투자 | 100 | 105 | 105 | 106 |
| | 연료소모 | 100<br>(BOG + HFO) | 67<br>(BOG + HFO) | 65<br>(HFO) | 45<br>(LNG + HFO) |
| 배기가스 | CO2 | 100(87) | 66 | 77 | 61 |
| | NOx | 4(3) | 100 | 99 | 20(with EGR) |
| | SOx | 67(0) | 43 | 100 | 0 |

## 4.6 친환경연료추진시스템(Eco-friendly Fuel Propulsion System)

친환경연료추진시스템의 종류는 다양하다. 메탄올연료추진 및 암모니아연료추진은 각각 메탄올 및 암모니아를 이중연료 엔진에 연료로 공급하여 추진되는 선박이다. 경제성은 떨어지지만 암모니아와 수소의 경우 연료전지에서 발생시킨 전기를 동력으로 추진하는 수소연료전지추진 등도 있다. 또한 연안 및 내륙용 선박에 대한 전기하이브리드시스템 추진도 있다.

### 4.6.1 메탄올연료추진

메탄올 연료공급시스템(LFSS, Low Flashpoint Fuel Supply System)은 저인화점 연료를 유량, 압력 및 온도 등 운전 조건에 적합하게 만들어 안전하게 엔진에 공급하는 시스템이다. 연료탱크 외부에 설치되어있는 이송 펌프를 통해 연료를 압력 펌프에 공급하고 펌프에서 최대 10 bar까지 상승시킨 후에 엔진으로 공급한다. 여기서는 펌프, 통합·감시제어시스템 등 일반적인 장치에 대한 설명은 생략하고 특별한 성능과 기능 위주로 설명한다.

메탄올 LFSS는 일반 연료공급시스템과 동일한 개념으로 설계된다. 연료는 액체 연료가 들어 있는 서비스 탱크에서 끌어오고 저압 및 고압 펌프에 의해 10 bar 수준의 압력으로 상승시킨다. 다음으로 히터와 냉각기를 적용해서 메탄올 고압분사기에서 캐비테이션이 발생하지 않도록 연료 온도를 20~50℃ 수준에서 최적화시켜 공급한다. 캐비테이션 발생은 메탄올 온도가 올라갈수록 증가하므로 온도 최적화가 중요하다.

- 메탄올 연료 공급 조건 : 10 bar, 20~50℃

LFSS에 의해 연료가 적정 압력과 온도가 만들어지면 연료의 공급과 차단 등을 제어하는 연료밸브트레인(FVT, Fuel Valve Trains)을 거쳐 엔진에 공급된다. FVT는 LNG 연료공급시스템의 가스밸브트레인과 마찬가지로 엔진과 연결되는 배관은 이중구조배관 적용, ESD시스템, 이중차단밸브·블리드밸브, 질소 불활성화 퍼징 및 FVT 룸·이중구조배관·덕트에 대한 기계식 통풍시스템 등의 기능이 설치된다.

메탄올 연료공급시스템에서 안전시스템의 종류와 설치는 저인화점연료선박의 안전시스템의 종류 및 설치 내용과 동일하다.

- 메탄올 연료회수시스템
- 질소 불활성화시스템
- 기계식 통풍시스템
- MAN-LGIM 엔진 물공급시스템

### (1) 메탄올 연료회수시스템

엔진에서 메탄올 모드가 중단되는 경우와 같이 질소 불활성화시스템이 작동할 때 FVT 및 LFSS 등 연료 공급 배관라인의 각각의 장치에서 배출되는 메탄올 연료와 질소를 서비스 탱크 또는 추가 잔류 탱크로 이송시킨 후에 재사용한다.

### (2) 질소 불활성화시스템

메탄올 및 암모니아 등 인화점이 낮은 연료를 사용할 때 잔류 연료를 안전하게 청소하거나 제거할 경우에 화재 위험을 줄여주는 불활성 가스의 사용이 필수적이다. 불활성 가스는 선박에서 만들 수 있으며 공기를 압축해서 질소를 분리하고 저장하여 사용한다.

이러한 질소 불활성화시스템은 벙커링, 연료탱크 압력 유지 및 유지 보수, 연료 공급 배관라인, FVT 및 이중구조배관 등에서 발생되는 메탄올 잔류 연료 제거를 위해 설치된다. 또한 엔진에서 운전 후, 유지 보수 사전 및 사후 등에도 잔류 연료 제거를 위해 시스템이 작동된다. 탱크 또는 연료 공급 배관라인에 질소를 공급시킬 때 차단 및 블리드(배출)밸브 구성과 폐쇄 가능한 역류 방지 밸브인 체크밸브 설치가 필요하다.

또한 메탄올 탱크에 질소를 공급하여 탱크 내부 압력을 상승시키는 이유는 메탄올에 압력을 가하지 않으면 증발 가스가 발생하여 폭발 위험성이 커지기 때문이다. 탱크가 안정적인 상태로 유지되도록 탱크에는 독립적인 질소 불활성화시스템을 설치하여 압력을 상승시키며, 메탄올 탱크에서 연료 누출이 발생할 경우 코퍼댐에 질소를 공급할 수 있어야 한다.

### (3) 기계식 통풍시스템

메탄올 누출 가능성이 있는 연료준비룸, 탱크연결룸 및 FVT룸 등 각 공간에는 기계적 통풍시스템을 설치하며 가스 감지 시 자동으로 작동되는 기계식 통풍시스템이 설치되어야 한다. 각각 시간당 최소 30번의 공기 교환 용량을 가지는 최소 2개의 기계식 통풍팬이 설치되어야 한다. 이러한 시스템에서 발생된 메탄올은 통풍시스템과 벤트 마스트를 통해 대기 중으로 배출된다. 이중구조배관의 내부와 외부 배관 사이의 공간에도 기계식 통풍시스템이 설치된다.

### (4) MAN-LGIM 엔진 물공급시스템

물공급시스템은 MAN-LGIM 엔진에서 NOx를 줄여 Tier III 수준을 충족하기 위해 엔진에 물을 공급하는 장치이며 펌프, 필터 및 압력 계측기로 구성된다. FVT를 통해 메탄올과 혼합할 물을 전달하며 물 혼합은 엔진 제어시스템에 의해 이루어진다. 물공급시스템은 가스 안전 구역에 배치하도록 설계된다.

### 4.6.2 암모니아연료추진

메탄올 LFSS와 마찬가지로 저인화점 연료를 유량, 압력 및 온도 등 운전 조건에 적합하게 만들어 안전하게 엔진에 공급하는 시스템이다. 연료 탱크 내부 또는 외부에 있는 저압 펌프에서 20~24 bar까지 상승시키고 고압 펌프로 공급하여 80~85 bar까지 상승시킨 후에 엔진에 공급한다. 암모니아의 효율적 연소를 위해 연료를 적절한 온도로 상승시켜야 하며 히터와 냉각기를 적용해서 연료 온도가 35~45℃ 수준에서 최적화시켜 공급한다.

- 암모니아 연료 엔진 공급 조건 : 80~85 bar, 35~45℃

LFSS에 의해 연료가 적정 압력과 온도가 만들어지면 연료의 공급과 차단 등을 제어하는 FVT을 거쳐 엔진에 공급된다. 이중구조배관 적용, ESD시스템, 이중차단밸브·블리드밸브, 질소 불활성화시스템 및 FVT 룸·이중구조배관·덕트에 대한 기계식 통풍시스템 등의 기능이 설치된다. 암모니아 연료공급시스템에서 안전시스템의 종류와 설치는 저인화점연료선박의 안전시스템의 종류 및 설치 내용과 동일하다. 암모니아는 액체에서 기체 상태로 전환될 때에 850배로 팽창하며, 암모니아에 대한 허용 가능한 인체 노출 한도는 25~50 ppm 사이로 설정되며 5,000 ppm 농도의 짧은 노출에도 치명적인 유독성 물질이다.

#### (1) 연료 공급 배관라인에 대한 이중구조배관 적용

암모니아는 독성이 강해 누출 위험을 최소화해야한다. LNG·메탄올에서는 FVT와 엔진 사이의 배관만 이중구조배관을 적용하였으나, 암모니아는 벙커링스테이션과 연료준비룸(FPR, Fuel Preparation Rooms) 사이, 암모니아재순환시스템과 FPR 사이, FPR과 탱크연결공간(TCS, Tank Connection Spaces) 사이, TCS와 엔진 사이 및 TCS와 암모니아처리시스템 사이 등의 배관은 이중구조배관을 적용한다. 이러한 이중구조배관은 연료 공급 배관라인에서 암모니아의 누출 시 가스 유출을 방지한다. 연료를 처리하는데 필요한 모든 장비는 전용 FPR에 배치되며, 탱크 연결 장치들은 TCS에 설치된다. 연료

준비룸 또는 탱크연결공간 등에는 가스 누출로 인한 기계식 통풍시스템이 설치되므로 이중구조배관이 필요없다.

## (2) 암모니아처리시스템(Ammonia Processing System)

암모니아 연료의 경우 벙커링, 연료탱크, 연료공급시스템 및 FVT 등에 설치된 통풍시스템과 질소 불활성시스템에 의해 발생된 암모니아 액체 또는 증기가 대기 중으로 그대로 배출되는 것을 방지하기 위해 전부 수집하여 저장해야 한다. 이러한 암모니아는 연료탱크, 저압 펌프 및 고압 펌프 부근 등에 설치된 3개의 녹아웃 드럼(Knock out Drum)에 저장된다. 드럼에서 암모니아 액체는 질소 분리기를 거치면서 질소가 걸러지고 암모니아 액체에 포함된 산소를 제거시키는 탈기능이 포함된 산소제거탱크(Deaerator Tank) 등의 재순환탱크에 저장된다. 암모니아 증기는 물로 채워진 여러 컬럼에 포집되어 농도를 10~25 ppm 이하 수준으로 감축시킨 후에 벤트마스트로 보내 대기로 배출한다. 또한 통풍시스템에서 25~30 ppm의 암모니아가 감지되면 암모니아처리시스템과 연결시켜 암모니아를 처리한다.

## (3) 암모니아재순환시스템

암모니아 연료는 엔진에 과잉으로 공급되며 연소되지 않고 남은 연료는 전용 재순환시스템을 통해 재순환되어 사용된다. 또한 엔진에서 암모니아 모드 작동이 중지될 때 암모니아를 회수하여 재순환시스템으로 보내진다. 이러한 암모니아에는 불활성화 조치로 인한 질소가 포함될 수 있으므로 질소 분리기에서 질소를 분리시킨 후 재순환탱크에 저장한다. 또한 고압분사기에서 나오는 미량의 밀봉 오일이 포함될 수 있으며 그러한 암모니아 경우 별도의 작은 서비스탱크에서 수집한 뒤에 육상에서 처리할 수 있다.

## (4) 질소 불활성화시스템

질소 불활성화시스템은 벙커링, 연료탱크 검사 및 유지 보수, 연료 공급 배관라인, FVT 및 이중구조배관 등에서 발생되는 암모니아 잔류 가스 제거를 위해 설치된다. 또한 엔진에서 운전 후, 유지 보수 사전 및 사후 등에도 불활성화 조치에 질소가 사용된다. 불활성화 작업 후 미량의 암모니아가 잔류할 수 있으므로 유지 보수 작업 시에는 개인 보호 장비와 방독면을 착용해야 한다.

### (5) 기계식 통풍시스템

유독성 암모니아 증기가 퍼지는 것을 방지하기 위해 암모니아 누출 가능성이 있는 연료준비룸, 탱크 연결룸 및 FVT룸 등 각 공간에는 기계적 통풍시스템을 설치하며 가스 감지 시 자동으로 작동된다. 각각 시간당 최소 30번 이상 공기 교환 용량을 가지는 최소 2개의 기계식 통풍팬이 설치되어야 한다. 이러한 시스템작동에서 발생된 암모니아는 대기 중으로 배출해서는 안되며, 암모니아처리시스템에서 안전하게 처리한 뒤에 벤트마스터를 통해 대기 중으로 배출된다. 이중구조배관의 내부와 외부 배관 사이의 공간에도 감지기 및 기계식 통풍시스템이 설치된다.

### (6) 암모니아 감지기

벙커링스테이션, 연료탱크, 탱크연결룸, 연료공급시스템, FVT, 암모니아 배관 주변 덕트, 이중구조배관 사이 공간, 벤트 마스트 출구 및 암모니아수 빌지시스템 배관 등 암모니아가 축적될 수 있는 공간에 설치한다. 암모니아 증기 농도가 25~30 ppm에 도달하기 전에 알람을 울리고 150~300 ppm을 초과하는 경우 마스터가스연료밸브를 자동으로 닫아 연료 공급을 차단시킨다.

### (7) 물분무시스템(Water Spray System)

암모니아는 물에 쉽게 흡수될 수 있으므로 물분무시스템을 사용하면 누출로 인한 암모니아 구름을 흡수하여 가스 분산 속도를 줄일 수 있으며 증기의 농도를 낮출 수 있다. 원격 작동이 가능해야 하며 접근 가능한 구역에 위치해야 한다. 벙커링스테이션, 연료탱크, LFSS 및 FVT 등 암모니아 누출이 가능한 공간에는 물분무시스템을 설치해야 하며 25~30 ppm의 암모니아가 감지되면 자동적으로 활성화된다. 암모니아 장치 내부에는 일부 암모니아가 남아 있을 것이 예상되므로 유지 보수를 수행하는 선원 및 엔지니어 보호를 위해 설치해야 한다.

### (8) 암모니아 오염수 빌지시스템

벙커링 스테이션, 연료탱크의 탱크연결룸 및 물 분무 시스템 등 암모니아 오염수가 배출될 가능성이 있는 배수구에서 암모니아 오염수를 수집하고 별도 서비스 탱크에 저장하기 위해 독립적인 폐쇄형 빌지 시스템을 설치한다. 암모니아 오염수는 위험 물질이므로 선박 외부로 배출을 할 수 없으며 육상에서 별도의 절차에 따라 폐기해야 한다.

### (9) 개인 보호 장비 및 오염 제거 샤워기

벙커링 작업에 관련된 사람들과 암모니아 노출이 위험할 수 있는 공간에서 작업하는 사람들을 위해 적절한 보호 장비를 선택해서 적절한 위치에 설치해야 한다. 큰 앞치마, 긴 소매의 특수 장갑, 적절한 신발, 내화학성 소재의 작업복, 꽉 끼는 고글 또는 안면 보호대 등 안전보호 필수품들을 제공해야 한다. 보호복과 장비는 신체의 어떤 부분도 노출되지 않도록 모든 피부를 덮어야 한다. 대피를 위한 호흡기 및 눈 보호구는 탑승자 전원이 사용할 수 있어야 한다.

가스 감지 경보기는 선원이 오염된 공간에 들어가지 않도록 경고하는 방식으로 배치해야 한다. 통풍 및 벤트마스트의 배출 시에 개방형 갑판에서 경보를 울려 선원에게 경고해야 한다. 암모니아가 있는 공간에 들어가 작업할 수 있도록 하려면 전면 마스크가 포함된 독립형 공기 호흡 장치를 포함하여 적절한 신체 보호를 제공하는 안전 장비를 사용할 수 있어야 한다.

선원 또는 엔지니어가 암모니아 증기에 노출되었을 때는 시간이 매우 중요하다. 피부나 눈에 닿으면 조직 손상이 빠르게 발생하므로 즉시 안전한 장소로 옮기고 최소 15분 동안 노출된 부위를 물로 씻어내는 것이 필수적이다. 암모니아는 입은 옷도 냉동시킬 수 있으므로 물로 해동시킨 후에 옷을 벗어야 한다. 그렇지 않으면 광범위한 피부 손상이 발생할 수 있다. 암모니아 배관라인이 지나가는 아래 공간 근처에 오염 제거 샤워기 및 눈 세척제를 설치해야 한다.

### 4.6.3 연료전지추진

연료전지추진선박 설계 및 건조를 추진하는 프로젝트에서 해결해야 할 제약 사항은 너무 많다. 사전에 이러한 프로젝트를 계획할 때 고려해서 해결해야 할 특성 및 제약 조건은 다음과 같다.

- 연료전지의 출력 특성
- 연료전지시스템의 출력 발생 속도 지연
- 해양 환경에서 연료전지시스템 내구성 부족
- 운항 지속성 및 위험 평가 필요
- 건조 및 운항 비용 증가

#### (1) 연료전지의 출력 특성

연료전지의 출력은 디젤엔진이나 가솔린엔진과는 다르다. 연료전지는 정격 출력 가까이 갈수록 효율이 급격히 떨어진다. 연료전지를 선박에 적용할 때 소요 출력에 따른 연료전지 용량을 계산하는 방식과 최적 효율로 운전하는 방식이 다르다는 것을 명확히 인식할 필요가 있다. 여기에 배터리 용량, 전력 변환 손실 5~10% 및 해상 환경 여건에 따른 해상 마진(Sea Margin) 15~20% 등을 추가적으로 고려해야 한다.

#### (2) 연료전지시스템의 출력 발생 속도 지연

연료전지의 경우 출력 발생 속도가 상당히 느리며 운전 온도가 증가할수록 더 느리다. 운전 온도가 80℃ 내외인 PEMFC의 경우 시동 후 전력이 발생되는 시간은 10초, 800℃ SOFC의 경우 15~30분이다. 배터리의 경우 10초 이하이기 때문에 시동 및 외부 부하의 갑작스러운 변화에 대응하기 위해 배터리 또는 더 성능이 우수한 슈퍼커패시터가 필요하다. 그러나 연료전지 출력 발생 속도가 느린 것은 심각한 결함이 아니며 배터리 설치 등을 통해 해결이 가능하다. 디젤엔진으로 구동되는 선박의 경우도 엔진 시동 걸 때에 일반적으로 수십 분에서 몇 시간의 대기가 필요하다.

### (3) 해양 환경에서 연료전지시스템 내구성 부족

연료전지시스템의 내구성(기대 수명)은 연료전지 성능 감소로 인한 교체 시기를 정하는 기준이며 이로 인해 교체 비용이 발생된다. 선박용 디젤엔진은 운항 조건이 가혹한 경우를 제외하고 일반적으로 정기적인 유지 보수를 통해 선박 수명인 25년 동안 교체 없이 사용하도록 개발되어 있다. 선박 용도별 운항 조건에 따라 운전 시간 기대 수명은 다르다. 페리 여객선의 경우 수명이 25년일 경우 30,000 시간(300일 x 4시간 x 25년), 일반 어선의 경우 10,000~20,000 시간수준이다. 대양 운항 대형 선박용 엔진의 경우 100,000~200,000 시간 수준이다(300일 x 24시간 x 25년 = 180,000 시간).

그러나 자동차용 PEMFC 수명은 약 5,000 시간에 불과하고 SOFC의 경우 선박 운항 조건에서 수명에 대한 검증이 이루어지지 않고 있다. 선박 수명 기간 동안에 연료전지를 1번 이상은 교체해야 하는 상황이다. 일반적으로 선박은 열악한 해상에서 운항되므로 기대 수명이 육상에서 보다 상당히 짧아질 것으로 예상한다. 특히 해수 염분은 연료전지 효율과 내구성을 떨어뜨릴 수 있으므로 공기를 통해 연료전지에 유입되지 않도록 설계에 반영해야 할 것이다.

### (4) 운항 지속성 및 위험 평가 필요

연료전지추진선박에 대한 운항 지속성은 용도에 맞게 지속적으로 운항을 할 수 있느냐는 근본적인 문제이다. 고장이 발생하였을 때 즉시 수리가 가능하도록 기술자와 부품들이 준비되고 조달되어야 한다. 연료전지시스템은 부품 공급도 원활하지 않고 기술도 체계화되어 있지 않으며 전문 기술자가 부족하여 고장 발생 시 유지 보수에 상당한 시간이 소요될 것이다.

위험 평가는 수소 누출로 인한 화재 및 폭발 위험에 관한 것이다. PEMFC의 경우 순수 수소를 사용하므로 암모니아, 메탄올, LNG에 비해 폭발 위험이 매우 증가한다. 위험 요소별 수소 누출 및 확산 시뮬레이션 및 실험 등의 위험 평가가 필수적이다.

### (5) 건조 및 운항 비용 증가

연료전지추진선박 적용 확대의 가장 큰 문제는 수명주기 건조 및 운항 비용이 디젤 선박에 비해 약 1.5~2배 높다는 것이다. 3,100 TEU 컨테이너선(26 MW)에서 건조비 및 운항비를 반영한 선박 수명주기를 고려한 균등화 총원가(Levelized Cost)는 수소연료전지선박이 디젤 선박보다 2배 높고, 1,200명 승객 페리선(124 car, 4.5 MW)의 경우 수소연료전지선박은 디젤 선박보다 1.5배 높은 것으로 산정되었다.

# 연습문제

1. 증기터빈의 하기 주요구성품의 기능에 대해 설명하시오
   1) 로터(Rotor)
   2) 회전익
   3) 노즐
   4) 축 그랜드패킹(shaft Gland Packing)

2. 하기 가스터빈의 형식에 대해 설명하시오
   1) 터보제트(Turbo Jet) 엔진
   2) 터보팬 또는 바이패스(Turbo Fan or By-pass) 엔진
   3) 터보프롭(Turbo-prop) 엔진
   4) 터보축(Turbo-shaft) 엔진

3. 원자력추진의 장.단점에 대해 기술하시오

4. 전기추진 시스템에 대해 기술하시오

5. LNG운반선의 추진동력장치 변천사에 대해 기술하시오
   (추진동력장치 4종류를 기술개발 순서별로 나열하고 各 추진동력장치의 개요 설명)

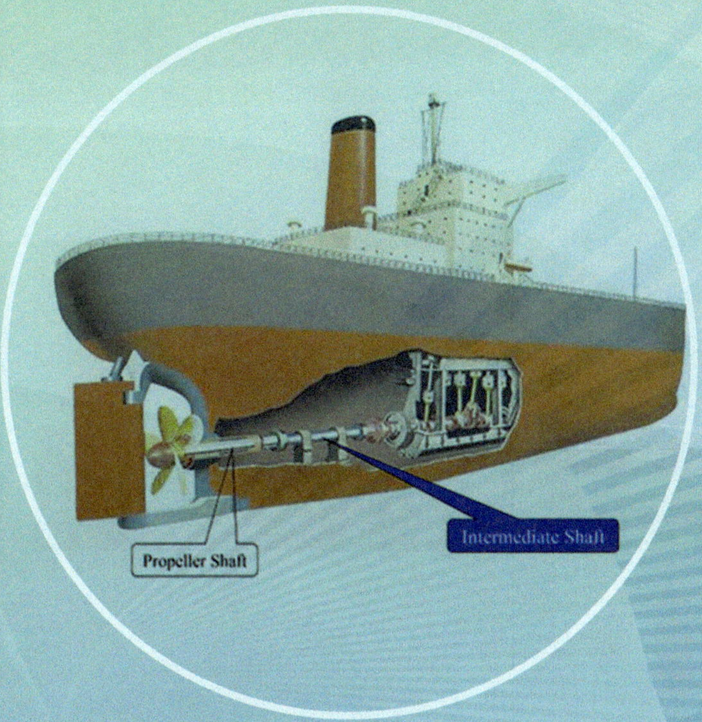


# 5장

## 축계

## (Shaft System)

## 5.1 개요

선박 동력 전달장치 중에서 주기관에서 만들어진 동력을 추진기에 전달하고, 추진기에서 만들어진 추진력을 선체에 전달하여 선박의 전진 및 후진을 가능케 하는 장치를 축계라 한다.

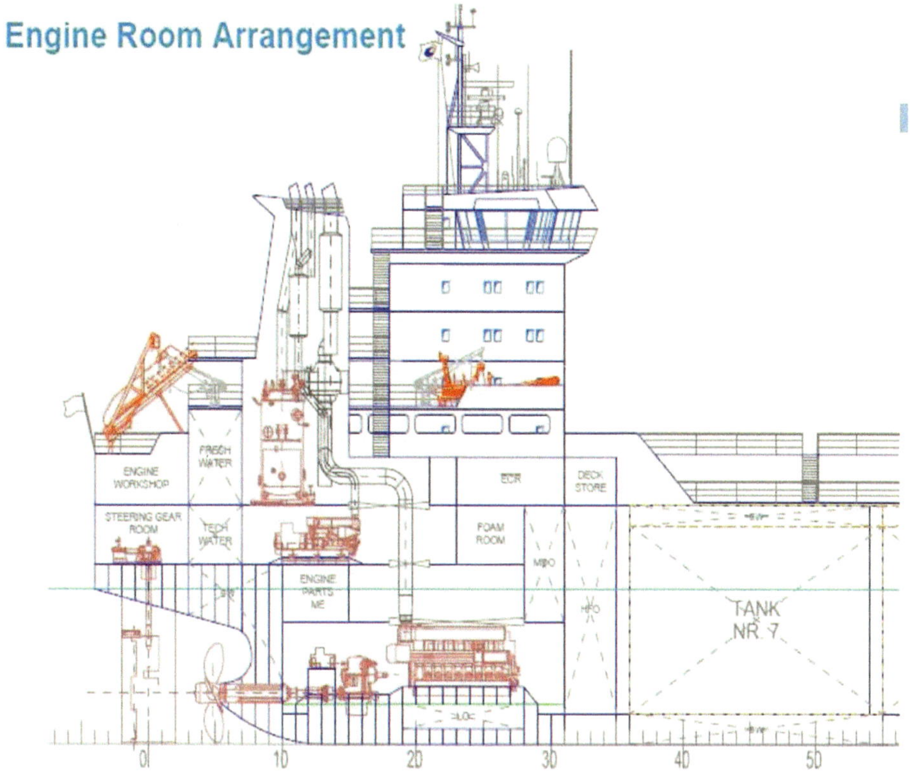


< 선박의 엔진룸 구성 >

주기관에서 만들어진 동력을 추진기로 전달하는 방법은 대체적으로 아래와 같이 구분된다.

- 기계적인 전달 : 주기관의 크랭크축이나 감속장치(Gear box)에 연결된 축(Shaft)을 통해 동력을 직접 추진기로 전달하는 방법.
- 전기적인 전달 : 주기관에서 전기를 만들어서 추진기 주변에 위치한 모터(Motor)에 전달하고, 여기서 만들어진 동력을 추진기로 전달하는 방법.
- 유체적인 추진 방법 : 상기 두 가지 동력 전달 방법을 사용하여 임펠러(Impeller)를 회전시켜서 바닷물의 흡입과 분출을 통하여 추진력을 만들어내는 방법.

축은 상기 동력 전달 방법 모두에서 필요로 한다. 이번 장에서는 이러한 축계에 대해서 알아본다.

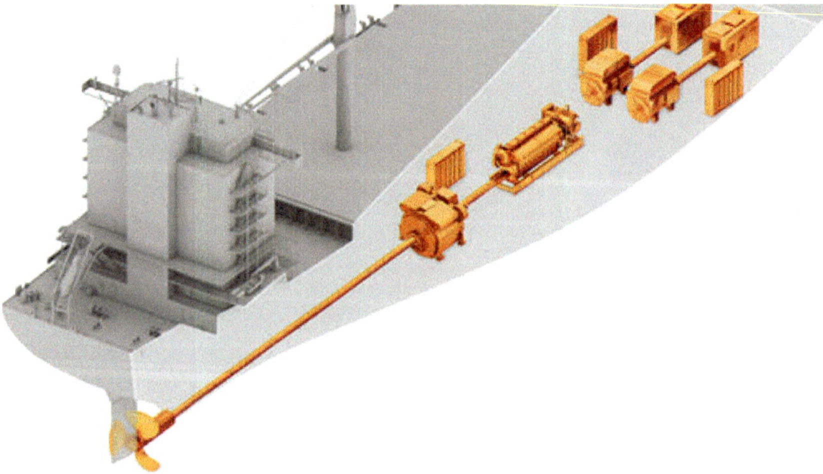

그림 5-1 기계적인 동력 전달의 예

그림 5-2 전기적인 동력 전달의 예

그림 5-3 유체적인 추진 방법의 예

## 5.2 축계의 구성 요소와 역할

축계는 동력과 추진력을 전달하는 장치이다. 즉, 주기관으로부터 발생한 동력을 추진기로 전달하고, 추진기에서 발생한 추진력을 선체로 전달하는 장치이다.

대형선박에서는 대체적으로 다음과 같이 구성된다.

- 추력축(Thrust Shaft)
- 중간축(Intermediate Shaft)
- 추진기축(Propeller Shaft)

그림 5-4 기계적인 동력 전달 방법에서의 축계의 예

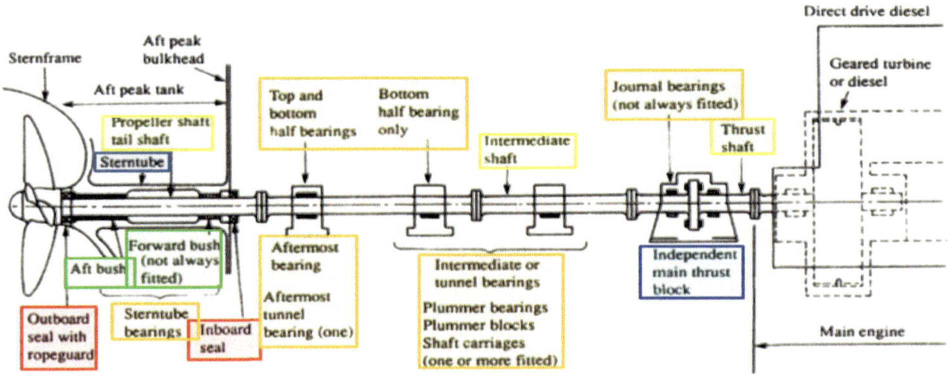


그림 5-5 일반적인 축계 배치의 예

## 5.2.1 추력축(Thrust Shaft)

주기관내(內) 또는 주기관에 가장 가깝게 설치되는 축으로서, 주기관에서 만들어지는 동력을 추진기(Propeller)로 전달함은 물론이거니와 회전하는 추진기에서 만들어진 추진력을 선체로 전달하여 선박의 전진과 후진을 가능케하며, 추진력이 주기관의 크랭크축(Crank shaft)에 전달되는 것을 차단하여 주기관을 보호하는 역할도 한다.

축의 양끝단에 플랜지가 있고, 중앙에 칼라(Collar)가 있는 짧은 길이의 축이다. 선체와 굳건히 연결된 추력블록(Thrust block)과 함께 설치되거나 엔진(크랭크 샤프트)과 일체형으로 제작된다. 추력축은 추력블록 내부에서 추력 베어링에 의해 마찰력은 작게하며, 선체로 추진력을 전달한다. 다양한 종류의 추력 베어링이 있으나, 마찰 저항이 비교적 적은 유막베어링(Fluid film bearing)이 주로 사용된다.

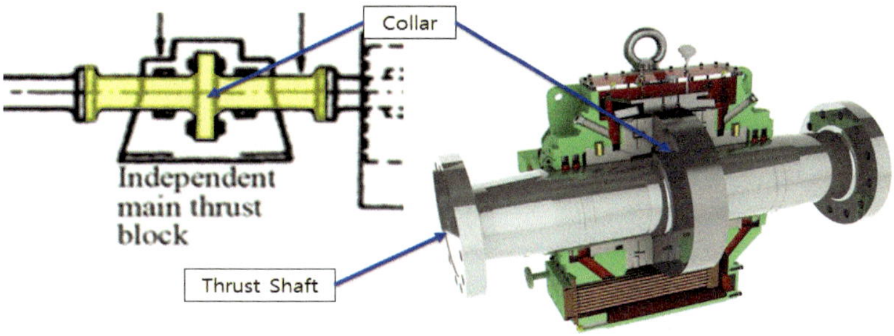


그림 5-6 추력축(Thrust Shaft)

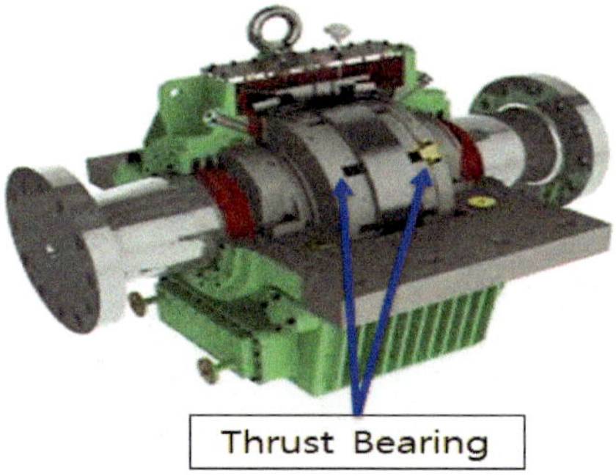


그림 5-7 추력베어링(Thrust Bearing) 배치

추력 베어링(Thrust Bearing)으로는 다음과 같은 종류가 있다.

- Thrust Ball Bearing
- Tapered Roller Bearing
- Spherical Roller Bearing
- Fluid Film Thrust Bearing : Low Drag
- Magnetic Thrust Bearing : Very Low Drag

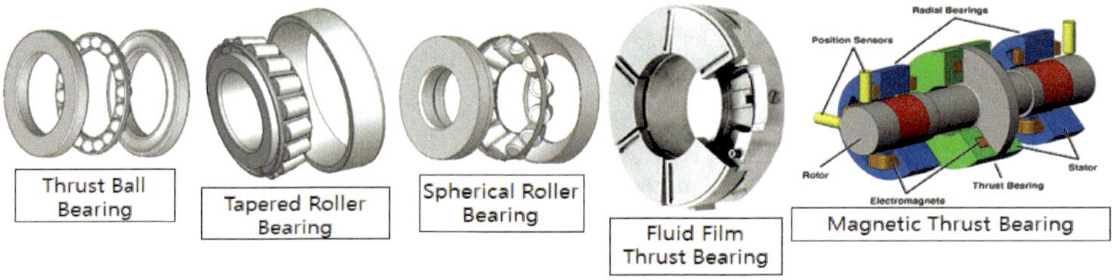


그림 5-8 추력 베어링의 종류

일반적으로 독립형 추력블록에는 유막추력베어링(Fluid film thrust bearing)이 주로 사용되고 있다. 미쉘베어링(Michell bearing)이라고도 불리며, 추력 패드(Thrust pad, Thrust shoe 라고도 함), 레벨링 판(Leveling plate : Upper, Lower)들로 구성되어 있다.

그림 5-9 Thrust Collar & Pads(Through Inspection Cover)

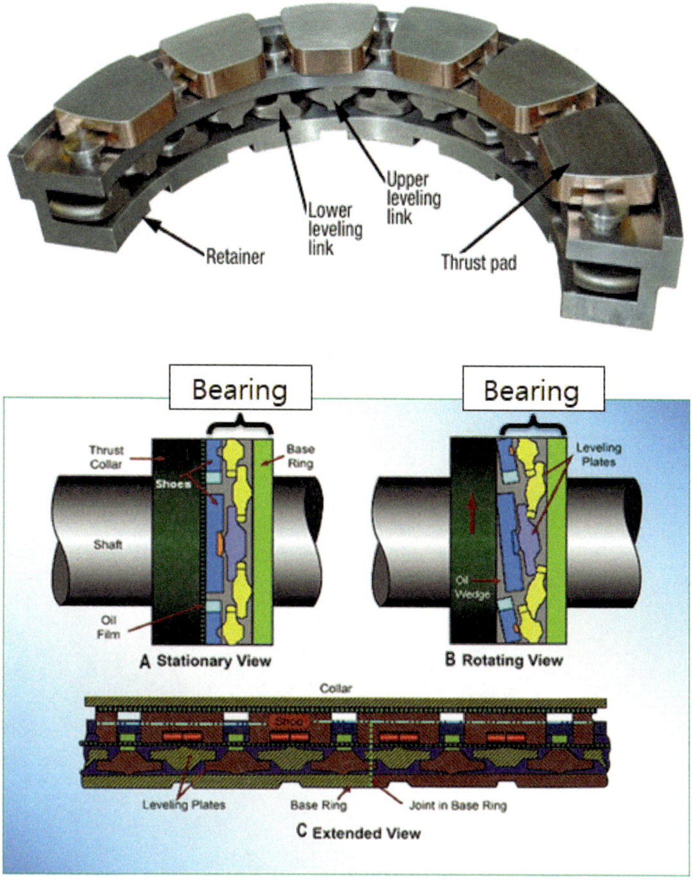


그림 5-10 유막추력베어링(Fluid Film Thrust Bearing) 구성

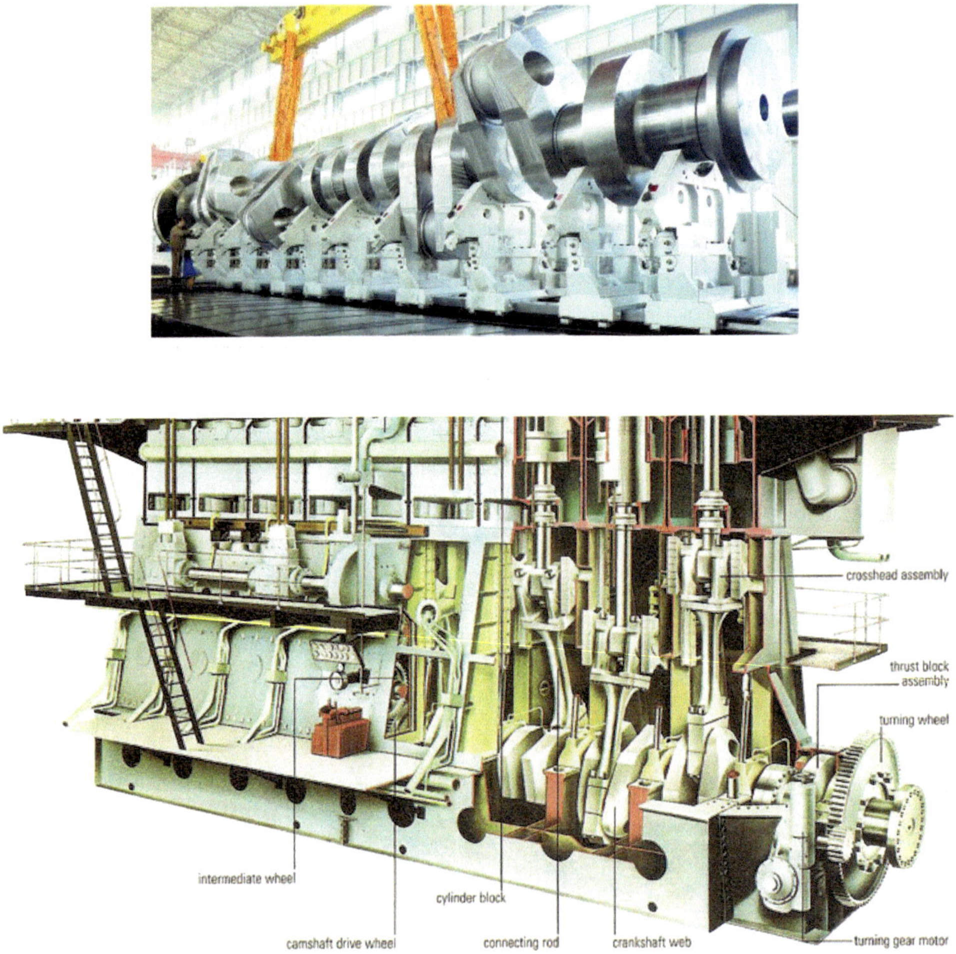


그림 5-11 일체형 추력축

## 5.2.2 중간축(Intermediate Shaft)

추력축(Thrust shaft)과 추진기축(Propeller shaft)을 연결하는 축으로 선미의 좁은 선형으로 긴 축이 필요한데, 협소 공간에서의 축의 보수유지 및 제작 설비 능력(Capacity) 등의 이유로 길이에 제한을 받는다.

중간축에 적용되는 베어링(Bearing)은 다음과 같은 종류가 있다.

- 저널(Journal) bearing
- 플러머(Plummer) bearing
- 중간축(Intermediate) bearing
- 끝단(Aftermost) bearing

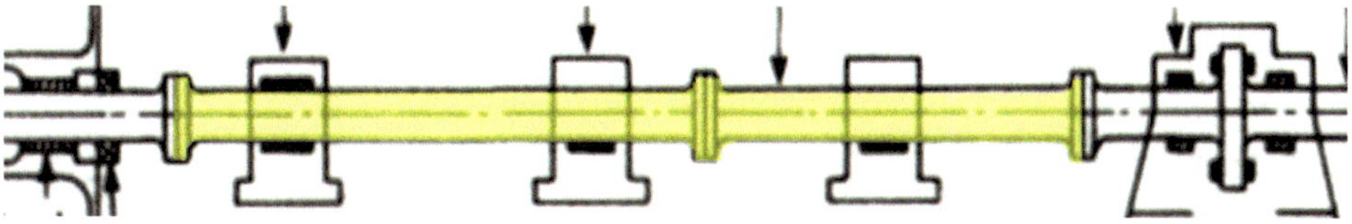

그림 5-12 중간축(Intermediate Shaft) 배치

그림 5-13 중간축(Intermediate Shaft)

### (1) Journal Bearing (=Plain Bearing, Plain Journal Bearing)

미끄럼 베어링이라고도 하며, 유막으로 윤활 작용을 한다.

* Journal은 베어링과 접촉되는 축 부분을 일컫는다.

그림 5-14 Journal Bearing

### (2) Plummer Bearing

Ball 이나 Roller 등으로 윤활 작용을 하는 Bearing, Plummer block (=Pillow block)에 의해 베어링과 축(Shaft)을 감싸면서 지지한다.

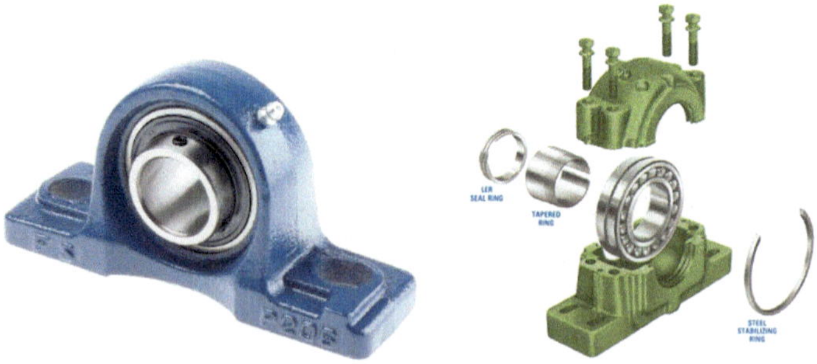

그림 5-15 Plummer Block & Bearing

### (3) Intermediate Bearing

중간축을 한 곳 이상 지지하며 윤활 작용을 하는 베어링. 중간축은 자중에 의해 상부로는 이탈되지 않으므로, 아래쪽만 유막 미끄럼 베어링을 갖추고 있어서 Bottom half bearing이라고 불린다. 중간축을 감싸는 형상을 하고 있어서 Intermediate tunnel bearing이라고도 한다.

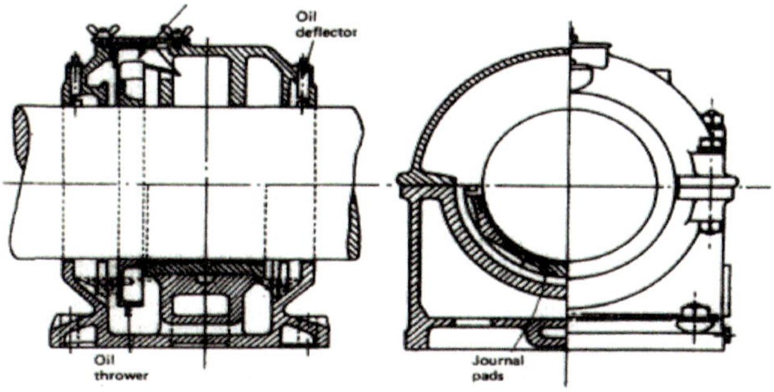


그림 5-16 Intermediate Tunnel Bearing(Bottom Half Bearing)

### (4) Aftermost Bearing

추진기(Propeller)의 요동에 따른 추진기축 끝단의 상승과 수직상방으로 작용하는 추력성분의 제어를 위하여, 중간축의 가장 끝단부, 즉 선미격벽(Aft peak bulkhead) 전방부에 설치되는 베어링. 상하에 모두 유막 미끄럼 베어링이 설치되어 Top and bottom half bearing이라한다.

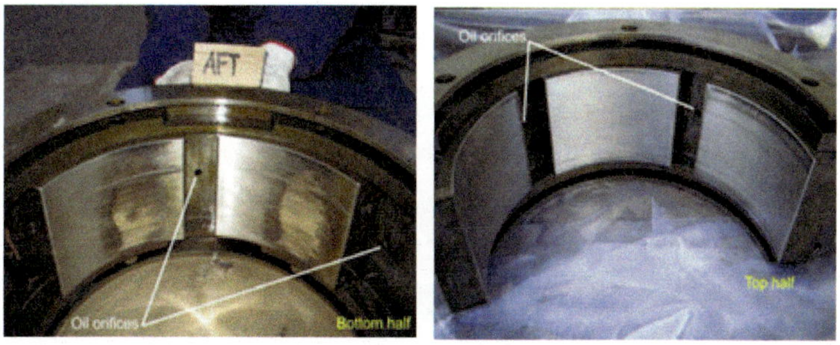


그림 5-17 Bottom & Top Pads in Aftermost Bearing

### 5.2.3 추진기축(Propeller Shaft, Tail Shaft)

가장 선미에 배치되는 축으로 추진기(Propeller)가 장착된다. 추진기가 설치되는 부분의 축은 약간 경사(Taper)를 가진다. 추진기의 고정을 위하여 키타입(Key type)과 키리스타입(Keyless type)이 사용되어지며, Keyless type에서는 유효한 고착을 위해 유압너트(Hydraulic nut, Pilgrim nut)를 사용한다.

추진기축(Propeller shaft)은 선미관(Stern tube)과 선미보스(Stern boss)에 의해 수밀(Tightness), 윤활(Lubrication) 및 지지되어진다.

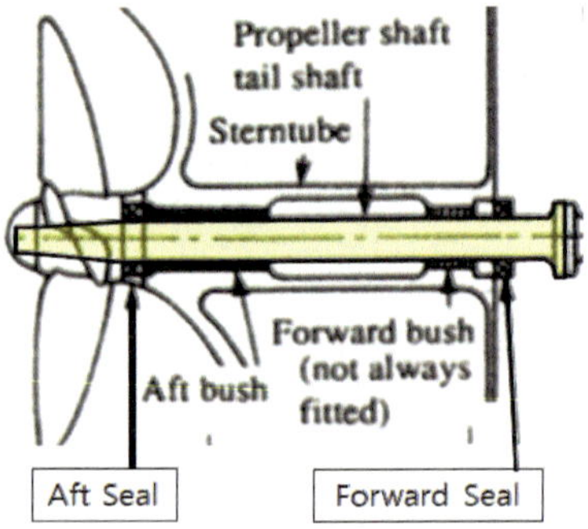


그림 5-18 추진기축 및 배치도

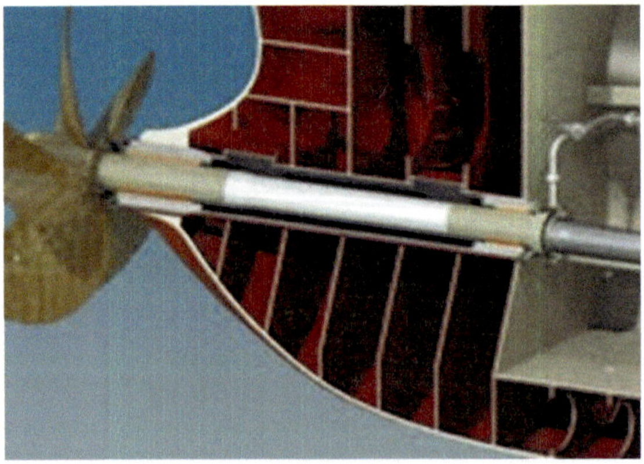

그림 5-19 추진기축과 선미관 배치모형

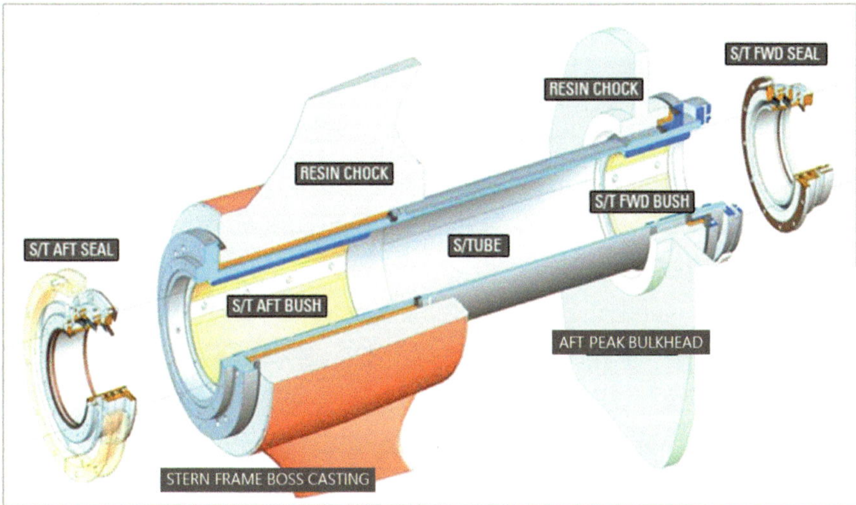


그림 5-20 선미관(Stern Tube) 구성도

추진기축(Propeller shaft)이 선외로 돌출되는 경우에는 스트러트(Strut)에 의해 지지된다.

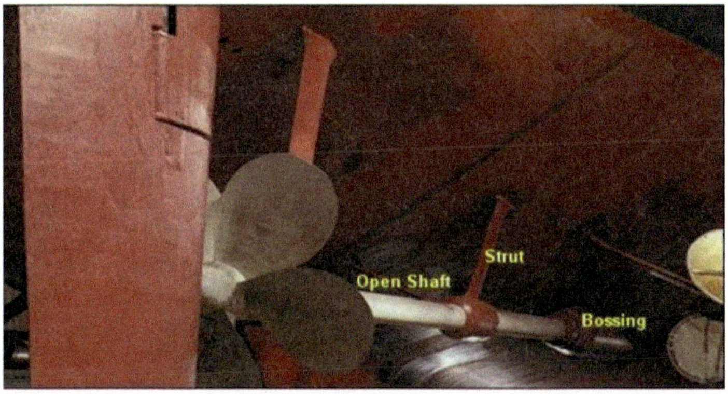


그림 5-21 스트러트(Strut) 배치

## 5.3 축의 설계

축(Shaft)은 선박의 주기관에서 만들어지는 동력과 추진기에서 만들어지는 추진력을 선박으로 전달할 수 있는 충분한 강성을 가져야 한다. 축의 지름 설계는 비틀림방정식(Torsion equation)을 근간 으로 하여 비틀림응력(Torsion stress)을 적용한 계산식과 국제선급협회연합(IACS)의 공통규칙(Unified requirement) M68, Dimensions of propulsion shafts and their permissible torsional vibration stresses에서 인장응력(Tensile stress)을 적용하여 규정하는 계산법에 대해서 알아보기로 한다. 또한 축계(Shaft system) 구동시 진동을 제어할 수 있도록 설계하여야 한다. 선미의 선형이 날씬한 경우 주기관과 추진기 간의 거리는 상당히 멀게 배치되어지므로 축의 길이 또한 길어지게 된다. 앞에서 언급된 각 축(Shaft)은 선박내에 설치 및 보수를 수행할 수 있는 공간이 필요하고, 협소한 축실(Shaft room)의 제한적인 공간에 맞추어 설계가 이루어져야 한다. 또한, 축은 단조 공정(Forging process)을 통해 제작되는데, 제작업체(Shaft manufacturer)의 설비능력(Facility capacity)이 축 사양의 주요 인자로 작용하게 된다.

여기에서는 비틀림방정식과 IACS UR M68의 축지름 계산 방법을 중실원형단면(Solid circular section)과 중공원형단면(Hollow circular section)에 대해서 소개한다. 경우에 따라서는 굽힘모우멘트(Bending moment)도 고려하여 계산을 하여야 하지만 선박에 적용되는 대부분의 축계(Shaft system)에서는 굽힘모우멘트를 무시하여도 무방하므로 여기에서는 다루지 않기로 한다.

그림 5-22 축 제작

## 5.3.1 비틀림방정식에 따른 축설계

### (1) 비틀림방정식(Torsional Equation)

$$\frac{T}{J} = \frac{\tau}{r} = \frac{G\theta}{L}$$ (식 5.1, 비틀림방정식)

여기에서

T : Torsional Moment in N·㎜ (비틀림모우멘트)

J : Torsional Constant(Polar Moment of Inertia) in ㎜$^4$
(비틀림정수)

$\tau$: Torsional Shear Stress in N/㎟ or MPa (비틀림전단응력)

r : Radius of Shaft in ㎜

G : Modulus of Rigidity in N/㎟ or MPa(강성율, 횡탄성계수)

$\theta$ : Twisting Angle in radian
(비틀림각, 1 radian = 180°/$\pi$ ≒ 57.296°)

L : Shaft Length in ㎜

비틀림모우멘트를 받는 축의 지름은 다음과 같이 계산할 수 있다.

우선 식 1의 $\frac{T}{J} = \frac{\tau}{r}$ 로부터 $T = J\frac{\tau}{r}$

#### 1) 중실원형단면(Solid Circular Section)에서

$$J = \frac{\pi}{32} d^4$$

$$T = \frac{\pi}{32} d^4 \frac{\tau}{r} \quad = \frac{\pi}{32} d^4 \frac{\tau}{d/2} \quad = \frac{\pi\tau}{16} d^3$$

따라서 중실원형단면의 지름은 다음과 같이 표현된다.

$$d = \sqrt[3]{\frac{16T}{\pi\tau}} \quad \text{(식 5.2)}$$

2) 중공원형단면(Hollow Circular Section)에서

$$J = \frac{\pi}{32}(d_o^4 - d_i^4)$$

$$\begin{aligned} T &= \frac{\pi}{32}(d_o^4 - d_i^4)\frac{\tau}{r} \\ &= \frac{\pi}{32}(d_o^4 - d_i^4)\frac{\tau}{d_o/2} \\ &= \frac{\pi\tau}{16}d_o^3\left(1 - \frac{d_i^4}{d_o^4}\right) \end{aligned}$$

따라서 중공원형단면의 지름은 다음과 같이 표현된다.

$$d_o = \sqrt[3]{\frac{16\,T}{\pi\tau(1 - d_i^4/d_o^4)}} \quad \text{(식 5.3)}$$

## (2) 주기관 Power(P)에서 기인하는 T(Torsional Moment)

### 1) 중실원형단면(Solid Circular Section)

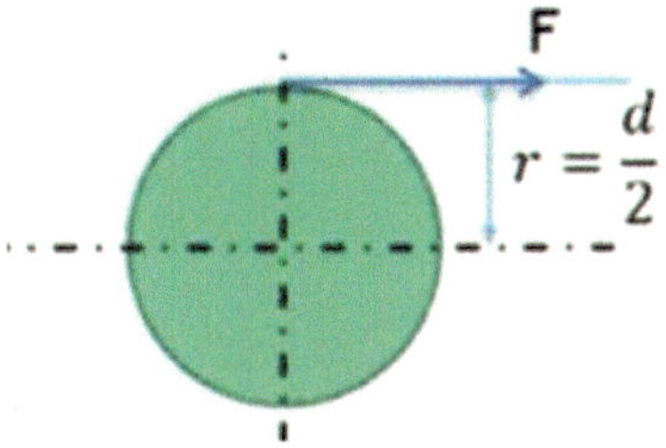


그림 5-23 중실원형단면에 작용하는 힘(Force)

상기 그림에서 비틀림모우멘트(T)는

$$T = F \cdot r$$

힘(Force) F[N]로 지름 d인 축을 한바퀴 돌린 일은

$$F \cdot 2\pi r = T \cdot 2\pi \quad [N \cdot m]$$

이 축이 n rpm으로 회전할 경우

$$Power(P_W) = T \cdot 2\pi \cdot \frac{n}{60} \quad [W]$$

따라서

$$T = \frac{P_W \cdot 60}{2\pi \cdot n} \quad [N \cdot m]$$

$$= \frac{P_{kW} \cdot 10^3 \cdot 10^3 \cdot 60}{2\pi \cdot n} \quad [N \cdot mm]$$

이것을 식 5.2에 대입하면 중실원형단면축의 지름은 다음과 같이 표현된다.

$$d = \sqrt[3]{16 \cdot \frac{P_{kW} \cdot 10^6 \cdot 60}{2\pi \cdot n} \cdot \frac{1}{\pi \cdot \tau}} \quad [mm]$$

$$= 100 \cdot \sqrt[3]{\frac{P_{kW}}{n} \cdot \frac{480}{\pi^2 \cdot \tau}} \quad [mm]$$

2) 중공원형단면(Hollow Circular Section)

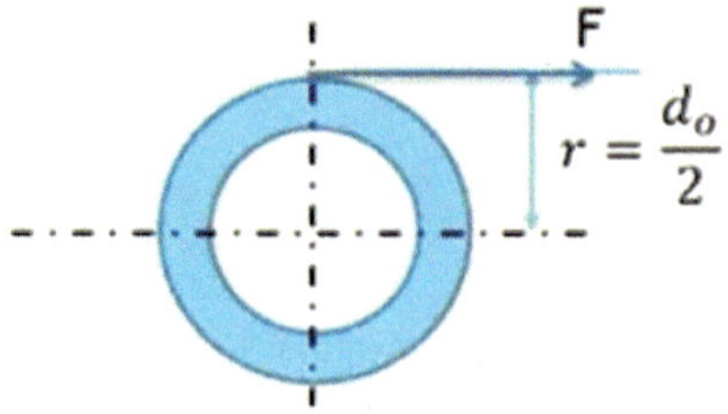


그림 5-24 중공원형단면에 작용하는 힘(Force)

여기에서도 비틀림모우멘트(T)는 중실원형단면에서와 같은 결과를 얻게 되고, 식 5.3에 대입하면 중공원형단면축의 지름은 다음과 같이 표현된다.

$$d_o = \sqrt[3]{16 \cdot \frac{P_{kW} \cdot 10^6 \cdot 60}{2\pi \cdot n} \cdot \frac{1}{\pi \cdot \tau \cdot (1 - d_i^4/d_o^4)}} \quad [mm]$$

$$= 100 \cdot \sqrt[3]{\frac{P_{kW}}{n} \cdot \frac{480}{\pi^2 \cdot \tau \cdot (1 - d_i^4/d_o^4)}} \quad [mm]$$

## 5.3.2 선급 공통규칙에서의 요구

IACS UR M68, Dimensions of propulsion shafts and their permissible torsional vibration stresses에서 요구하는 축의 지름은

$$d_{\min} = F \cdot k \cdot \sqrt[3]{\frac{P}{n} \cdot \frac{1}{1 - d_i^4 / d_o^4} \cdot \frac{560}{\sigma + 160}} \quad [mm]$$

1) 중실원형단면일 경우

$$d = F \cdot k \cdot \sqrt[3]{\frac{P}{n} \cdot \frac{560}{\sigma + 160}} \quad [mm]$$

2) 중공원형단면일 경우

$$d_{\min} = d \cdot \sqrt[3]{\frac{1}{1 - d_i^4 / d_o^4}} \quad [mm]$$

여기에서

$d$ = minimum required diameter in ㎜

$d_i$ = actual diameter in ㎜ of shaft bore(inside diameter)

$d_o$ = outside diameter in ㎜ of shaft.

$$\text{If } d_i \le 0.4 d_o, \ 1 - d_i^4/d_o^4 = 1.0$$

F = factor for type of propulsion installation

= 95 for intermediate shafts in turbine installation, diesel installations with hydraulic (slip type) couplings, electric propulsion installations

= 100 for all other diesel installations & all propeller shafts

k = factor for the particular shaft design features, see M68.6

n = speed in RPM of shaft at rated power

P = rated power in kW transmitted through the shaft (losses in gearboxes and bearings are to be disregarded)

$\sigma$ = specified minimum tensile strength in N/㎟ of the shaft material, see M68.3

### 5.3.3 제작업체 설비능력

단조품으로 제작되는 축(Shaft)은 선박을 설계/건조하는 조선소에서 축을설계하여 축을 전문적으로 제작하는 기업들에 주문 제작하게 된다. 이때 설계자는 축 제작사들의 설비능력을 고려하여 경제적인 설계를 수행해야 한다. 다음 자료들은 대표적인 축 제작사의 제작 능력을 보여준다.

표 5-1 축 재질(Shaft Material) 예

Carbon Steels

| TYPE | Alloying elements in different combinations |
|---|---|
| Low carbon mild steel | - |
| Carbon steel | C, C-Al/Nb/V |
| Carbon-manganese steel | C-Mn, C-Mn-Al/Nb/V |
| TYPICAL STEEL GRADES/STANDARDS | |
| S355J2G3 / EN 10250-2<br>C45 / EN 10250-2<br>20Mn5 / EN 10250-2<br>1045 / ASTM A 29 | |

Low alloy Steels

| TYPE | Alloying elements in different combinations |
|---|---|
| Cr-Mo steel | Cr 0.50-6.00 |
| Cr-Ni-Mo steel | Ni 0.50-4.00 |
| Ni-Cr-Mo steel | Mo 0.25-1.50 |

| TYPICAL STEEL GRADES/STANDARDS | | |
|---|---|---|
| 42CrMo4 / EN 10250-3 | 34CrNiMo6 / EN 10250-3 | 26NiCrMoV145 / SEW 555 |
| F22 / ASTM A 182 | 8630 / ASTM A 29 | 18CrNiMo7-6 / EN 10084 |
| 100Cr6 / EN ISO 683-17 | W nr 1.2738 / Plastic Mould Steel | W nr 1.2343 / Hot work tool Steel |

표 5-2 축 제작 크기(Shaft Manufacture Size) 예

| VARIETY | SHAPE | PREMACHINED | AS FORGED |
|---|---|---|---|
| ROUNDS | 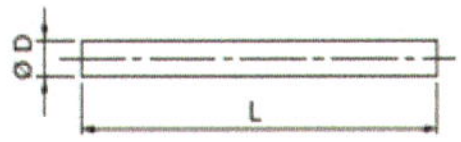  | D = 275-1,300 mm<br>L Max = 24,000 mm<br>W Max = 40,000 kg | W Max = 54,000 kg |
| FLANGE SHAFTS<br>(1,2 or more flanges) | 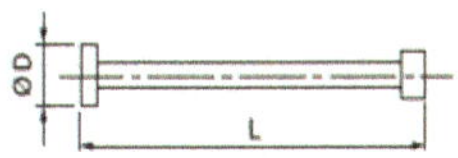  | D Max = 1,800 mm<br>L Max = 24,000 mm<br>W Max = 40,000 kg<br>(Hollow boring to full length) | |
| RINGS | 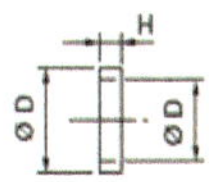  | D Max = 3,000 mm<br>H Max = 1,400 mm<br>D1 Max = 2,000 mm<br>W Max = 25,000 kg | |
| HOLLOW FORGINGS | 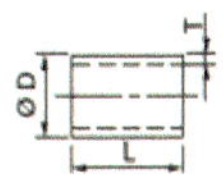  | D Max = 1,500 mm<br>T Min = 70 mm<br>L Max = 6,000 mm<br>W Max = 25,000 kg | |
| DISCS | 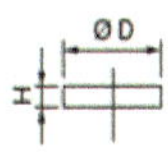  | D Max = 2,400 mm<br>H Min = 200 mm<br>W Max = 20,000 kg | |

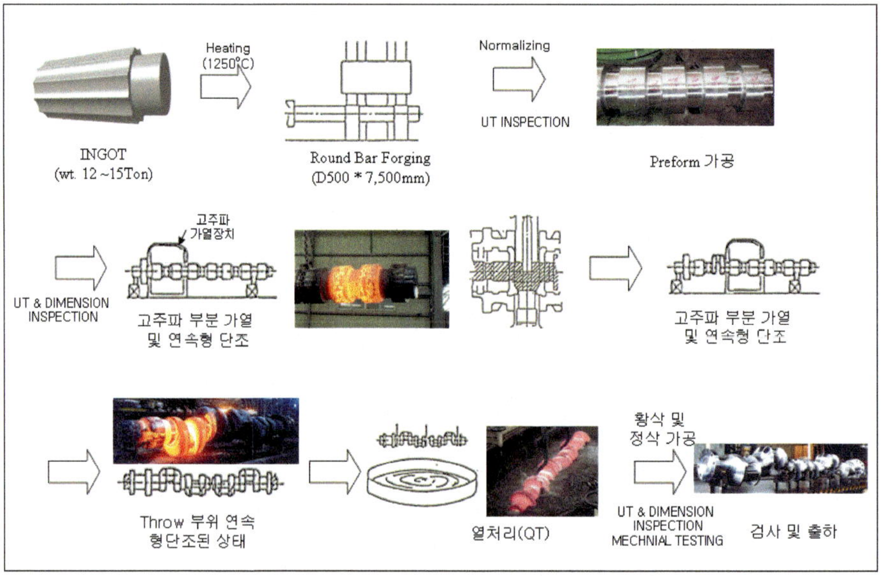


<중속 엔진용 크랭크샤프트의 일반적인 제조 공정도>

## 5.4 선박 추진축계 진동

선박축계동력 전달은 선박의 엔진에서 발생한 동력을 축을 통해 선박의 추진장치가 물속에서 에너지를 주기 위한 날개를 가진 회전체 임펠러에 전달하는 과정이다

선박 추진 축계는 엔진, 축, 감속기, 지지베어링, 추진 베어링(Bearing), 선미관(Stern tube), 프로펠러, 방향타(Rudder), 기타 연결부품(Coupling, plenge 등)으로 구성되어 에너지를 전달한다. 선박 축계 동력 전달의 특징은 선박의 종류와 선형에 맞는 축계를 설계하여 축계의 마모가 발생하지 않도록 내구성 있는 재료를 사용해야 한다.

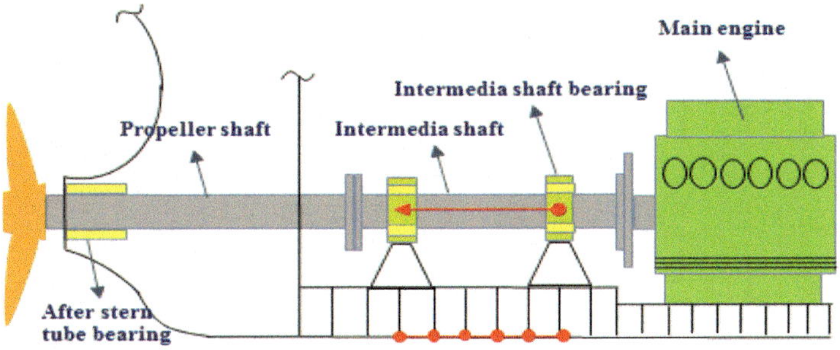


< 선박 축계의 구성 >

주엔진에서 연소로 발생된 열역학 에너지를 피스톤 왕복운동 기계 에너지로 변환하여서 크랭크축을 통해 회전운동으로 바뀌어 회전력(Torque)을 축을 통해 전달한다.

축의 고속회전 회전운동은 감속기를 통하여 적절한 회전수로 프로펠러를 회전시켜 물을 밀어내게 함으로써 선박을 추진하게 하는 운동에너지를 통하여 선박의 속도가 생긴다.

이러한 연료 연소에 의한 열에너지(충격), 왕복운동에너지(고속 운동), 축회전운동에너지(비틀림, 처짐 고속회전), 프로펠러 고속회전(충격 cavitation)의 전달 과정에서 진동과 소음이 발생한다. 선박의 주 추진 기관에서 생산된 동력이 프로펠러 축으로 전달되는 과정에서 발생하는 진동 외에도 선박의 경우 해상 상태에 따라 선체운동이 발생하기 때문에, 엔진과 감속기어의 상대변위로 인해 동력축의 축 어긋남이 발생할 수 있으며 이 경우, 탄성마운트에 고유 기능과 내구성에 심각한 저하가 생기며 축과 연동될 경우, misalignment가 발생하여 진동 문제가 생긴다.

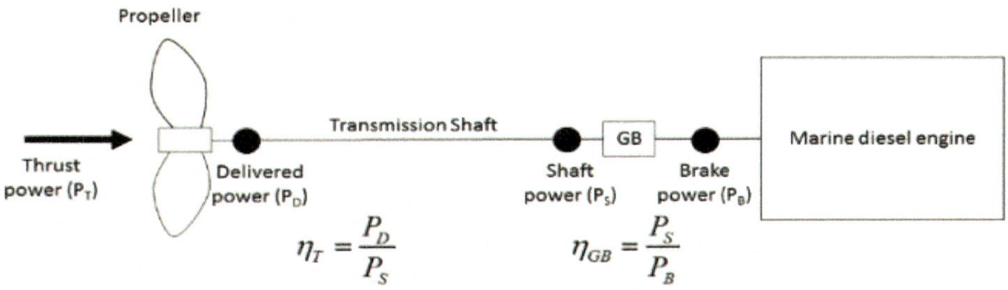


< 선박 추진 동력 전달 과정 >

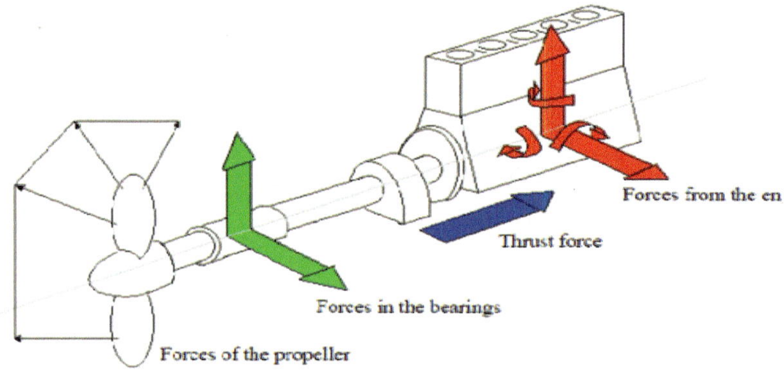


< 선박엔진에서 발생하는 충격과 프로펠러 추력에 의한 진동 >

선박의 설계자는 축계 설계시에 진동소음이 발생하지 않도록 선박규정에 따른 공학적인 주의가 필요하다. 선박의 추진 축계에서 발생하는 진동은 크게 종진동(Axial vibration)과 횡진동(Lateral vibration), 비틀림진동(Torsional vibration:), 연성진동(Coupling vibration)으로 구분할 수 있다.

선박 횡진동은 축계의 횡진동 고유진동수가 프로펠러 날개의 기진주파수와 일치하는 경우, 축 중심선의 부적합한 정렬, 축계의 불평형, 축의 휨, 주기관의 횡기진력, 주기관과 연결된 주변 구조물과의 공진, 축을 지지하는 베어링 재료의 마모로 인한 베어링 유막강성의 변화 등 여러 가지 요인으로 발생한다.

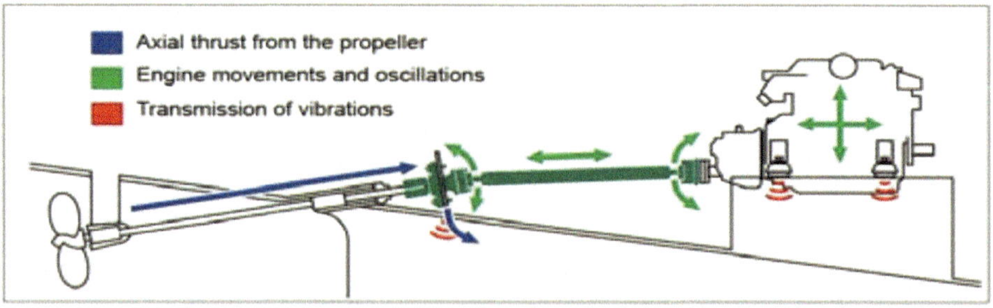


그림 5-23 선박 축계 진동(종진동, 횡진동, 엔진 충격)

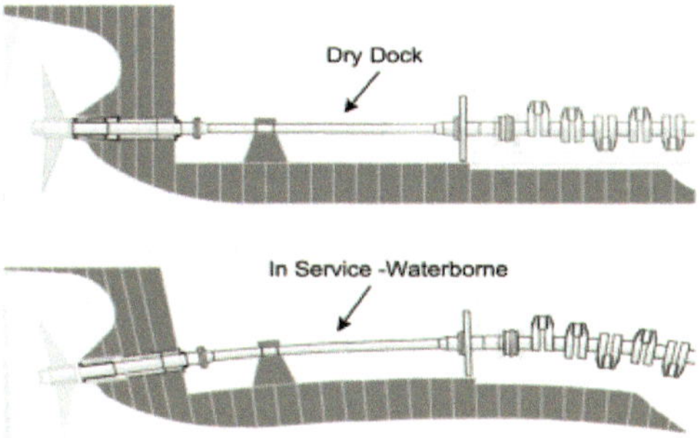

< 축 횡진동으로 인한 축의 휨 >

선박 축계 종진동은 엔진의 기진력으로 발생한 에너지를 프로펠러 회전력으로 전달하는 과정에서 발생한다. 전달된 회전력은 추진축베어링(Thrust bearing)에 의해서 선체로 전달되어 선박을 추진하는 속도를 얻게 된다.

선박 추진축 비틀림 진동은 선박의 추진축이 회전할 때 발생하는 회전력(Torque)에 의한 진동으로, 엔진의 가속 및 감속 운동에너지 불균일, 선박 후진 운항 시 추진축에 큰 비틀림 응력이 발생이 주원인이다. 비틀림진동은 축계의 질량관성, 비틀림강성에 따라 각도와 각가속도로 나타난다.

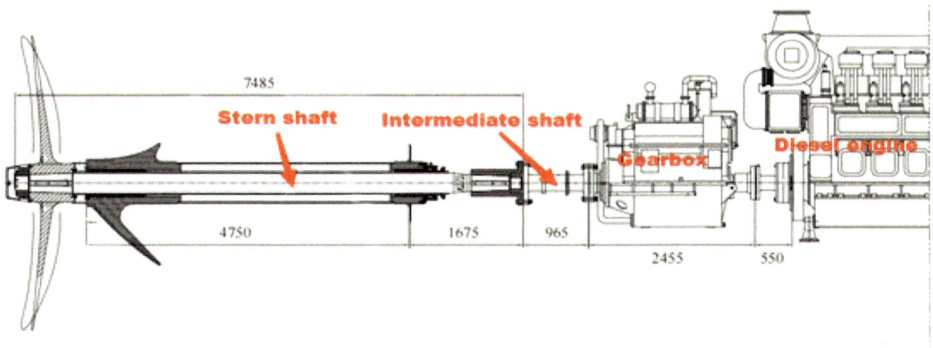

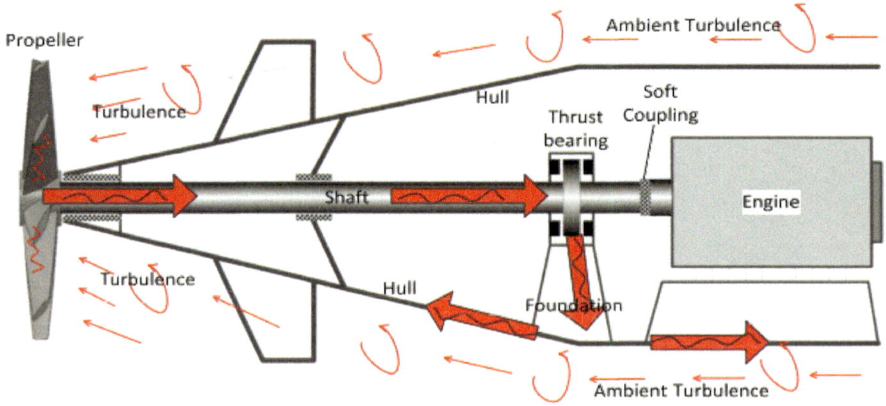


그림 5-24 longitudinal axial vibration

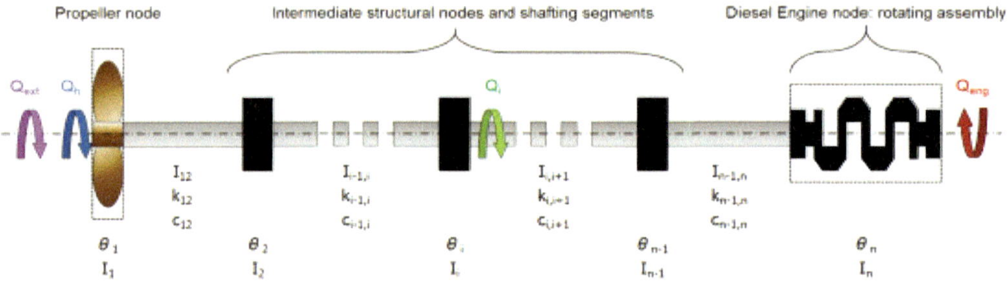


< 축계 비틀림진동 모델 >

## 5.4.1 선박 축계 진동 개요

선박 추진축계에서 발생한 진동은 선체 구조와 인접 구조물에 전달되어 소음과 진동 문제를 일으켜 선원의 건강문제와 구조물 위험이 증가할 수 있다.

추진 축계 횡 진동과 연성진동은 프로펠러 축, 중간축, 감속기, 선미관 베어링, 선미관 밀봉장치 등의 사고 원인이 될 수 있다. 축계의 비틀림 진동은 커플링의 비틀림 강성이 축계의 피로파손으로 이어져 축계 추명적인 수명단축이 될 수 있다.

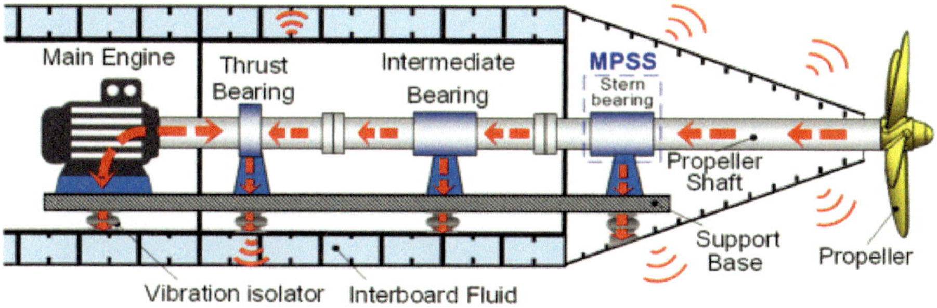


< 선박 추진축계에서 발생하는 진동 현상 >

선박 축계 진동의 주요 원인은 디젤기관의 실린더 폭발력과 피스톤의 왕복 관성력에 의한 불평형 관성력 및 관성모멘트가 크랭크 축에 전달되면서 고속 회전으로 인한 회전체 횡 진동(Whirling)이 발생한다.

실린더 내의 주기적인 변동가스 압력과 변동 토크는 고속 회전하는 크랭크 샤프트와 감속기를 통해 추진축계에 회전력이 전달되는 과정에 진동이 생긴다.

선박 축계 진동의 해결 방법으로는 엔진 기진력 및 진동을 예측하고 플라이휠에 부진동 장치인 동흡진기 설치 등 진동해석과 함께 축계 설계를 통한 진동감소를 위한 개선 방안을 수립해야 한다. 프로펠러에서 발생한 wake 분포에 따른 분안전력을 고려하여서 축계진동해석을 위한 유한요소 모델을 구성해야 한다.

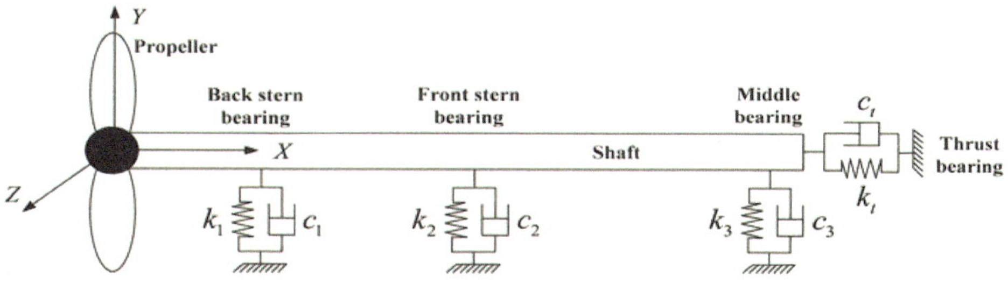


< 일반적인 축계 진동해석 모델 >

## 5.4.2 선박 축계 설계 해석 모델

선체 유효동력은 선체의 저항을 이겨내면서 정해진 선속으로 추진하는데 소요되는 동력으로 주기관과 추진 축계 설계에 의해서 정해진다. 선박 추진 축계를 설계하기 위해서는 보 요소 구조해석과 함께 선박 추진축계 동특성을 분석하여서 축계의 베어링 강성에 따른 동특성의 변화를 예측하여 축계 설계를 한다. 선박의 설계과정에서 추진 축계의 베어링 반력을 계산하고, 값들이 기준값 이내가 되도록 축계 베어링을 설계한다. 선박의 모든 운항조건에서 디젤엔진 설계 필요조건을 만족하는 최적 축계 정렬이 되도록 설계한다. 선박 추진축 선미부 베어링 압력 분포 해석을 통해 엔진 가동에 의한 프로펠러 하중, 열팽창 효과, 해수와 윤활유에 의한 부력 효과 등을 고려하여 선미관 베어링(Stern tube bearing)을 설계한다.

선박 축계 진동모델은 선박의 추진축계와 발전기를 구동하는 추진장치의 횡진동, 종진동, 비틀림 진동, 연성진동을 해석하기위한 동적인 기계장치구성 모델이다.

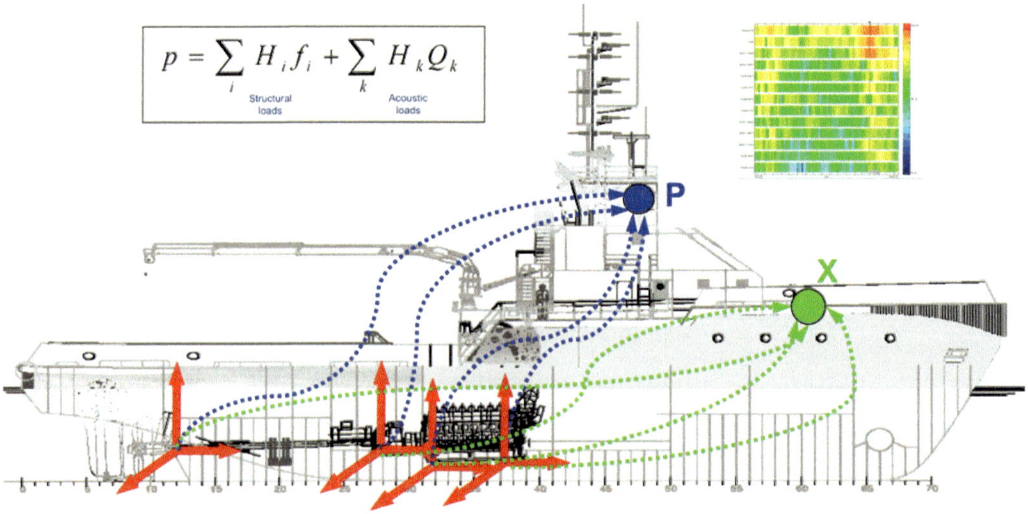


< 선박 추진축계 진동소음 전달 >

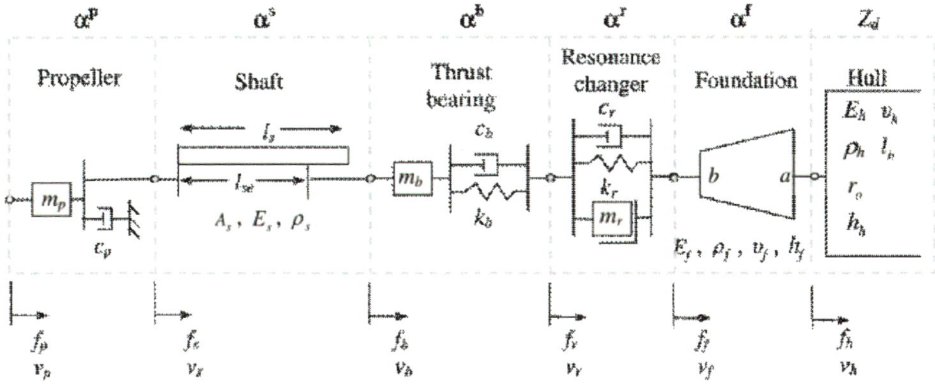


< 선박 추진축계 기계장치의 동역학 진동 모델>

선박 축계 진동모델의 특징은 축계의 안전성 검토를 위해 고유진동수와 응답특성, 부가응력을 계산한다. spring 강성과 질량 감쇠 진동 모델을 사용하고 프로펠러의 회전저항에 대한 값을 부여한다.

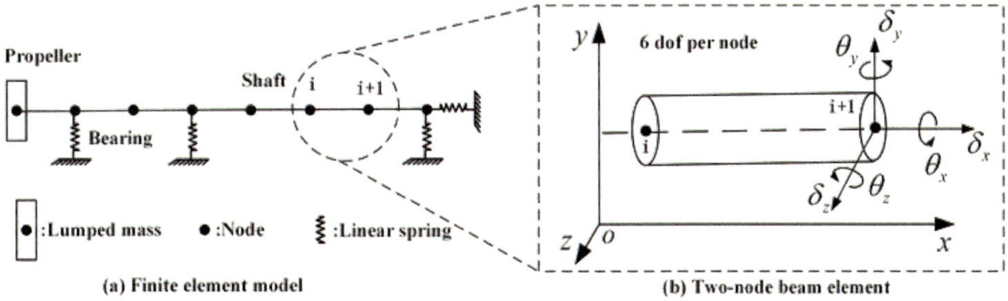


< FEM model of propeller-shaft-bearings system >

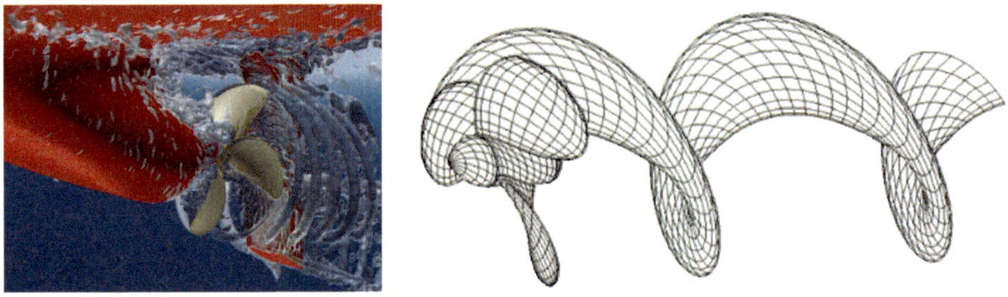

< propeller wake 반력 분포에 의한 진동 발생 >

### 5.4.3 선박 엔진의 진동

선박의 디젤엔진 진동은 엔진의 폭발력과 피스톤의 왕복 운동으로 인해 발생하며 이러한 진동은 선박의 안전성과 내구성에 영향이 크므로 진동을 정확하게 해석 예측하여서 설계에 반영하고 제작하는 것이 중요하다.

선박 디젤엔진 진동의 주원인은 실린드 연소가스 압력, 피스톤 왕복 질량 관성력, 축 프로펠러의 변동 토크 등으로 엔진 기진력을 계산하여서 베어링 위치와 기초부에서 탄성마운트를 설치하여 진동을 흡수할 수 있도록 설계한다.

디젤엔진은 기진원으로 엔진 본체 진동해석을 위한 해석 모델은 비틀림 진동과 연성된 엔진 본체 과도 진동 해석을 수행한다. 최근에 선박의 저속 디젤엔진은 배기규제(Emission) 및 연비 최적화를 위해 엔진의 회전수는 낮추고 행정(Stroke)을 극대화한 장행정(Long stroke) 엔진 적용이 많다. 장행정기관의 엔진구조는 선체구조 최적화, 엔진지지부의 이중저(Double-bottom)의 유연성(Flexibility) 증가와 결합되어 선체구조물과 엔진이 갖는 진동계의 고유진동수가 엔진의 운전영역 내에 존재하여 선체 및 엔진 진동을 유발한다. 엔진 모델생성, 하중분석 모델을 활용하여 실린더 폭발압력에 의한 관성력뿐만 아니라 축계 비틀림 진동에 의해 발생하는 기진력에 의한 본체 진동 과도해석(Transient Analysis)이 필요하다.

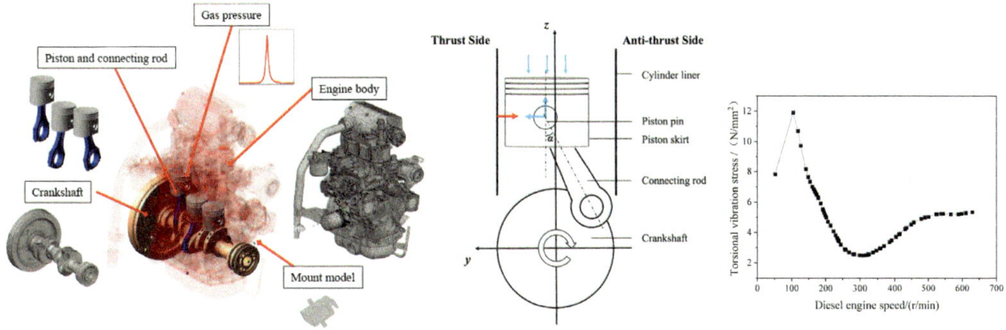


< 연소의 가스폭발 압력과 관성운동에 의한 진동 발생 >

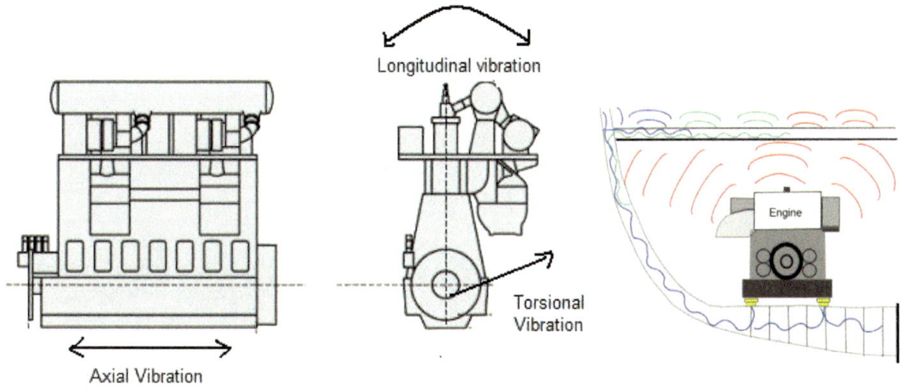


< 엔진에서 발생하는 축진동, 횡진동, 비틀림진동 진동 >

선박 엔진 지지구조물의 진동은 선체구조의 구성요소와 엔진의 회전수, 연소시에 발생하는 관성력에 따라 엔진에서 전달된다. 선체구조의 부재와 부구조물이 특정 기진원에 인접하여 직접 가진되거나 인접한 부구조물을 통해 전달되는 진동에너지는 선체 진동, 고체음으로 전달되어 선원에게 불편을 준다.

선박용 대형 엔진의 회전수가 낮아 탄성지지계의 고유진동수를 엔진의 상용회전수 이하로 낮추기 어려우므로 고효율의 주기관과 경량화된 선체에서 상대적으로 높은 수준의 진동 발생 가능성이 높아 적절한 진동제어를 통해 선체구조에 과도한 진동이 발생하지 않도록 엔진을 직접 선체의 이중저에 고정하는 탄성지지계 설계를 한다.

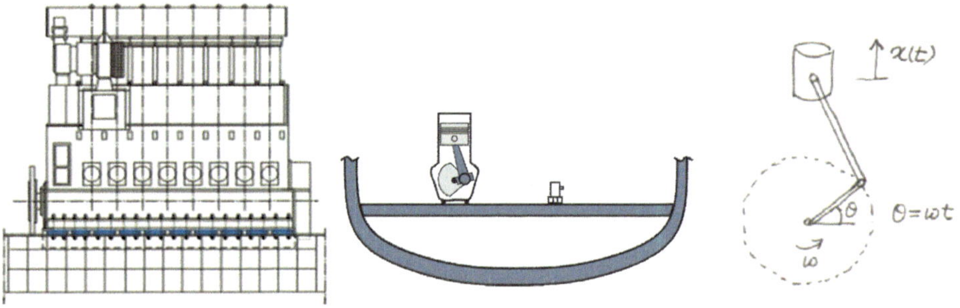


< 선체 구조물에 지지되어 있는 엔진의 진동모델 >

선체구조의 부재와 부구조물은 무거운 엔진을 지지하고 엔진에서 전달되는 운동에너지를 흡수하고 견딜 수 있도록 설계되어 엔진의 기진력을 불평형에 의한 회전력으로 외력을 표시한다.

$$F(t) = m_u r \Omega^2 \sin(\Omega t)$$

지지구조물의 기계장치는 등가적으로 탄성지지되는 보 구조물로 모델링하여서 질량-스프링-감쇠 시스템(1자유도)로 표현되어 진동을 해석할 수 있다. 지지구조물은 H형강 구조, 보(beam) 구조로 표현할 수 있고, 고유치해석과 모드해석을 통해 진동 형상을 얻을 수 있다. 응답해석을 통해서 시간영역과 주파수 영역의 진동을 얻을 수 있고 진동특성을 파악하여서 공진을 회피할 수 있도록 엔진 지지구조물을 설계한다.

굽힘 하중을 받는 탄성 보(횡진동, 굽힘진동)의 등가 강성을 구하여 1자유도 진동 모델로 나타내면 간단히 운동방정식을 구할 수 있다.

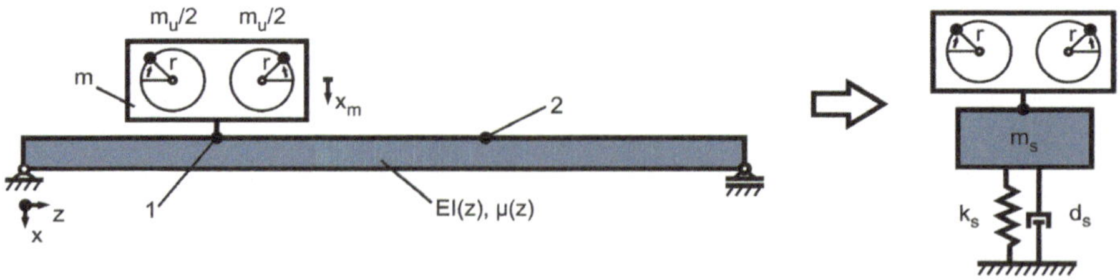


< 엔진 지지구조물의 진동 모델 >

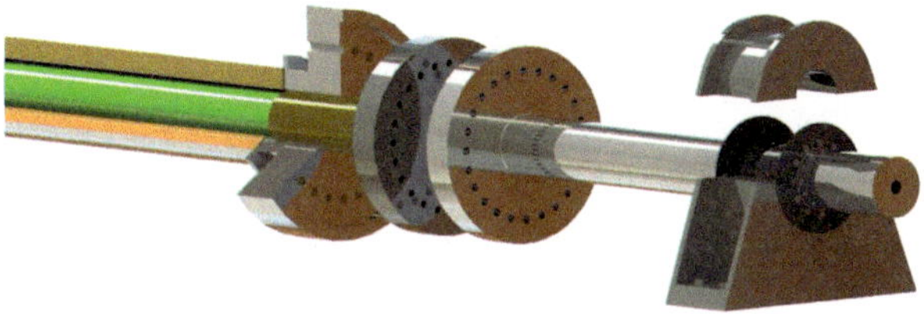

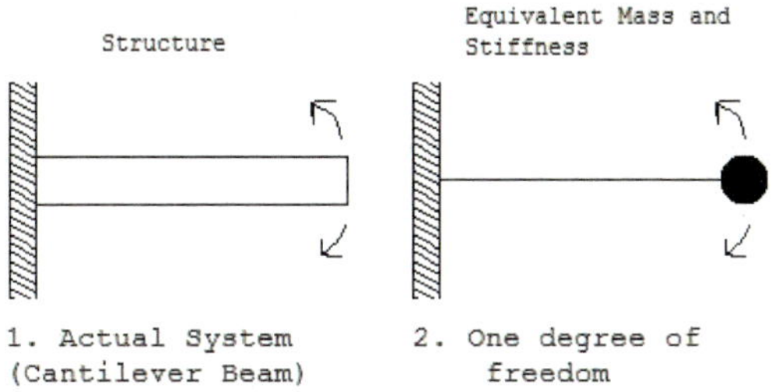


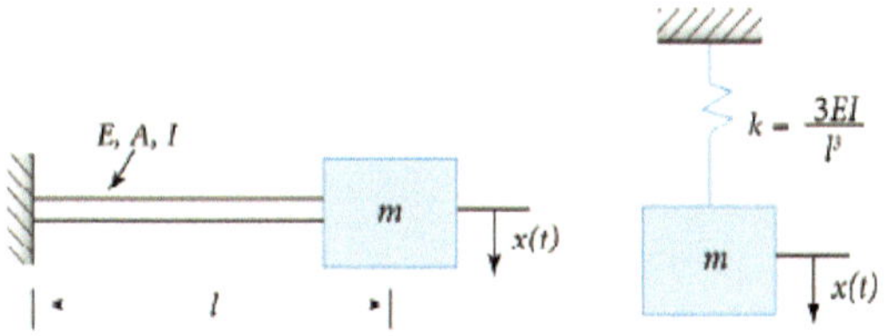


(a) 실제 계 (b) 일자유도계 모델

< 선박의 축계 모델의 단순화 >

길이 l인 외팔보(Cantilever beam)의 끝단에 질량 m을 매달았을 때, 끝단의 정적처짐(Static deflection)은

$$\delta_{st} = \frac{m\,g\,l^3}{3\,EI}$$

이다.

여기서 E는 탄성계수(Young's modulus, [Pa]), I는 보단면에 대한 면적관성모멘트(Area moment of inertia, [m$^4$])이다. 따라서 탄성 보의 등가 스프링 상수는 다음과 같이 계산된다.

$$k_{eq} = \frac{mg}{\delta_{st}} = \frac{3EI}{l^3}$$

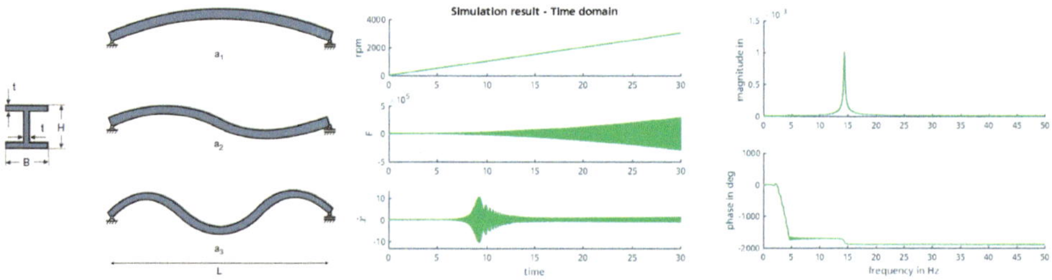


< 보(beam) 구조의 진동 모드와 응답특성 >

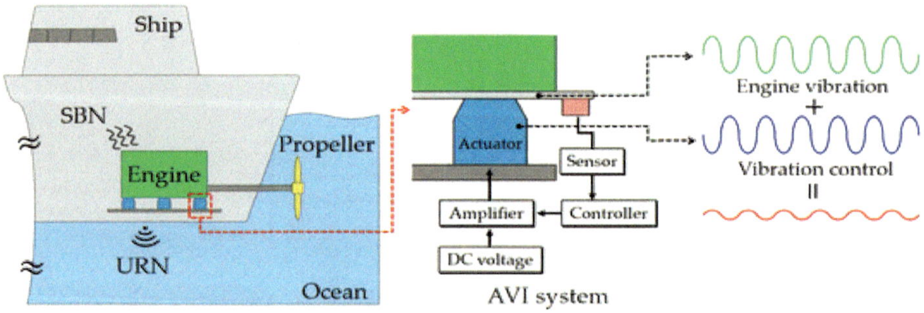


< 선박 진동저감 대책 active vibration isolation system >

## 5.4.4 선박 추진축계 회전체 진동

선박의 축계에는 다양한 회전체 기구가 있다. 크랭크샤프트, 감속기, 추진축, 프로펠러, 선비관(Stern tube) 어셈블리, 베어링, 커플링 등이 선체에 조립되어 운동 에너지를 전달한다. 회전하는 회전체는 설계 제작불량, 조립불일치 등에 의해 불평형질량이 존재하고 고속 회전시에 다양한 진동(Whirling)이 발생한다. 엔진 크랭크샤프트에서 발생한 운동에너지를 프로펠러로 전달하는 역할을 하며 엔진의 피스톤이 왕복운동을 할 때 발생하는 에너지를 회전운동으로 바꿔 축계에 전달하면 축이 소곡 회전하면서 횡진동(Lateral vibration)이 발생하며 베어링이 이를 지지하며 진동을 억제한다.

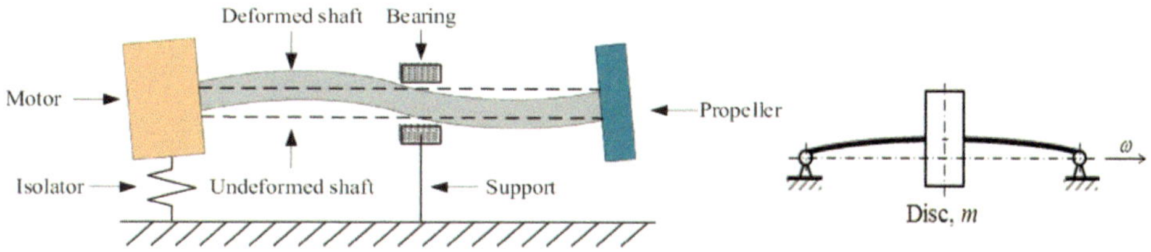


< 축계의 회전체에서 발생하는 횡진동 >

선박의 회전축계는 프로펠러, 축, 베어링, coupling, thrust bearing 등으로 구성된다. 주로 추진축계는 축과 원판(Disc), bearing의 조합으로 모델링되며 회전수에 따라 진동의 크기가 달라진다.

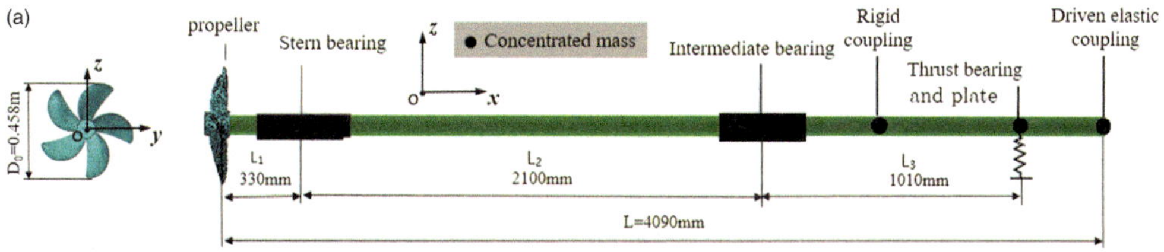


< 축과 disc, spring으로 표현되는 축계 진동 모델링 >

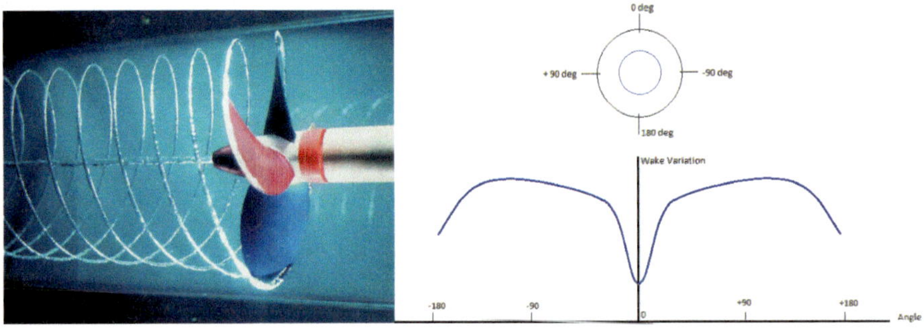


<wake 분포 변형으로 인한 propeller 축진동 발생, propeller Fluctuating Loads >

프로펠러에서 발생된 주기적인 추력은 축계를 가진하는 외력으로 작용하여서 축계 종진동의 외력이 된다.

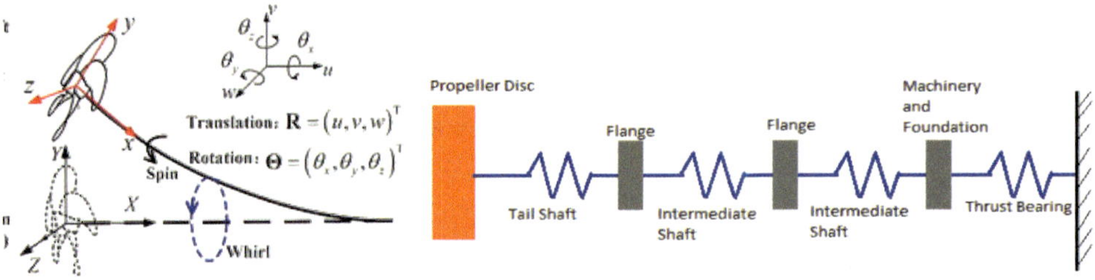


< 회전축계의 진동, 다자유도계로 표현된 축계 진동 모델 >

축의 진동 모드는 최초에 강체운동을 한다. 회전수가 높아짐에 따라 축은 굽힘 모드를 나타내며 1, 2, 3차 모드를 차례로 나타내며 운동한다.

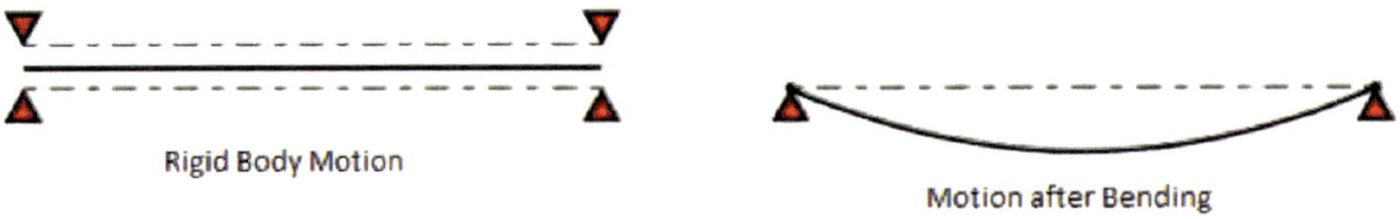


< 축계 강체모드와 굽힘모드 >

## 5.4.5 추진축계 회전 불평형 강제진동 해석

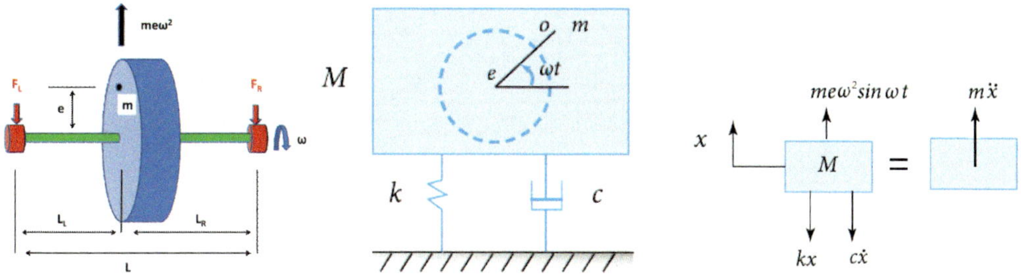


(a) 일자유도계 모델 (b) 자유물체도

그림 5-25 불평형 질량을 가진 회전기계

선박 추진축계의 축(Shaft)진동은 회전 기계의 불평형으로 발생하는 진동의 주 원인 중의 하나이다. 그림 5-25는 이러한 회전기계를 단순화한 모형으로 m은 불평형 질량, e는 편심반경, M은 불평형 질량을 포함한 총질량, c는 감쇠, k는 스프링 상수이다. 수직 방향의 운동만을 고려한다면 운동방정식을 다음과 같이 유도할 수 있다.

$$M\ddot{x} + c\dot{x} + kx = me\omega^2 \sin\omega t$$

즉,

$$\ddot{x} + 2\zeta\omega_n \dot{x} + \omega_n^2 x = \frac{m}{M} e\omega^2 \sin\omega t$$

여기서 $\omega_n = \sqrt{k/M}$, $\zeta = c/\sqrt{4Mk}$ 이다. 복소수 표기법을 이용하기 위하여 위식에서 $\sin\omega t$를 $e^{i\omega t}$로 대체하면, 정상상태 응답 $x_p(t) = Xe^{i\omega t}$($X$는 복소수, 즉, $X = |X|e^{-\phi i}$)라 놓을 수 있다.

$$\left\{\omega_n^2 - \omega^2 + i(2\zeta\omega_n\omega)\right\}X = \frac{m}{M}e\,\omega^2$$

즉

$$\frac{X}{me/M} = \frac{\omega^2}{{\omega_n}^2 - \omega^2 + i(2\zeta\omega_n\omega)} = \frac{r^2}{1 - r^2 + i(2\zeta r)}$$

따라서 위식을 절대값과 위상으로 표기하면

$$\frac{X}{me/M} = \left|\frac{MX}{me}\right| e^{-i\phi}$$

즉

$$\left|\frac{MX}{me}\right| = \frac{r^2}{\sqrt{(1-r^2)^2 + (2\zeta r)^2}}$$

$$\phi = \tan^{-1}\left(\frac{2\zeta r}{1 - r^2}\right)$$

으로 유도된다.

그림 5-26은 절대값과 위상을 나타낸 것이다. 그림 5-26(a)에서 곡선의 피크 위치가 $r_p = 1$에서 약간 오른쪽으로 이동되어 있음을 알 수 있다.

따라서 위식에서 $\frac{d}{dr}\left(\frac{M|X|}{me}\right) = 0$로부터 피크 위치를 찾으면 다음과 같다.

$$r_p = \frac{1}{\sqrt{1 - 2\zeta^2}}$$

즉

$$\omega_p = \frac{\omega_n}{\sqrt{1 - 2\zeta^2}}$$

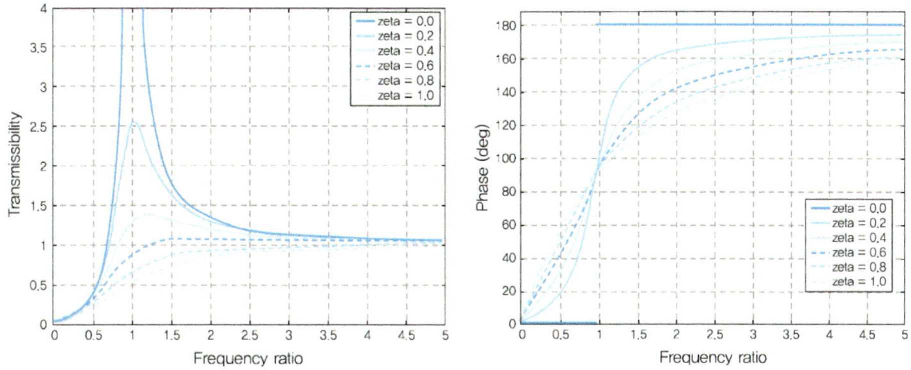


(a) 전달률 (b) 위상

그림 5-26 회전 불평형 기계의 강제 진동

## 5.4.6 선박 축계 비틀림 진동 해석

선박 추진축은 길고 큰 회전력을 전달해야 하지만 엔진의 폭발력과 피스톤의 왕복 운동, 충돌, 후진 운항, 진동토크에 의한 피로파손 등으로 비틀림 진동이 발생한다.

선박 추진축계의 비틀림 진동 해석은 축의 비틀림에 대한 이론적 해석과 주파수 분석을 통해 검증한다.

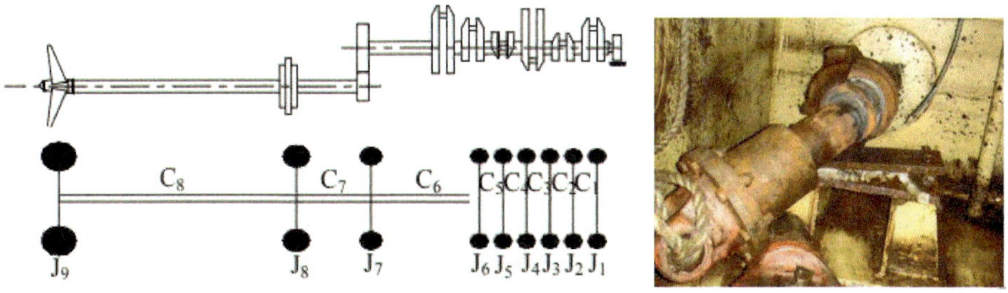


< 엔진과 프로펠러의 회전에 의한 비틀림 진동 발생과 축 손상 >

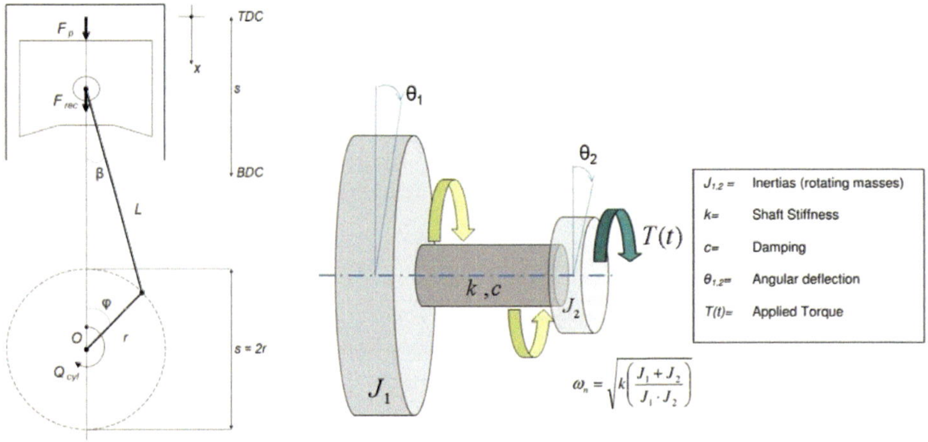


< 엔진의 왕복운동과 회전 비틀림 구조 축 비틀림 모델 >

선박의 추진축력에 의한 비틀림 하중을 받는 축(비틀림 진동) 강성은 다음과 같다.

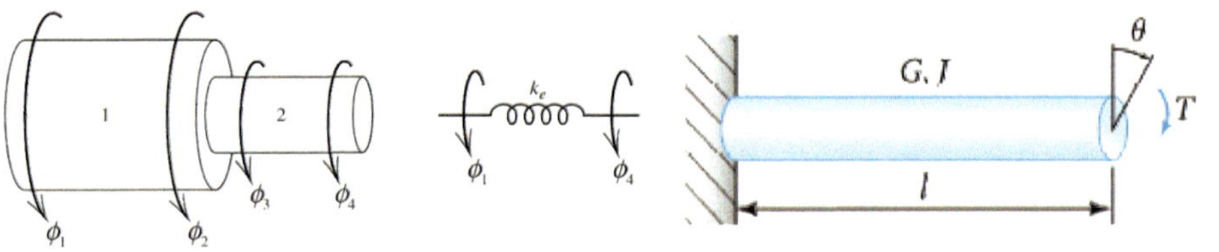


위 그림과 같이 길이 l인 축에 비틀림 하중 T를 가하였을 때, 끝단의 비틀림 각(Static deflection angle)은

$$\theta = \frac{T\,l}{G\,J}$$

이다. 여기서 G는 전단계수(Shear modulus, [Pa]), J는 축단면에 대한 면적관성모멘트이다. 따라서 축의 비틀림 스프링 상수는 다음과 같다.

$$k_t = \frac{T}{\theta} = \frac{GJ}{l}$$

참고로, 직경이 d인 원통축에 대한 면적관성모멘트 J는 $J = \pi d^4/32$이며, 외경이 D, 내경이 d인 중공축에 대한 면적관성모멘트 J는 $J = \pi(D^4 - d^4)/32$이다.

### 5.4.7 선박 추진 축계 종진동 해석

선박 추진축계의 종진동 해석은 선박의 추진력을 전달하는 과정으로서 추진축계의 thrust bearing과 추진력을 전달하는 메카니즘을 설명할 수 있다. propeller에 의한 유체역학적 연성효과를 고려하여 해석 모델을 설정한다. 추진기에 의한 유체역학적 연성효과는 독립적으로 구한 종진동의 고유 진동수와 비틂진동의 고유 진동수가 일치할 때 진동은 증폭되어 그 영향이 더욱 커질 수 있다.

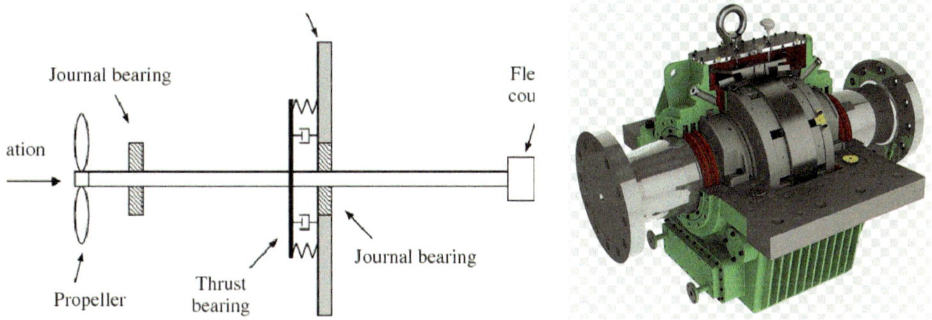


< 추진축계 축진동 모델과 Thrust bearing >

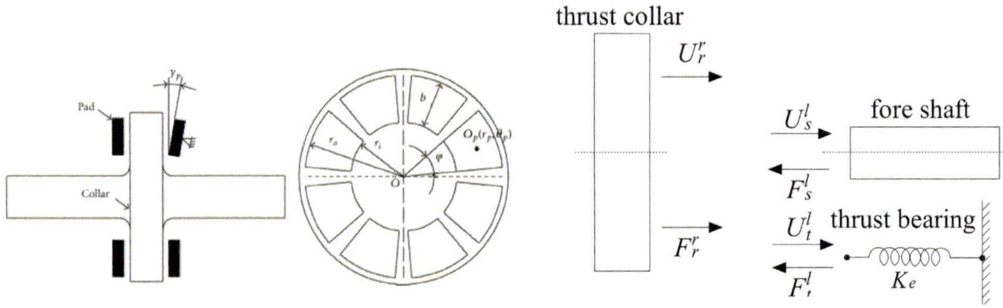


< thrust bearing 진동 모델링 >

선박의 추진력과 같은 압축 하중 또는 인장 하중을 받는 탄성 막대(종진동)의 강성은 다음과 같다.

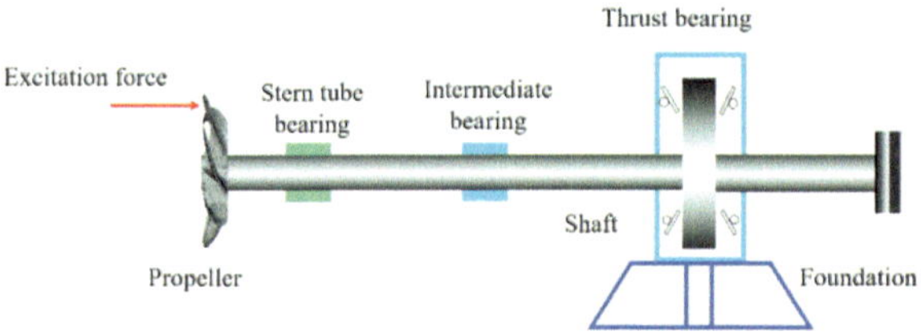


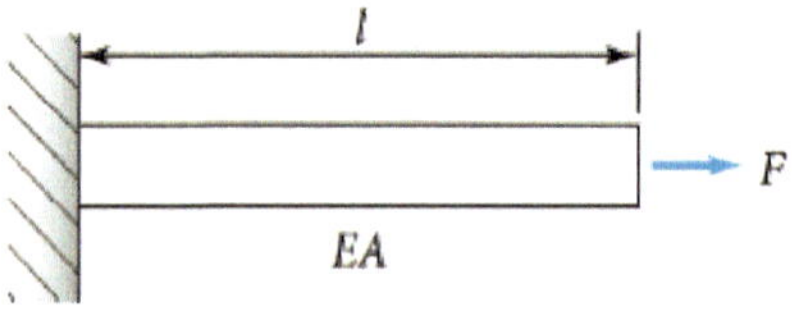


그림 2.5 축하중을 받는 탄성 막대

위 그림과 같이 길이 $l$인 축에 인장력 $F$를 가하였을 때, 길이 $x$ 위치에서의 변형률(Strain) $d\xi/dx$은 다음 식을 만족한다.

$$EA\frac{d\xi}{dx} = F$$

여기서 $F$는 막대 끝에 작용하는 일정한 인장력이고, $E$는 탄성계수, $A$는 막대의 단면적이다. 이 식을 적분하면

$$EA\,\xi(x) = Fx + b$$

이다. $x = 0$에서 변위가 0이 되어야 하는 경계조건을 적용하면 적분상수 $b$는 0이 된다. $x = l$에서 정리하면

$$F = \frac{EA}{l}\,\xi(l)$$

이다. 따라서 탄성 막대의 등가 스프링 상수는 다음과 같이 된다.

$$k = \frac{EA}{l}$$

## 5.4.8 선박 추진 축계 진동 해석

선박 추진 장치에 대한 진동 저감은 진동해석을 통해서 설계적인 방법으로 질량, 강성, 감쇠를 조정할 수 있다.

선박 추진 장치의 진동은 프로펠러의 회전, 추력 베어링 힘, 변동 토크 등에 의해 발생하므로 선박 추진 장치 진동 원인 분석을 위한 정확한 진동해석 모델을 구축하는 것이 중요하다.

프로펠러의 회전에 의한 압력 변화(압력파)가 선박의 선미 선체에 전파되어 진동 수준이 높아지므로 추력 베어링 힘이 길이 방향으로 추진 장치에 기진력을 발생시키는 종진동의 모델은 해석을 통해 추진기 변동압력을 감소시키는 진동수의 변경이 필요하다.

엔진의 변동 토크가 축 비틀림 진동을 발생시키므로 변동 토크 조절 장치 댐퍼가 필요하다. 추진축계의 진동 해석 과정은 엔진, 축, 베어링 모델을 정하여 진행한다.

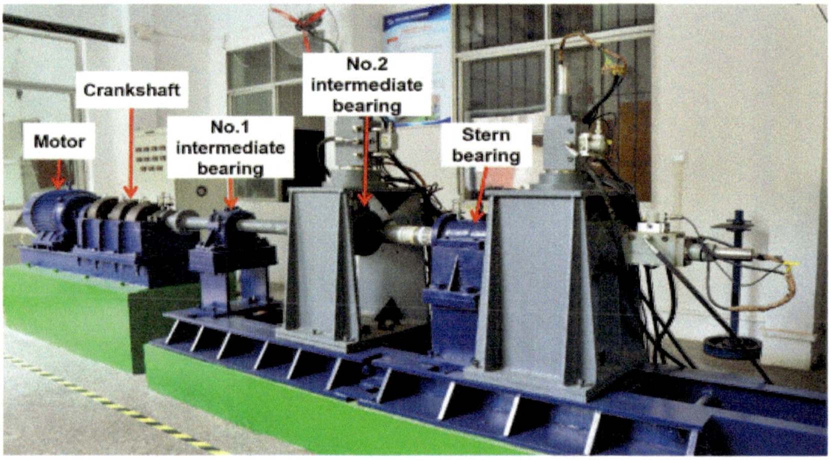


< 선박 추진축계 진동 실험 장치 >

### (1) 수학적 모델링(Mathematical modeling)

계의 거동을 지배하는 수학적 방정식을 유도하기 위한 첫 번째 작업으로, 계의 3대 구성요소인 스프링, 감쇠, 질량을 포함한다. 각 구성 요소의 특성을 간단히 정리하면 그림 5-27과 같다. 스프링, 감쇠, 질량은 각각 하중-변위, 하중-속도, 하중-가속도 그래프의 기울기에 해당한다.

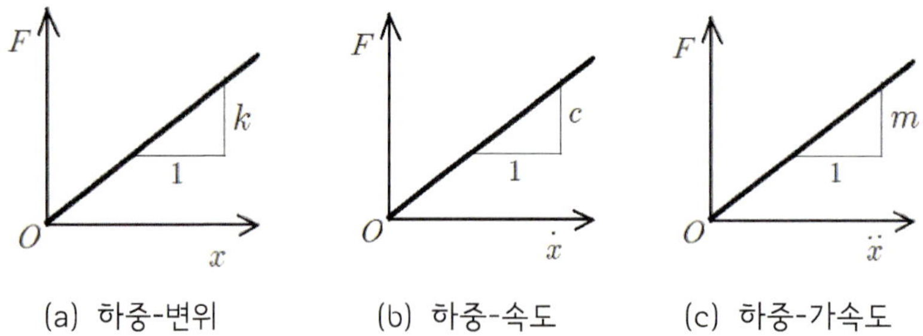


그림 5-27 시스템 구성의 3 요소, 스프링-감쇠-질량

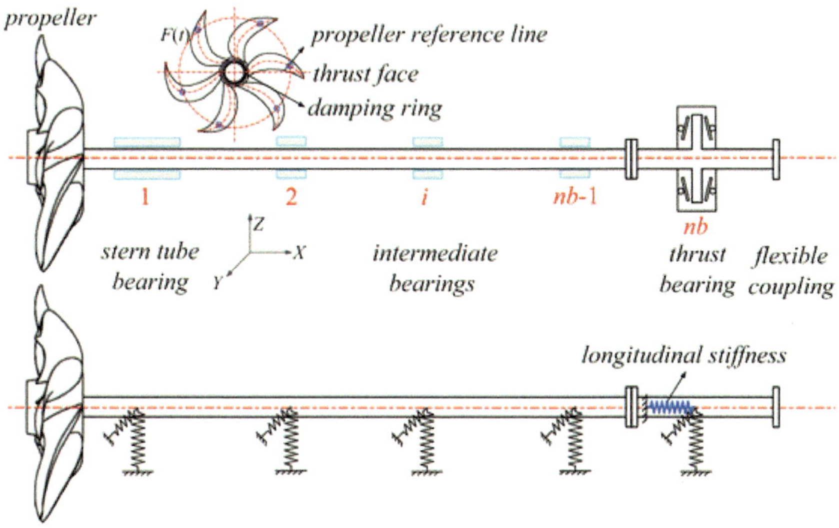


< 선박 추진 축계 진동 해석 모델 >

관심영역에 따라 수학적 모델링을 간단하게 할 수도 있고 자유도를 확장하여 복잡하게 할 수도 있다. 예를 들어 자동차를 해석 목적에 2자유도계, 4자유도계, 7 자유도계 등으로 모델링할 수 있다.

### (2) 운동방정식 유도(Deriving the equation of motion)

수학적 모델링이 이루어지면 그에 따라 뉴튼(Newton)의 제2법칙, 라그랭지 방정식(Lagrange equation) 등을 이용하여 운동방정식을 유도한다. 이 때 운동방정식은 이산계에는 상미분방정식의 형태로, 연속계는 편미분방정식의 형태로 표현된다.

### (3) 방정식의 해(Finding the solution)

진동계의 응답을 얻기 위하여 방정식의 해를 수학적으로 구하여야 한다. 풀이법으로 일반적인 방법, 라플라스 변환(Laplace transformation), 수치해석법(Runge-Kutta method) 등이 있다.

### (4) 결과에 대한 설명 및 이해(Understanding the result)

방정식의 해는 변위, 속도, 가속도 등을 표현한다. 진동 해석의 목적에 맞는지 해석 결과를 실험 결과와 함께 분석한다.

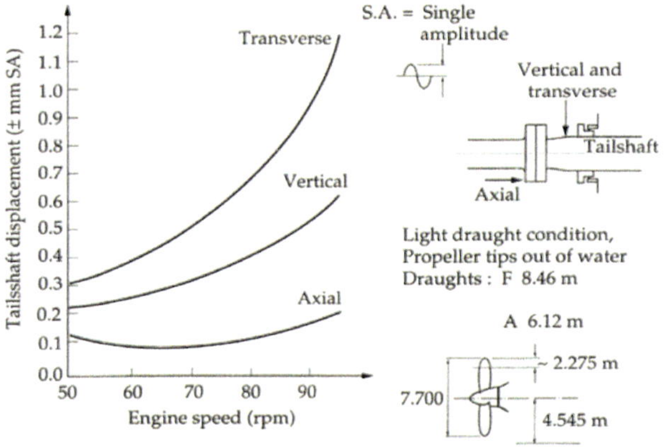


< 선박 축 진동 해석 결과 >

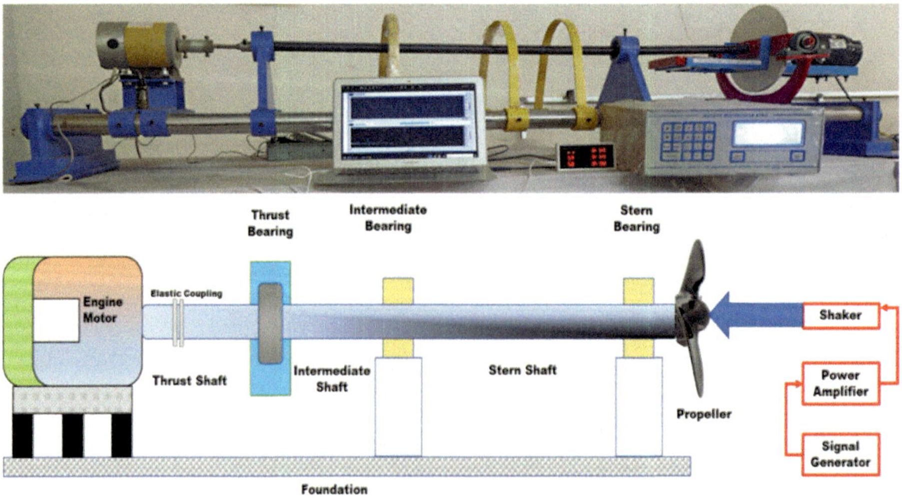


< 선박 추진 축계 진동 저감 실험장치 설계 >

# 연습문제

1. Shaft System의 구성요소와 역할에 대해 기술하시오

2. Shaft Bearing의 종류 4가지를 기술하시오.

3. 축계에서 발생하는 진동의 종류 3가지에 대해 간략히 기술하시오.

4. Thrust Block의 역할에 대해 기술하시오

5. Stern Tube seal의 역할을 간략하게 설명하고 seal 종류 3가지 이상 기술하시오

6. 축계정렬(Shaft Alignment)에서 GAP, SAG를 그림을 그리고 간단히 설명하시오

7. 축계 진동의 종류 및 대처법에 대해 설명하시오.

# 6장

# 선박 추진 시스템

## 6.1 개요

선박의 추진 시스템은 선박의 항행을 위해 동력을 발생시키고, 이를 추진기에 전달하여 추진력을 만들어내는 장치로서 선박의 운용 목적 및 운항 특성에 따라 다양한 종류의 시스템이 적용되고 있다.

일반적으로 추진 시스템은 동력을 발생시키는 주기관과 이러한 동력을 추진기에 전달하는 축계, 그리고 전달된 동력으로 추진력을 발생시켜 선박의 속력을 달성하는 추진기로 구성된다. 따라서 선박에 적용되는 추진 시스템별로 그 구성 체계에 대해 상세히 살펴보고, 대표적인 추진 시스템에 대해 비교해 보고자 한다.

- 선박 추진 시스템별 상세 구성 체계
- 대표적인 추진 시스템의 비교

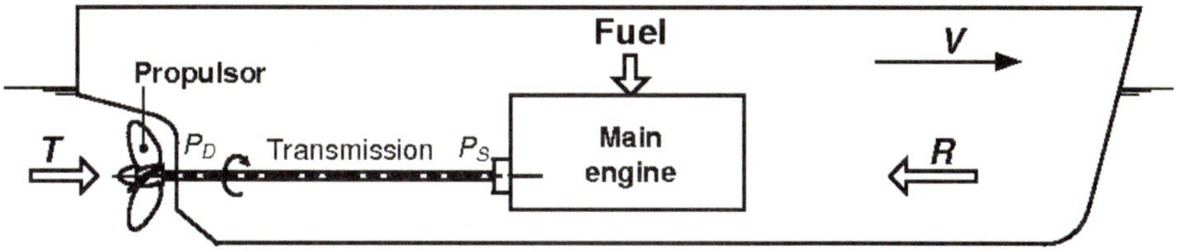

## 6.2 선박 추진 시스템별 상세 구성 체계

### 6.2.1 디젤엔진 + 고정피치 프로펠러(FPP) [A]

- 대형선에서 가장 일반적으로 사용되는 추진 시스템이다.
- 2행정(Stroke) 저속 디젤엔진과 고정피치 프로펠러로 구성된다.
- 대형 상선에 주로 사용되며, 단축선 형태이다.
- 추진기 효율의 극대화를 위해 대직경 저속 회전수를 적용한 추진기가 설치된다.
- 엔진의 역회전으로 후진한다.
- 장점으로는 운전과 보수가 용이하다.

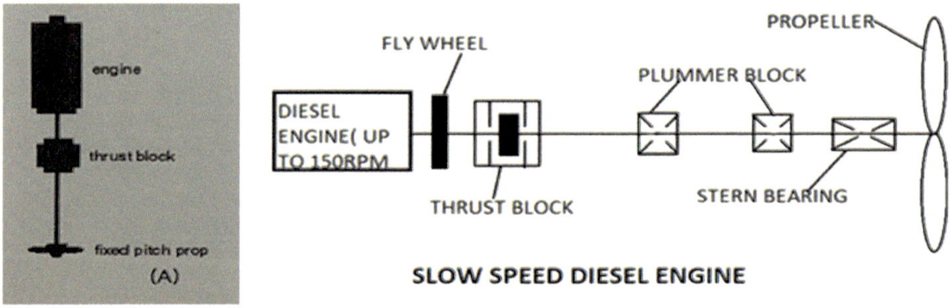


그림 6-1 디젤엔진 + 고정피치 프로펠러 추진 시스템

### 6.2.2 디젤엔진 + 감속기어 + 고정피치 프로펠러(FPP) [B]

- 중소형선에서 가장 일반적으로 사용되는 추진 시스템이다.
- 2행정(Stroke) 또는 4행정 고속 디젤엔진과 감속기어(스러스트 베어링 포함) 및 고정피치 프로펠러로 구성된다.
- 요트, 어선, 연안 화물선 및 중형 예인선 등에 주로 사용된다.

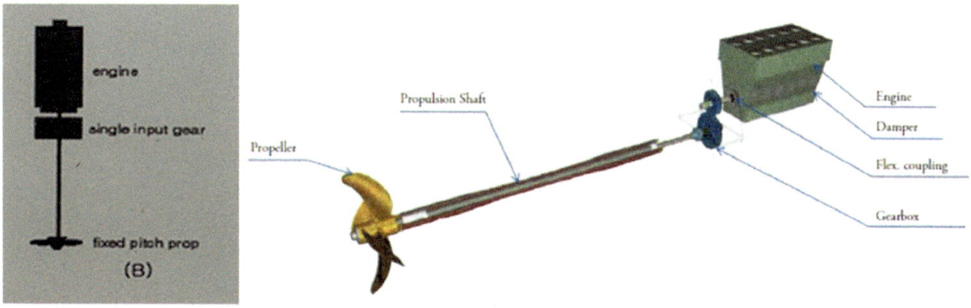


그림 6-2 디젤엔진 + 감속기어 + FPP 추진 시스템

## 6.2.3 디젤엔진 + 감속기어 + 가변피치 프로펠러(CPP) [C]

- 4행정 중속 디젤엔진과 감속기어 및 CPP로 구성된다.
- 엔진 공회전시 클러치를 사용하며, CPP로 역회전한다.
- 대형어선, 연안 화물선 및 중형 예인선 등 운항조건이 자주 바뀌는 선박에 사용된다.
- 일반적으로 축 발전기(Shaft generator)가 설치되며, 항만에서의 선박 조종에 사용되는 선수/선미 스러스터(Thruster) 운전에 필요한 전력을 공급하게 된다.

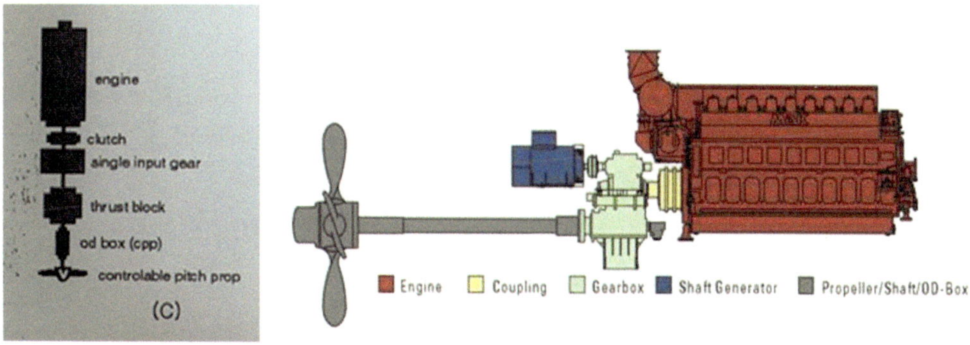


그림 6-3 디젤엔진 + 감속기어 + CPP 추진 시스템

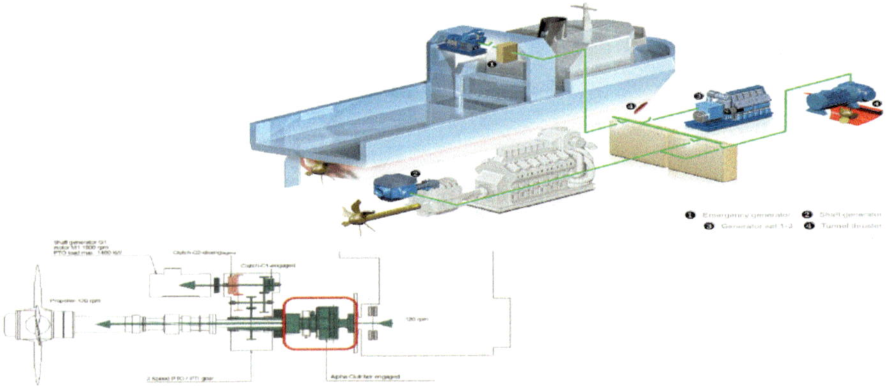

그림 6-4 축 발전기

## 6.2.4(a) 디젤엔진/가스터빈 + 감속기어 + 워터제트(Waterjet)

- 디젤엔진/가스터빈 또는 통합시스템과 감속기어 및 Waterjet 로 구성된다.
- 일반적으로 쌍축(Twin)선 형태로 사용된다.
- 연안을 운항하는 초고속 여객선(40~50 노트급), 연안 여객선에 주로 사용된다.

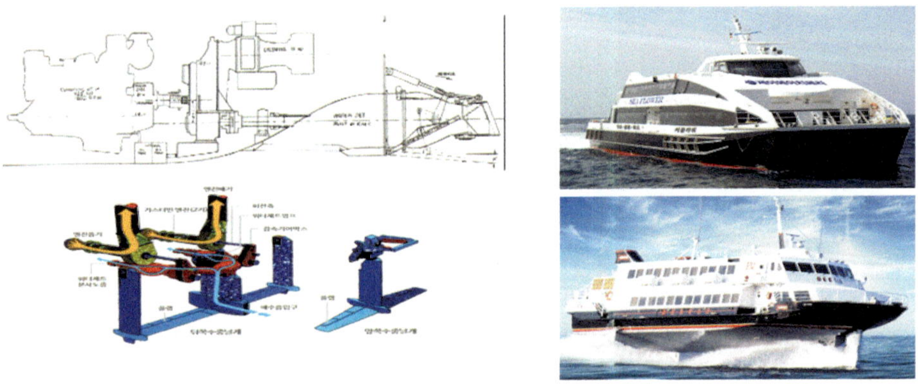

그림 6-5 디젤엔진/가스터빈 + 감속기어 + 워터제트 추진 시스템

## 6.2.4(b) 2 디젤엔진 + 감속기어 + CPP [D]

- 4 행정 중속 디젤엔진과 클러치의 사용으로 2대 동시 운전 및 단독 운전이 가능하다.
- 축 발전기가 설치되며, 선수/선미 스러스터 운전시 활용된다.
- 일반적으로 쌍축(Twin)선 형태로 사용되며, CPP로 역회전 한다.
- 해양(Offshore) 작업선, 연구선, 카페리선, 군함 등에 사용된다.

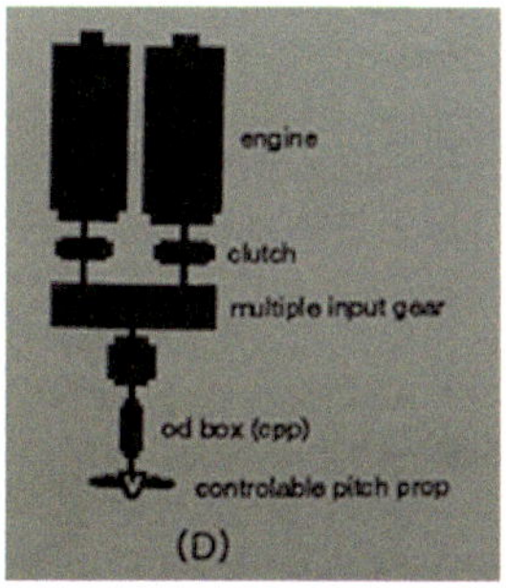


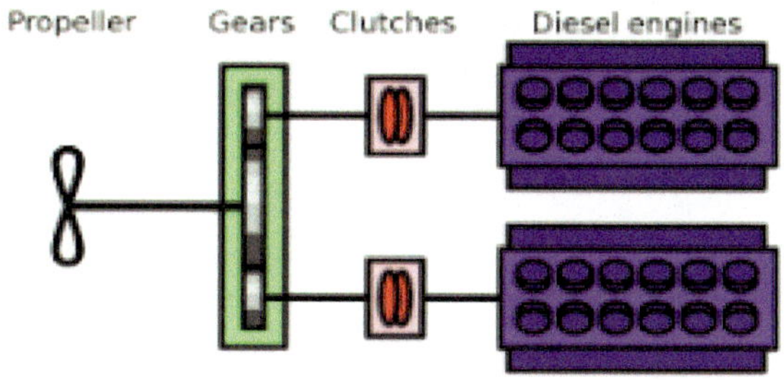


그림 6-6 2 디젤엔진 + 감속기어 + CPP 추진 시스템

Norfolk(삼성중공업건조)

Tunisia (대우조선해양 건조)

Stena (현대중공업 건조)

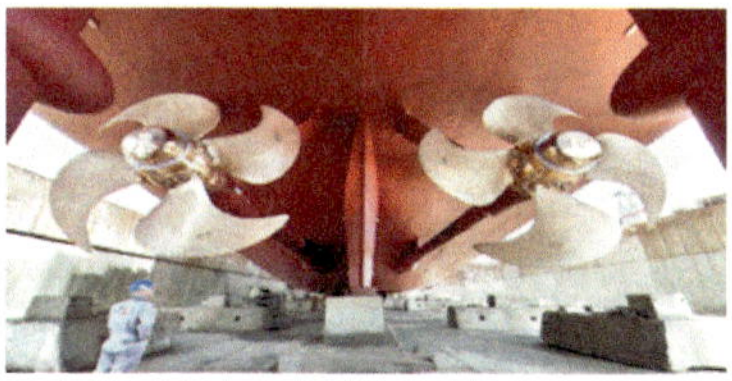

그림 6-7 2 디젤엔진 + 감속기어 + CPP 추진 시스템 적용 선박

## 6.2.5 선수미 양방향(Double Ended) 추진 시스템 [E]

- 선수와 선미에 추진기를 각각 부착하여 선박을 선회시키지 않고도 운항이 가능한 시스템이다.(조타실도 선수미에 각각 설치됨)
- CPP + 디젤엔진 + 감속기어 + 디젤엔진 + CPP 형태이다.
- 짧은 거리를 왕복하여 운항하는 소형 페리 및 차도선(나룻배 개념)에 사용된다.

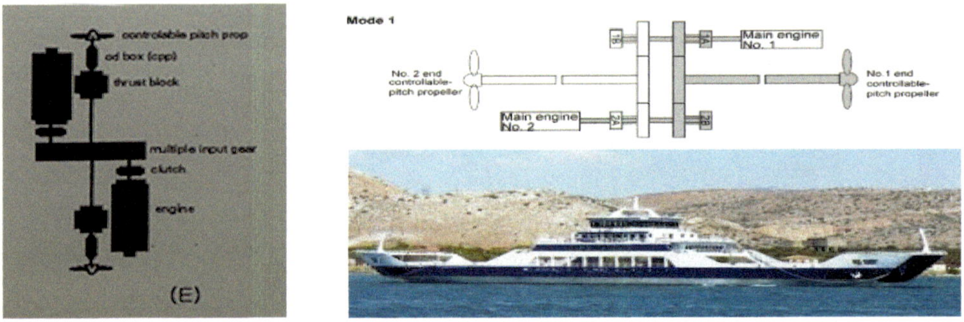


그림 6-8 선수미 양방향 추진 시스템

## 6.2.6 디젤엔진 + 발전기 + 전기모터 + FPP 추진 시스템 [F]

- 쇄빙시 프로펠러의 충격이 엔진에 전달되는 것을 차단하고, 모터로 역회전하며, 진동 및 소음 성능이 우수하다.
- 쇄빙선에 주로 사용되어 왔으며, 진동/소음 성능의 우수성으로 최근에는 대형 여객선, 크루즈선에 많이 사용되고 있다.
- 전기 소모량이 큰 여객선에서는 발전된 전기를 거주구와 추진모터에 효율적으로 할당하여 공급한다.

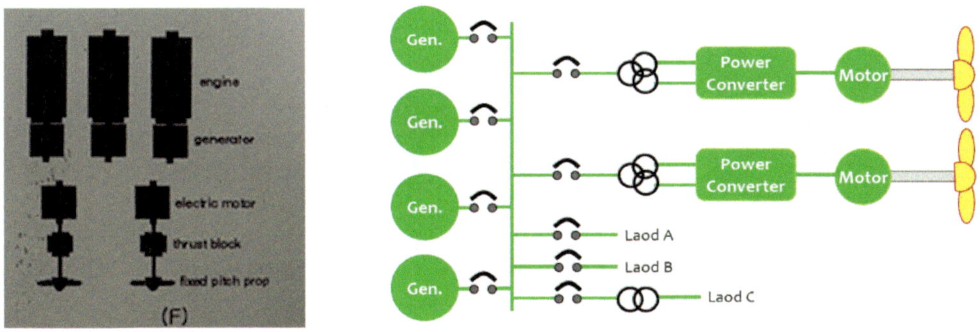


그림 6-9 전기 모터 + FPP 추진 시스템

## 6.2.7 디젤엔진 + 발전기 + 포드(POD) 추진 시스템 [G]

- 모터가 내장된 POD를 사용하며, 진동 및 소음 성능이 우수하다.
- 크루즈선, 쇄빙유조선/LNG선, 극지 운항 선박에 주로 사용된다.
- 기관실 공간 감축이 가능하고, 전력수요에 탄력적인 대응이 가능하다.

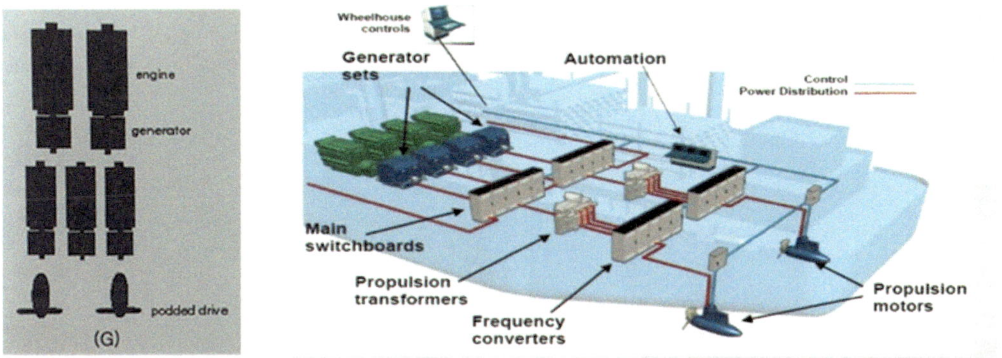

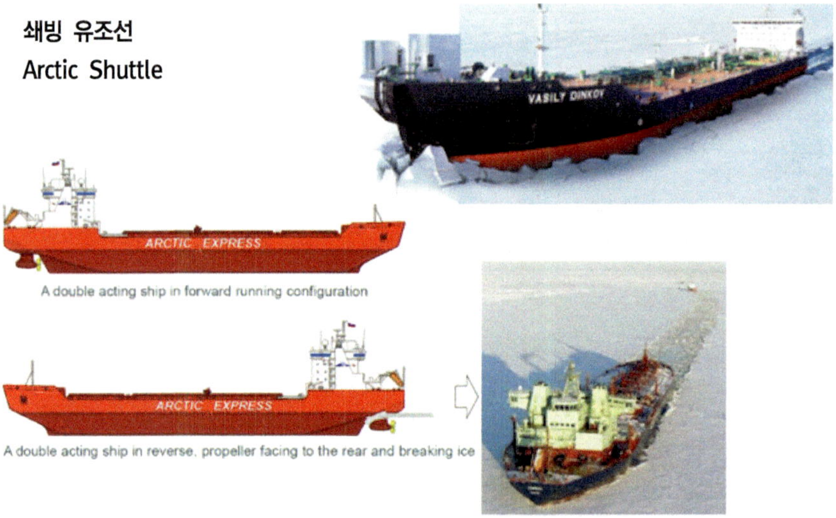


그림 6-11 발전기 + POD 추진 시스템 적용 선박(I)

**극지 쇄빙 연구선(아라온호)**

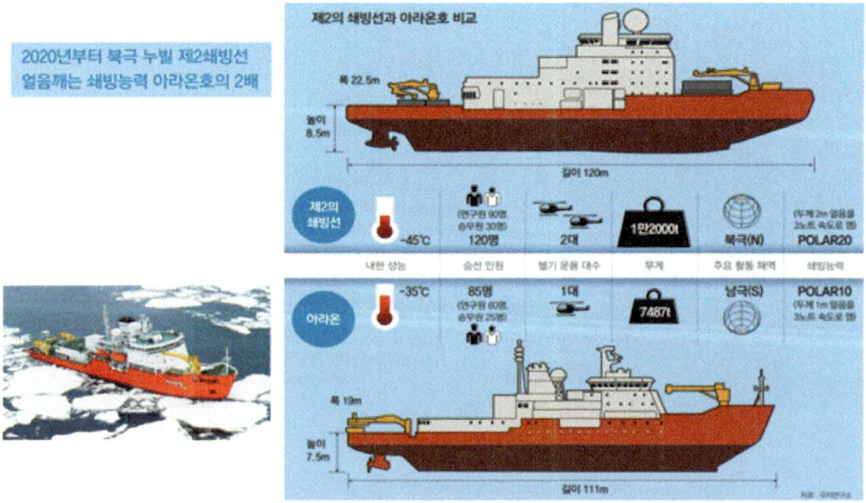


그림 6-12 발전기 + POD 추진 시스템 적용 선박(II)

Yamal Arctic LNG 선

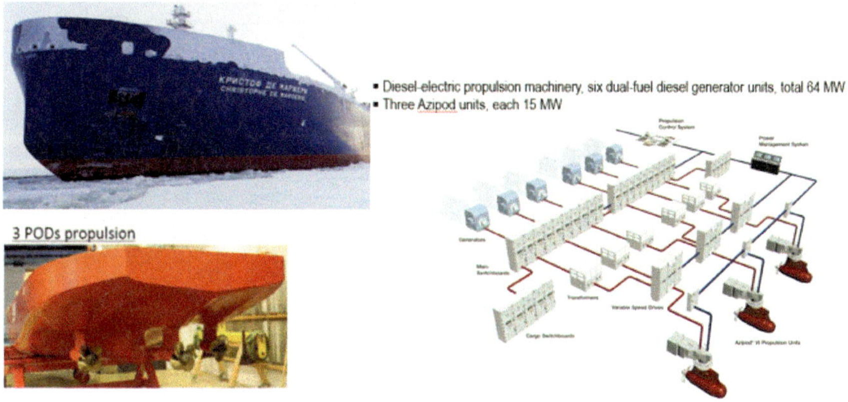


그림 6-13 발전기 + POD 추진 시스템 적용 선박(III)

## 6.2.8 스팀터빈 + FPP 추진 시스템 [H]

- 스팀(증기)을 이용하여 터빈을 돌려서 추력을 발생하는 형태이다.
- 대형 탱커선 및 LNG 선에 사용되어 왔다.
- 최근의 LNG선에서는 이중연료 디젤 전기 추진 방식(Dual Fuel Diesel Electric Motor System)이 사용된다.

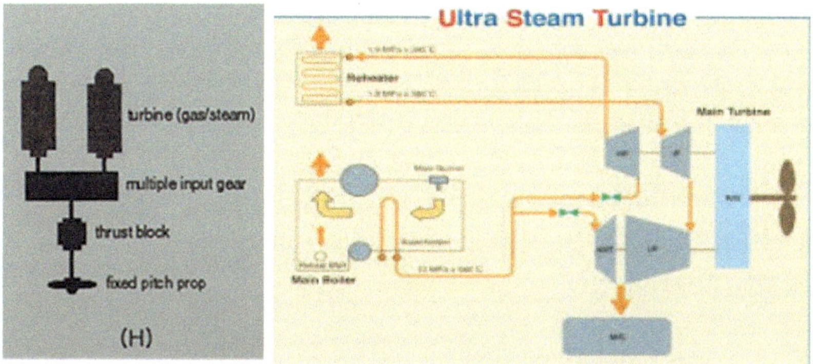


그림 6-14 스팀터빈 + FPP 추진 시스템

### 6.2.9 가스터빈/디젤엔진 + FPP 추진 시스템 [I]

- 고온 고압의 가스를 이용하여 터빈을 돌려서 추력을 발생하는 형태이다.
- 군함에 주로 사용되며, 크루즈선에도 사용된다.
- 순항시에는 디젤엔진들을 사용하고, 최고 속력을 발휘할 때에는 가스터빈을 동시에 사용한다.
- CODOG(Combined Diesel or Gas Turbine), CODAG(Combined Diesel and Gas Turbine), COGAG(Combined Gas Turbine and Gas Turbine) 등의 시스템이 있다.

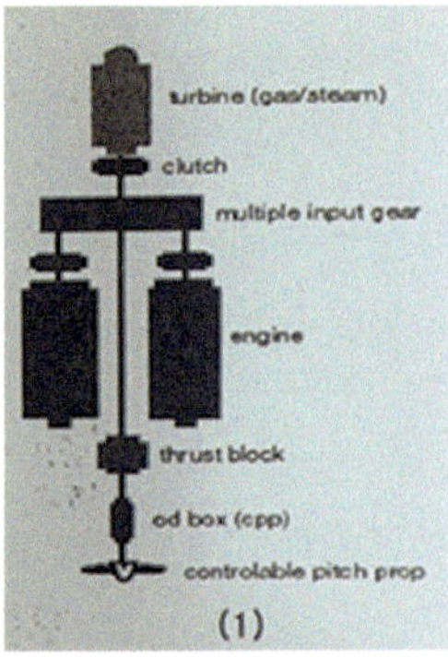


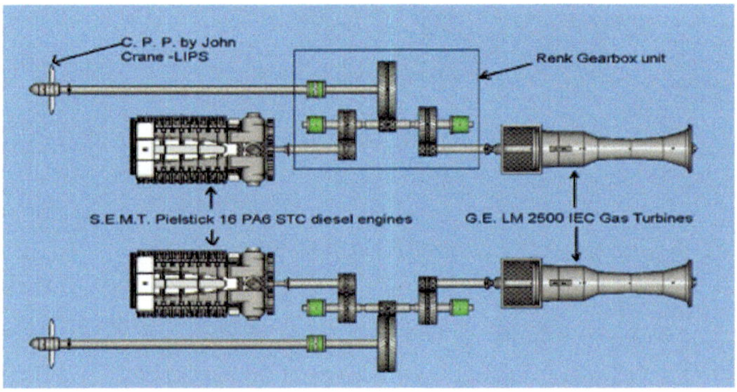


## 6.3 대표적인 추진 시스템의 비교

대표적인 추진 시스템으로는 디젤기계(Diesel Mechanical) 추진, 디젤전기(Diesel Electric) 추진, 디젤전기포드(Diesel Electric POD) 추진이 있다. 그림 6-16 및 6-17에 상세히 비교되어 있다.

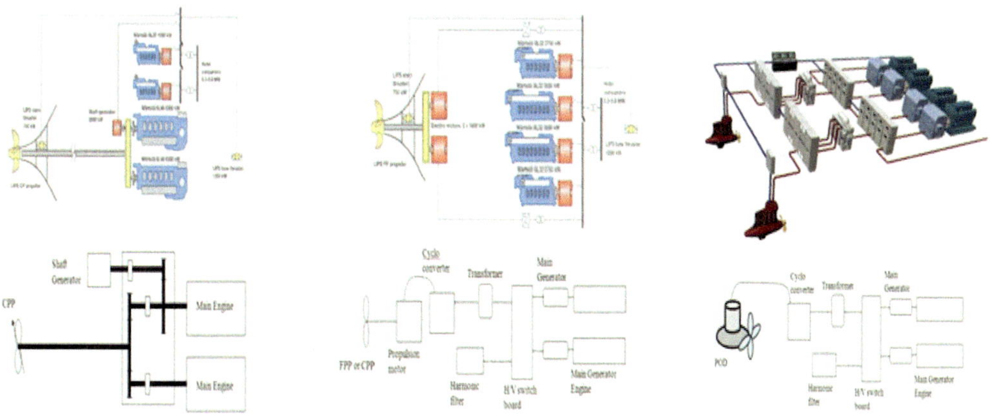


| [Diesel Mechanical Propulsion] | [Diesel Electric Propulsion] | [Diesel Electric POD Propulsion] |
|---|---|---|
| - Diesel engine, Gear box, Shaft, FPP/CPP<br>- 장 단순한 형태의 추진 시스템으로 대부분의 선박에 사용<br>- 요트,어선,화물선,예인선에 사용 | - Diesel engine, Generator, Motor, Shaft, FPP<br>- 진동 및 소음성능 우수 전기소모량이 큰 선박에서 효율적<br>- 쇄빙선,대형페리,크루즈선에사용 | - Diesel engine, Generator, POD (Motor 포함)<br>- 조종성능 및 저진동/저소음성능 확보 가능<br>- 기관실 공간배치 및 전력수요에 탄력적 대응 가능<br>- 크루즈선, 쇄빙선에 주로 사용 |

그림 6-16 대표적인 추진 시스템 비교(I)

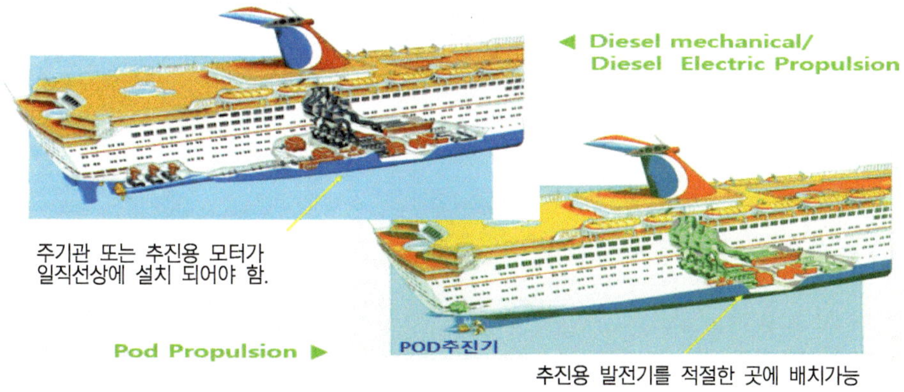


그림 6-17 대표적인 추진 시스템 비교(II)

## 연습문제

1. 디젤엔진/가스터빈 + 감속기어 + 워터제트(Waterjet) 추진시스템에 대해 설명하시오.

2. 선수미 양방향(Double Ended) 추진 시스템에 대해 설명하시오

3. 발전기 + 포드(POD) 추진 시스템에 대해 설명하시오

4. 가스터빈/디젤엔진 + FPP 추진 시스템에 대해 설명하시오

# 7장

## 선박용 추진기

## 7.1 개요

선박용 추진기는 수상에 떠 있는 선박 또는 수중의 잠수체가 어떤 속도로 운항할 때 대상체를 밀어주는 추진력을 발생시키는 장치이다. 오늘날 선박용 추진 장치는 선박의 특성과 사용 목적에 따라 여러가지 형태로 사용되어지고 있다. 가장 일반적인 형태로는 스크루형 추진기인 프로펠러가 엔진에 의해 회전하면 날개 양쪽면에 압력 차이가 발생하고, 전진 방향으로 힘을 받게 되어 물을 뒤로 밀어내게 되며, 그 반작용으로 추진력이 생겨서 선박을 전진시키게 된다.

추진기에서 요구되는 성능은 선속에 해당하는 추력의 발생과 엔진 마력의 흡수, 최고의 추진효율 발휘, 날개가 회전할 때 받는 물의 힘을 견디는 강도 등을 만족해야 한다. 그리고 날개가 회전할 때 날개 표면에 발생하는 캐비테이션으로 인한 문제점들이 최소화 되도록 유체역학적으로 정교하게 설계되어야 한다. 따라서 선박에 적용되는 추진기의 종류, 프로펠러의 성능을 결정하는 주요 요소, 캐비테이션 특성 등을 살펴보면 아래와 같다.

- 선박용 추진기의 종류
- 프로펠러 성능 결정 주요 요소
- 프로펠러 캐비테이션
- 프로펠러의 손상 및 보수법

# 7.2 선박용 추진기의 종류

## 7.2.1 프로펠러 추진기

### (1) 고정피치 프로펠러(FPP, Fixed Pitch Propeller)

- 선박용 추진기로 가장 많이 사용되는 나선형(Screw) 프로펠러 이다.
- 피치가 고정된 3~6개의 날개와 이를 고정하는 허브(또는 보스)로 구성되고, 단일체로 주조 되어진다.
- 회전하는 날개 유동으로 날개에서의 압력변화 즉, 흡입면(Suction side)에서는 압력이 낮아지고, 압력면(Pressure side)에서는 압력이 높아져 전진방향의 추력이 발생하게 된다.
- 자체 추진효율은 비교적 높은 편이다.
- 선박의 속도는 회전수의 조절로 변화시키고, 조작이 간편하며, 동합금 재질을 주로 사용한다.
- 어선, 군함, 유조선, LNG 운반선, 컨테이너선 등 모든 선종에 가장 많이 사용된다.

그림 7-1 고정피치 프로펠러

### (2) 가변피치 프로펠러(CPP, Controllable Pitch Propeller)

- 한 축에 달린 날개들이 각각 개별적으로 허브에 연결되어 있다.
- 회전하는 동안에도 허브속의 유압 연동장치로 피치를 임의로 변화시킬수가 있다.
- 주기관을 항상 같은 방향으로 돌리면서 피치의 조정으로 전진, 후진이 가능하고, 저속 운항 시에도 효율이 우수하여 연료비를 줄일 수 있다.
- 왕복동 기관의 역전 장치나, 후진 터빈이 필요 없으므로 중량과 원가를 줄일 수 있고, 날개의 손상시 날개별로 교환이 가능하다.
- 피치 조정 장치를 수용하기 위해 허브가 다소 커지고, 축계 구조가 복잡해지며, 초기 비용이나 보수 유지비가 비교적 높은 편이다. 고정피치 프로펠러 보다는 효율이 좀 낮다.
- 군함, 여객선, 예인선, 트롤어선, 도선, 소해정 등 운항 조건이 심하게 바뀌는 선박에 효과적으로 사용된다.

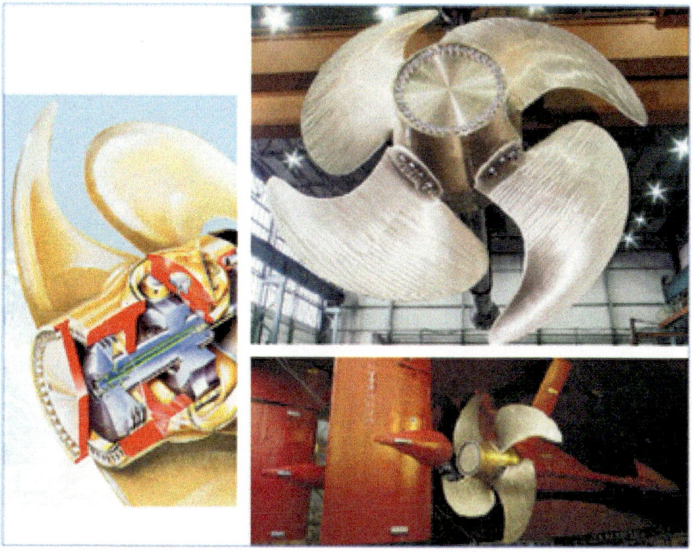

그림 7-2 가변피치 프로펠러

### (3) 덕트 프로펠러(Ducted Propeller, Nozzle Propeller)

- 프로펠러 축과 중심이 같게 설계된 덕트나 노즐로 프로펠러를 둘러싼 것으로, 부하가 큰 경우 덕트 영향으로 효율을 올릴 수 있으며, 가속형과 감속형이 있다.
- 덕트의 세로 단면들은 에어포일(Airfoil) 형상이며, 통상 길이는 직경의 1/2 수준이다.
- 덕트는 형상에 따른 물의 가속과 그 압력차에 의해 추력에 가해지는 효과도 크므로 추진효율의 증대도 꾀할 수 있다. 이 경우 날개끝 보오텍스(Vortex)에 의한 덕트내 캐비테이션 발생으로 진동 소음의 원인이 될 수도 있으므로 덕트 위치를 잘 선정하여야 한다.
- 덕트 프로펠러의 주된 목적은 계류상태나 저속에서 예인력을 크게 하는데 있다.
- 단독 운항 상태에서는 속력이 증가함에 따라 덕트의 저항이 증가하므로 덕트가 없는 경우보다 속력이 낮아진다.
- 가속형은 예인선에 주로 사용되며, 감속형은 캐비테이션 소음을 줄일 수 있으므로 군함에 사용된다.

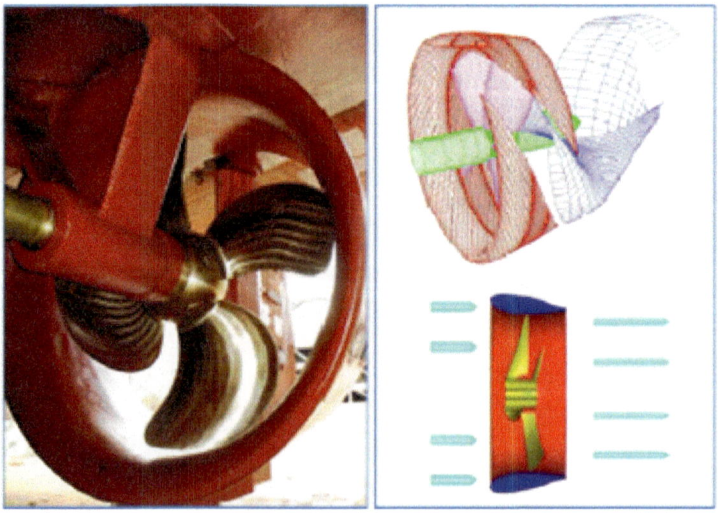

그림 7-3 덕트 프로펠러

### (4) 상반회전 프로펠러(상호반전, Contra Rotating Propeller)

- 동일 축에 회전 방향이 다른 두 개의 프로펠러를 설치하여 앞쪽 프로펠러의 후류에 주어지는 회전 운동 에너지를 회수하여 추진효율을 높일 수 있도록 고안된 프로펠러이다.
- 이 경우 뒤쪽 프로펠러는 앞쪽 프로펠러 후류관의 수축량 만큼 줄어든 직경을 가져야 하며, 그것이 흡수해야 할 동력에 알맞게 설계된 피치를 가져야 한다.
- 추진효율이 약 6~7% 향상되며, 단일 프로펠러 보다 토크 균형이 잘 유지된다.
- 프로펠러의 직경이 작아져 캐비테이션에 의한 변동압력이 감소되어 진동 특성이 개선되어 진다.
- 주기관의 중량 및 원가가 절감되지만, 기어박스는 구조의 복잡성으로 원가가 증가한다.
- 반대 방향으로 회전하는 동심축의 설치에 따른 구조의 복잡성과 수밀문제가 있으며, 초기 설치비가 증가하게 된다.
- 최근에는 러더에 뒤쪽 프로펠러를 설치하여 구조의 복잡성을 회피한 경우도 있다.
- 산적화물선 및 대형유조선과 직진성이 요구되는 어뢰의 추진용으로 사용되고 있다.

그림 7-4 상반회전 프로펠러

### (5) 연직축 프로펠러(Voith Schneider Propeller)

- 선미 바닥의 편평한 표면에 맞추어 설치된 큰 회전원판 위에 다수의 스페이드(Spade) 모양의 연직 날개들이 꽂혀있는 형식으로 되어있다.
- 원판이 연직축에 대하여 회전할 때, 그 날개들이 각각 그들 자신의 연직축에 관하여 회전하면서 추력을 발생시키고, 그들의 운동은 이들 추력의 합력이 한 방향으로 집중되도록 조정되어 진다.
- 프로펠러의 추력을 조절함으로써 배를 멈추거나 조종을 할 수 있게 된다. 혼잡하고 협소한 곳에서 저속의 조종성능이 요구되는 선박에 적합하다.
- 효율이 좋지 않고 유지비가 많이 소요되는 단점이 있다.
- 소형 작업선 및 군함(소해정) 등에 사용된다.

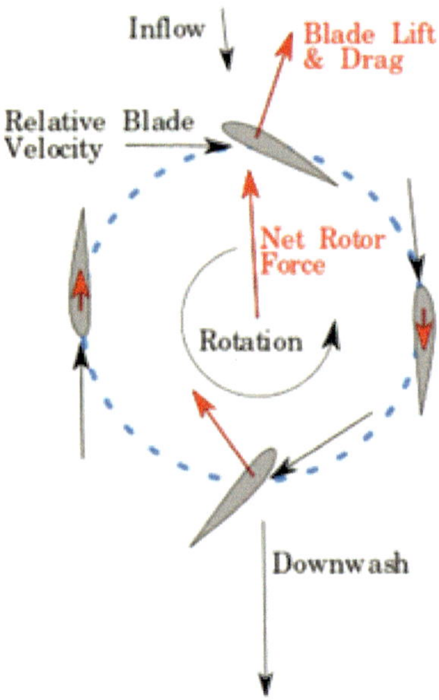


그림 7-5 연직축 프로펠러

## 7.2.2 기타 추진기

### (1) 워터제트 추진기(물제트, Water Jet, Jet Nozzle Propeller)

- 선체내에 설치된 펌프를 이용하여 바깥의 물을 빨아들여 가속하여, 높은 속도로 선미로 분사하는 추진기로서 움직이는 부분이 모두 선체 내부에 있다.
- 워터제트 추진기는 고속으로 운항 할수록 효율이 증가하고, 임펠러가 유도관 내부에서 회전하므로 캐비테이션 관점에서도 유리하다.
- 구성은 흡입구(바닥에서 물을 빨아 들이는 부분), 유도관 (흡입구에서 펌프까지의 관로), 펌프(축에 연결된 회전하는 임펠러와 흐름을 좋게 하는 스테이터), 노즐(물을 선미로 분사하는 부분), 조향장치(유동의 방향 조절로 배의 진행 방향 조절) 및 유압 제어장치 등으로 구성 된다.
- 진동과 소음을 줄일 수 있어 고속여객선, 고속함정, 어선, 수륙양용 장갑차 등에 활용되며, 최근에는 대형 선박 및 초고속선의 추진 장치로 활용성이 증가되고 있다.

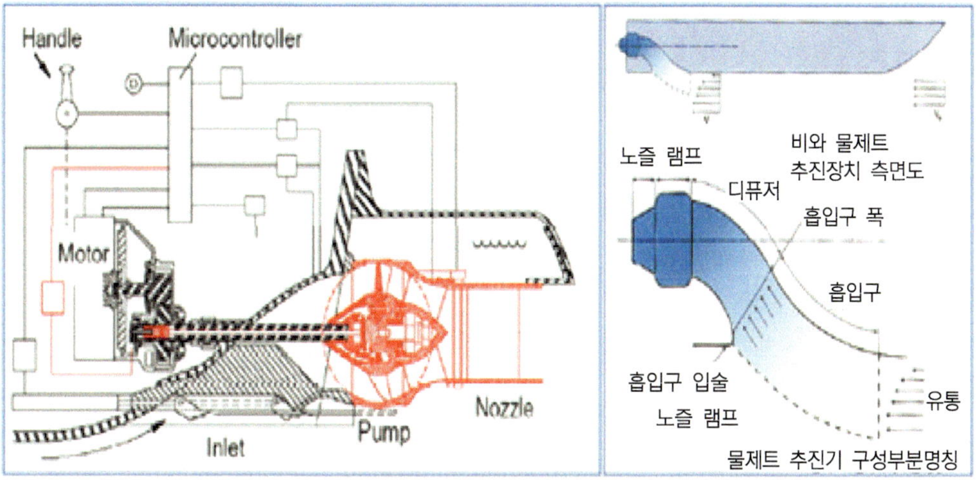


그림 7-6 워터제트 추진기

### (2) 포드 추진기(선회식 전기 추진기, Podded Type Propeller)

- 포드 추진기는 동력 전달과정이 주기관-발전기-모터-추진기로 이루어 진다.
- 주요 POD 제품으로는 아래와 같다.
  - Azipod, CRPod : ABB + KSRI
  - Mermaid, Inovelis : Converteam + KAMEWA
  - SSP : Siemens + Schottel
  - Dolphin : STN + Lips
- 조종성능, 토크 성능 등의 우수성으로 쇄빙선, 쇄빙탱커, 쇄빙 LNG선, 해양조사선 등에 사용 되고, 우수한 진동 소음 특성으로 크루즈선, Ro-Pax 선 등에 사용된다.

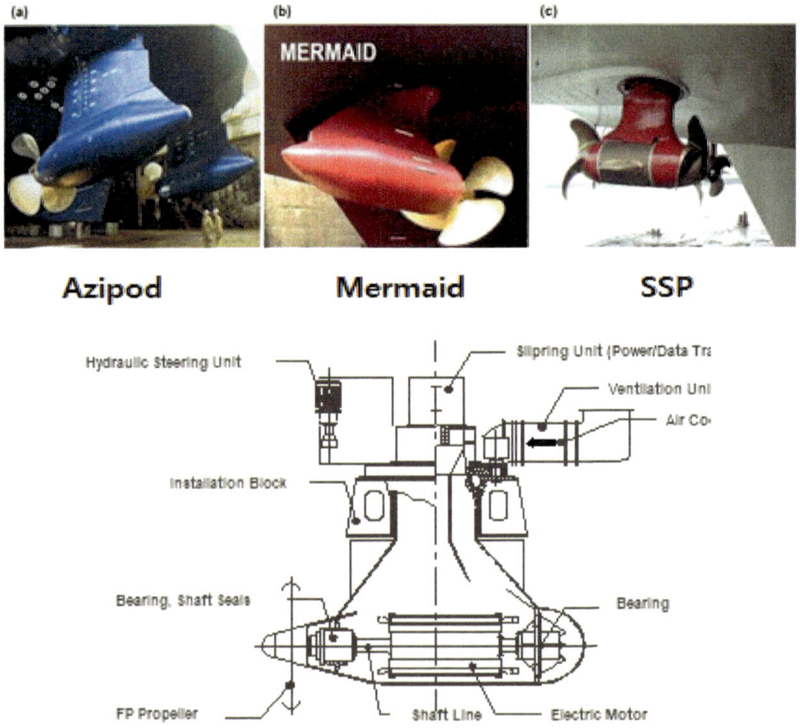


그림 7-7 포드 추진기

- 포드 추진기의 장점은 다음과 같다.
  - 주기관과 추진기를 분리 설치함으로써 기관실 용적 감소, 구획 배치의 유연성 증가
  - 추진기 자체의 회전에 의하여 추진방향을 선회하므로 조종 성능이 우수
  - 조타성능을 유지한 상태에서 급정지(Crash Stopping) 능력이 우수
  - 균일류 중에서 추진기가 작동하므로 캐비테이션 감소, 진동 및 소음성능이 우수
  - 부가물이 없으므로 축계, Strut 및 타에 의한 부가저항이 감소하고 선형이 단순화 되어 추진효율이 좋아짐
  - 상반회전 프로펠러(CRP) 설치 시 추진효율 증가 (그림 7-8 참조)
- 포드 추진기의 단점은 다음과 같다.
  - 시스템 전체로서 중량이 커지고, 제조 원가가 높음
  - 동력의 변환과정을 거치면서 동력원으로부터 추진 장치에 이르는 동력의 손실이 큼 (기존 축계 시스템의 경우 축 전달효율이 약 0.985에 이르지만 POD 추진 시스템에서는 0.908로 약 7.7% 정도 작음)

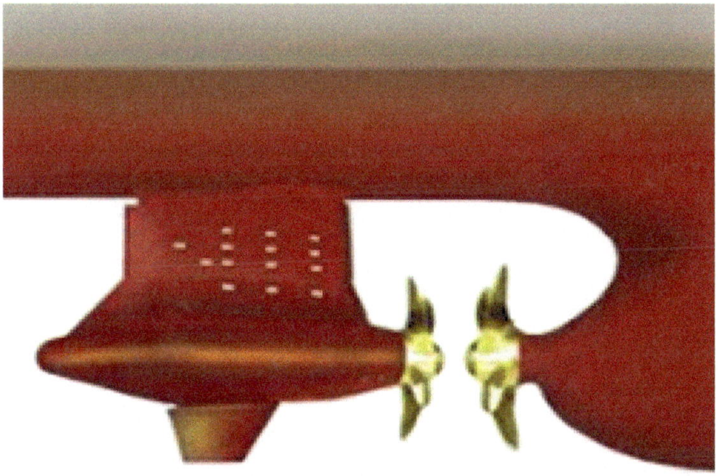

그림 7-8 상반회전 포드 추진기

### (3) RIM 추진기(RIM Driven Thruster, 테 구동 프로펠러)

- RIM 추진기는 형상은 덕트 프로펠러와 유사하나, POD와 같이 전기를 이용하는 추진기이다.
- 프로펠러의 중심축에 동력을 전달하지 않고, 외곽의 테에 전기력을 발생시켜 날개를 회전시킨다. 축이 없고 물거품을 적게 만들어 기존의 추진기 보다 훨씬 조용하다.
- 장점으로는 진동과 소음이 거의 없으며, 캐비테이션 문제 해결 및 유지 보수비가 저렴하다.
- 진동과 소음이 거의 없으므로 소형 선박에 일부 적용되고 있으며, 미국 및 중국에서 차세대 원자력 잠수함에 적용될 예정이다.

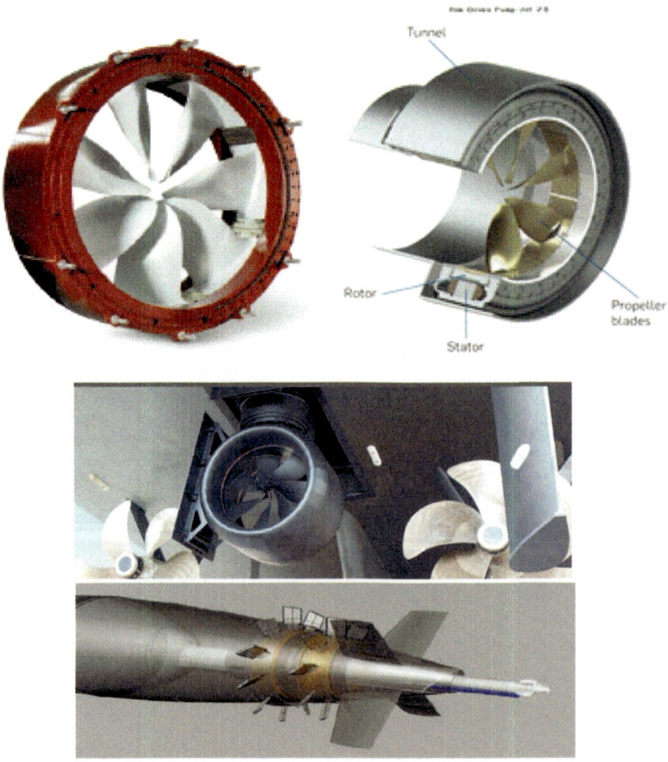


그림 7-9 RIM 추진기

### (4) 초전도 전자 추진기

- 초전도 전자 추진기는 전자 유체력(MHD, Magneto Hydro Dynamics)을 이용한 추진기로서 자기장과 전류를 조절해서 동력을 얻는 추진기이다.
- 플레밍의 왼손법칙을 활용한 모터의 원리를 선체에 응용한 것으로서 선체 밑에 초전도 자석을 설치해 해수에 자기장을 걸어주고 이 자기장과 교차시켜 해수에 전류를 흘리면 전자력이 발생하는 원리이다.
- 장점으로는 진동과 소음이 거의 없으며, 캐비테이션 문제 해결 및 제어성이 뛰어나다.
- 해결해야 할 과제로는 실용선이 없으며 일본에서 실험선 제작(1992년 야마토 1호) 수준이다. 상온초전도 신소재 개발이 필요하고 염소의 흡수 처리 기술 및 강한 자기장의 영향 처리 및 해양 환경 파괴 문제를 해결하여야 한다.
- 진동과 소음이 거의 없으므로 잠수함 등에 활용 가능하다.

바다위를 달리는 YAMATO-1(좌)와 배의 후위(우)

그림 7-10 초전도 전자 추진기

# 7.3 프로펠러 추력발생 원리 및 설계방법

## 7.3.1 프로펠러 추력발생 원리

- 프로펠러가 엔진에 의해 회전하면 물을 뒤로 밀어내게 되고, 그 반작용으로 추진력이 생겨 선박을 전진시키게 된다.
- 자세히 살펴보면 프로펠러는 여러 개의 날개를 갖고 있고, 이 날개들은 회전면과 각을 가지고 있어서 추진기가 회전하면 날개의 한쪽 면은 물을 뒤로 밀어내고 반대면은 앞쪽의 물을 빨아들이게 된다.
- 물을 밀어내는 면은 압력이 높아지고, 빨아들이는 면은 낮은 압력이 되어 흡입력을 받게 된다.
- 따라서 추진기가 회전하면 이러한 날개 양쪽면의 압력 차이가 발생하고, 전진 방향으로 힘을 받게 되어 추진력이 생기게 된다.

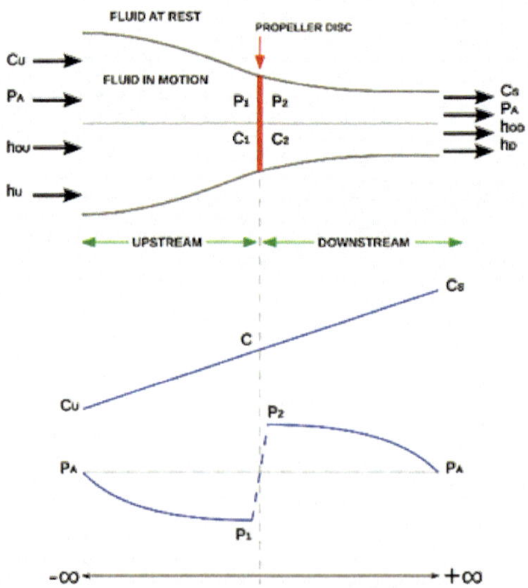


그림 7-11 프로펠러 추력발생 원리

## 7.3.2 프로펠러 설계방법

### (1) 날개 요소 이론(Blade Element Theory)

- 프로펠러 날개를 축 중앙을 중심으로 하는 원통면으로 잘라내어 얻어지는 날개 요소는 2차원 항공기 단면을 갖는다.
- 양력은 날개의 방향과 직교하는 성분으로, 균일한 유동장에 놓인 윗면이 볼록한 2차원 날개 단면 주위의 유선으로 나타낼 수 있다. 이러한 단면에서 날개 위쪽의 유선 간격은 아래쪽보다 좁으므로 질량보존의 법칙에 따라 윗면을 지나는 유속은 아랫면을 지나는 유속보다 빨라진다.
- 따라서 베르누이 방정식을 적용하면 날개 윗면에서의 압력은 아랫면보다 낮아지며 2차원 날개 단면에 작용하는 압력을 적분하면 양력이 얻어진다.
- 이론적 방법 또는 풍동 등에서의 날개 단면에 대한 실험 결과를 사용하여 날개 요소에 작용하는 힘을 구한다. 그리고 이러한 날개 요소에 대한 힘을 반지름 방향으로 적분하여 추력과 효율을 산정한다.
- 이 이론의 장점은 날개요소 주위의 유체 역학 현상을 고려함으로써 좀 더 실제에 가까운 현상으로 설명을 해주는 것이다. 하지만 날개 단면들 사이의 간섭 또는 각 날개 사이의 간섭이 고려되지 못한다는 단점이 있다.

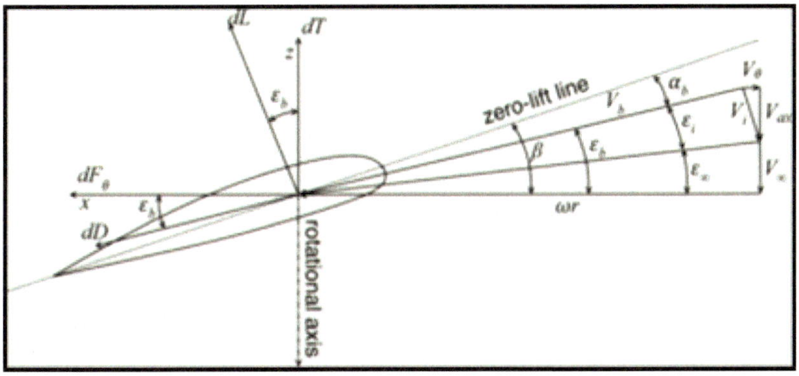


그림 7-12 프로펠러 날개 요소 이론

### (2) 순환 이론(Circulation Theory)

- 부하가 크기 때문에 캐비테이션의 우려가 있는 프로펠러나 매우 불균일한 반류분포 속에서 작동해야 할 프로펠러에 대하여 세밀한 설계를 행하기 위해 사용하는 방법이다.
- 설계 도표를 이용하는 설계방법에서는 선미부 흐름에 대한 평균값을 기준으로 하여 원판에 걸친 반류의 변화를 제대로 고려하지 않았으며, 날개면적 또한 캐비테이션을 피하기에 충분한 크기로 하였다.
- 그러나 순환이론에서는 날개를 반경에 걸쳐 몇 개의 조각으로 나누고, 각각의 요소에 대하여 그 부분의 평균 반류에 알맞고 최적 효율을 주며 캐비테이션을 일으키지 않는 날개의 폭, 단면의 모양, 피치, 효율 등을 산정한다.
- 즉, 프로펠러 날개 요소에서 발생하는 양력을 순환 흐름이 있는 균일한 흐름 속에서 와류 필라멘트에 발생하는 가로방향(흐름에 직각)의 힘으로 본 것이다.
- 이들 힘의 크기는 다음과 같은 Kutta-Joukowski의 식으로 부터 계산된다.

$$L = \rho \Gamma V_o$$

여기서 $\rho$ : 유체의 밀도, $\Gamma = 2\pi c$ : 순환 흐름의 세기,

$V_0$ : 균일한 흐름의 속도 이다.

- 그리고 프로펠러 전체의 추력과 토크는 각 요소에 대한 추력과 토크 곡선을 적분하여 구하며, 이를 토대로 효율을 계산한다.
- 하지만 이러한 순환이론에 의한 설계에 있어서도 구체적인 작업을 행하자면 그 치수들을 알아야 하므로 초기값은 표준 설계도표에서 찾아내는 것이 보통이다.
- 순환이론은 양력선 이론을 도입하게 됨에 따라 프로펠러 원판의 반경에 걸친 각 단면의 유기 속도를 계산할수 있고, 또한 그에 따른 축방향과 반경방향의 유입 계수를 얻을 수 있어 최적효율의 프로펠러를 설계할 수 있다는 것이 큰 장점이며 이론이 복잡하며 관련 계산 과정이 단순치 못하다는 것이 단점으로 지적되어 진다. 하지만 이런 단점들은 컴퓨터의 발전과 함께 관련 계산프로그램의 개발을 통하여 많은 개선이 이루어져 왔다.

## (3) 프로펠러 계열도표

### 1) 프로펠러 계열도표의 특성

- 모형 프로펠러의 계열에 대한 단독시험 결과로부터 얻어진 설계도표로서 이들 도표에는 피치비, 날개의 면적, 날개수 및 단면의 모양 등의 여러가지 설계 파라미터들의 계통적 변화에 따른 특성을 정리한 곡선들이 나타나 있다.
- 따라서 설계하고자 하는 프로펠러 특성이 계열 도표상의 기준 모형과 유사한 경우, 요구되는 설계조건에 맞은 프로펠러를 신속, 용이하게 설계할 수 있다.

### 2) 프로펠러 계열도표의 종류

- NSMB 계열(Wageningen Series)
  - A Series : 날개 끝이 비교적 좁고, 날개 뿌리에서 피치 20% 감소, 에어포일 단면, 높은 효율을 나타내지만 추력 계수가 낮고 캐비테이션 우려가 없는 경우에만 적합
  - B Series : 단면의 모양이 0.7R 까지는 에어포일 형이고, 0.8R부터 날개 끝까지 뒷면이 원형이며, 캐비테이션의 경향이 감소
  - A, B Series 전체적으로 날개의 수를 2~7개인 프로펠러를 다루고 있으며, 날개 면적비를 광범위하게 변화시키고 있음. 모든 선박의 프로펠러 설계 시에 광범위하게 사용됨.
- MAU 계열 : 일본에서 개발, 날개수 2~6개를 대상으로 하며 일반 상선용 프로펠러로 사용 (Modified Airfoil-Unken Section)
- Gawn 계열 : 광폭, 날개수 3개로서 주로 군함용 프로펠러 설계시에 활용

### 3) 프로펠러 단독성능 곡선도

- 프로펠러 단독성능 시험에서는 직경 $D$, 피치 $P_i$, 전개면적비 $A_E/A_O$ , 날개수 $Z$를 갖는 모형프로펠러들을 프로펠러 전진 속도 $V_A$와 프로펠러 회전수 $n$에 대하여 작동시켜서 그때의 엔진 토크 $Q$와 프로펠러 추력 $T$를 계측한 후, 그 결과들을 다음과 같이 무차원화된 계수로서 표시한다.

$$K_T = \frac{T}{\rho n^2 D^4} \text{ : 추력계수, } K_Q = \frac{Q}{\rho n^2 D^5} \text{ : 토크계수}$$

$$\eta_O = \frac{J}{2\pi} \times \frac{K_T}{K_Q} \text{ : 프로펠러 효율,}$$

$$V_A = V(1-w) \text{ : 프로펠러 전진속도}$$

여기서 . $V$ : 배의 속력($m/s$)

. $T$ : 프로펠러가 내는 추력($KN$)

. $Q$ : 프로펠러가 엔진으로부터 흡수한 토크($KNm$)

. $n$ : 주기관 회전수($1/s$), 만일 주기관과 프로펠러가 직접 연결 되어 있다면 주기관 회전수 =프로펠러 회전수

. $D$ : 프로펠러 직경 ($m$)

. $P_i$ : 프로펠러의 피치 ($m$)

- 위의 계수들을 그림 7-13과 같이 나타낸 것을 프로펠러 단독성능곡선 (Propeller Open Water curve : POW-curve) 이라고 하며, 이것은 Wageningen의 B-시리즈 프로펠러 중 날개수 3 면적비가 $A_E/A_O = 0.60$ 인 B3.60 프로펠러의 단독성능곡선의 예를 나타낸 것이다.
- $K_T, K_Q, J$ 는 모두 무차원 값이므로, 실선 프로펠러와 모형 프로펠러가 그 형상이 기하학적으로 상사하다면, 그 실선과 모형 프로펠러의 $K_T, K_Q, J$ 의 관계는 같다고 할 수 있다. 따라서 모형프로펠러의 수조 단독성능시험 결과를 그림 7-13에 보인 것과 같이 정리해 놓으면, 실선 프로펠러 성능을 추정할 수 있다.

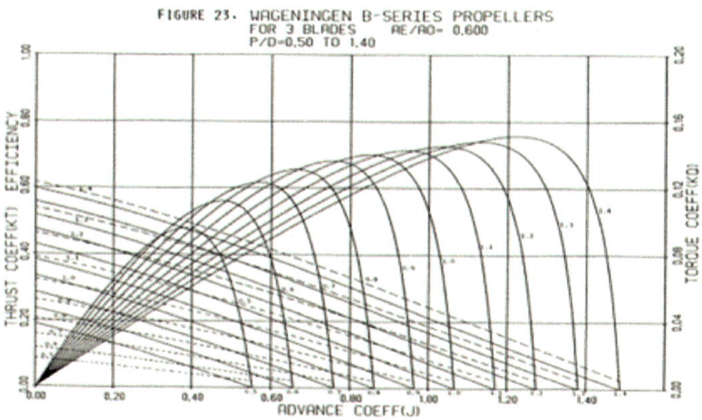


그림 7-13 프로펠러 단독성능 곡선도

4) Wageningen B-Series 도표( $\sqrt{B_P}-\delta$ 도표)

- NSMB의 B 계열 모형 프로펠러에 대한 단독시험 결과 자료를 토대로한 $\sqrt{B_P}-\delta$ 곡선으로서 프로펠러의 초기설계에 많이 사용하는 도표이다.
- 가로축에 출력계수 $B_P$(Power Coefficient)의 제곱근 $\sqrt{B_P}$ 를 잡고, 세로축에 피치비 P/D를 잡은 평면위에 프로펠러 단독성능 $\eta_o$가 같은 값을 나타내는 곡선군과 지름계수 $\delta$(Diameter Coefficient)의 값을 나타내는 곡선군이 함께 나타나 있는 도표이다. 여기에서 출력계수 $B_P$와 지름 계수 $\delta$ 는 다음과 같다.

$$B_P = \frac{NP_D^{0.5}}{V_A^{2.5}}, \quad \delta = \frac{ND}{V_A}$$

- 이 도표를 이용하면 전달마력, 전진속도, 회전수가 구해졌을때 $B_P$를 계산하고, 이를 도표에 넣어 최대효율을 주는 $\delta$와 피치비를 찾을 수 있으며, $D=\delta V_A/n$ 의 관계식으로부터 직경 D를 계산할 수 있다. 또한, 프로펠러 직경이 특정치로 제한되는 경우에도 그에 따른 $B_P$와 $\delta$를 계산하여 적용하면 상응하는 피치비와 프로펠러 효율을 읽을 수가 있다.

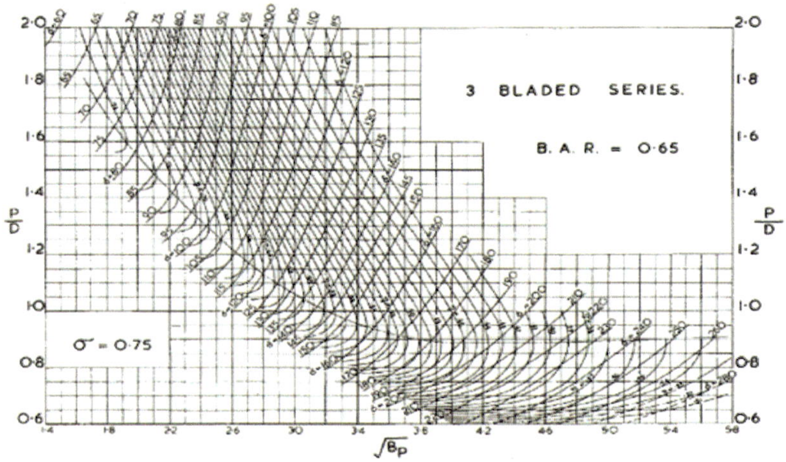


그림 7-14 $\sqrt{B_P}-\delta$ 도표

## 7.4 프로펠러 성능 결정 주요 요소

### 7.4.1 프로펠러가 갖추어야할 성능

#### (1) 프로펠러가 갖추어야할 주요한 성능

- 선박의 속력을 달성하기 위한 추력의 발생
- 최고의 추진효율 발휘
- 날개가 회전할 때 받는 물의 힘을 견디는 충분한 강도 유지
- 날개가 회전할 때 표면에 발생하는 캐비테이션의 최소화 및 낮은 기진력 발생

#### (2) 프로펠러 성능의 양면성

- 프로펠러의 성능은 효율 측면과 캐비테이션 성능 사이의 조화가 요구됨

- 효율이 우수한 프로펠러는 캐비테이션에 견디는 능력이 떨어짐.
- 캐비테이션 성능이 우수한 프로펠러는 효율이 좋지 않음.

- 쌍축선의 경우에는 프로펠러 회전 방향에 따른 효율과 캐비테이션 성능의 조화가 요구됨.

## 7.4.2 프로펠러 성능을 결정하는 요소

### (1) 날개수(Z)

- 프로펠러 효율의 관점에서는 적은 날개수를 채택하는 것이 좋다. 날개수가 3~4개 이상이 되면, 허브 근처에서 날개들 사이에 간섭 현상이 나타나고 효율이 떨어지게 된다. 그러나 날개수를 증가시키면 한 날개당의 추력이 감소하고, 이에 따라 교란력의 강도가 약해져 캐비테이션 발생이 지연된다.
- 날개수는 프로펠러의 회전수와 연관하여 선체 및 축계와의 공진을 회피하는 것이 매우 중요하다. 모든 영역에서의 공진을 피하는 것은 어려우므로 운항 속력에 해당하는 회전수에서의 회피를 위해 선체 진동해석을 통해 1차 및 2차 날개수 기진주파수 영역을 피하여야 한다. 공진을 피하기 위해서는 통상 날개수를 증가 시키게 된다. 그 결과 최근에는 날개수가 4~5개인 선박이 많으며 대 마력의 주기를 장비한 배에서는 6개가 사용되기도 한다.

### (2) 프로펠러 직경(D)

- 흘수를 비롯한 여타의 제한 조건이 없다면 가능한 직경을 크게 하는 것이 유리하다.
- 이는 반류계수의 감소에 의한 선체효율 감소를 상쇄시키고도 효율 측면에서 유리하기 때문이다.

### (3) 충분한 날개끝 간극(Tip Clearance) 확보

- 프로펠러 날개끝에서 선체까지의 거리를 날개끝 간극이라고 하며, 프로펠러 유기 기진력이 선체에 바로 전달되는 것을 막기위한 거리이다.
- 선종 및 선형에 따라 간극의 차이가 크며, 통상 0.1D ~ 0.25D 의 범위이다.

### (4) 피치

- 피치가 너무 커지면 수류의 입사각이 캐비테이션의 발생을 용이하게 하게 된다.
- 이에 따라 프로펠러 원판에 대한 반류분포를 함께 고려하여, 날개 끝에서 뿌리에 걸친 일부 구간에 있어서 피치비를 달리 취하는 경우가 많으나, 피치분포는 프로펠러 효율에는 그다지 큰 영향을 미치지 않는다.

### (5) 캠버

- 캠버는 날개 단면의 코드 선에서 평균 두께 선까지의 거리로서 코드 방향으로 적절한 하중 분포를 얻도록 결정되어야 하며, 피치 분포의 변화와 연동하여 날개의 효율 최적화가 수행되어 결정된다.
- 최근에는 각 반경별로 변동되는 캠버의 수용으로 프로펠러 하중 분포를 다르게 받도록 조정함으로써 캐비테이션을 감소시키고, 효율의 증대를 꾀하기도 한다.

### (6) 날개 면적(확장 면적)

- 날개의 면적은 캐비테이션을 피할 수 있도록 적절한 크기로 선정하여야 하며, 날개 면적이 너무 작아 날개 단위 면적당의 추력이 너무 커지면 프로펠러 날개의 뒷면에서의 압력 저하로 캐비테이션이 발생하기 쉬워진다.
- 그러나, 날개면적비가 작을수록 프로펠러 단독효율은 높아진다.

### (7) 프로펠러 회전수

- 회전수가 낮을수록 프로펠러의 단독효율은 좋아지게 된다. 하지만 이에 상응하여 프로펠러 직경이 커져야 하기 때문에 흘수의 제한을 받으면 불가능해 진다.
- 회전수는 추진의 관점뿐만 아니라, 축계 베어링 설계도 포함하여 검토 및 결정해야 한다.
- 고속선의 프로펠러 회전수는 추진기관의 축계 회전수와 감속기어의 사용 범위 등을 고려하여 최적으로 선정하는 것이 필요하다.

### (8) 스큐(Skew)

- 날개들을 회전방향의 반대쪽으로 후퇴시킴으로써 날개의 끝이 선체와 부속물의 뒤쪽 반류 집중 구역을 더 한층 원활하게 통과하도록 하여 프로펠러에 걸리는 힘을 감소시킬 수 있다.
- 기진력이 최소화되는 스큐 분포를 갖는 것이 캐비테이션 발생지연 관점에서 유리하므로, 최근에는 균형 스큐(Balanced Skew) 분포를 갖도록 설계되어 진다.

### (9) 경사(Rake)

- 프로펠러 날개들은 일반적으로 약간 뒤쪽으로 경사되어 있는데, 이는 선체, 보싱 또는 축 브래킷과의 간격을 증가시켜 반류집중 구역을 더 한층 원활하게 통과하게 함으로써 프로펠러에 걸리는 힘을 감소시키기 위한 목적이다.
- 선체 진동의 원인이 되는 선체표면 변동압력을 감소시키는 이점이 있다.

### (10) 날개 단면과 날개 두께

- 프로펠러 단면의 두께는 강도를 만족하는 한도 내에서 가능한 한 얇게 만드는 것이 유체 동력학적 측면에서 효율에 유리하다. 예전에는 반경 방향의 두께 분포를 직선으로 하였으나, 최근에는 선급규칙에서 요구하는 0.7R에서의 두께를 갖는 곡선화된 분포가 되도록 설계되어 진다.
- 에어포일형과 앞면이 편평하고 뒷면이 둥근 단면의 형이 주로 사용되어 지는데 캐비테이션의 면에서는 후자가 유리하고, 효율은 전자가 좋다. 이에 따라 최근에는 캐비테이션이 일어나기 쉬운 날개 끝 부분만 원호 형상을 한 것도 있다.

### (11) 날개 윤곽

- 날개 코드 길이는 하중 분포와 캐비테이션 마진을 고려하여 선정하여야 한다.
- 끝이 얇은 것이 프로펠러의 단독효율이 크고, 공기 흡입의 우려가 작다.
- 부하가 큰 경우 날개 끝의 추력이 과대하게 되어 캐비테이션이 일어나기 쉽다.

### (12) 몰수율(I/D)

- 몰수율이 감소함에 따라 효율이 떨어지고, 캐비테이션 발생 가능성이 증가한다.
- 몰수율이 아주 작은 배에서는 프로펠러가 수면 가까이 가면 공기 흡입이 일어나고, 회전수가 증가하며 추력이 급격히 줄어드는 경우도 있다. 통상 몰수율은 0.60D 이상이 요구된다.

## 7.5 프로펠러 캐비테이션

### 7.5.1 캐비테이션(Cavitation) 발생원인

- 캐비테이션은 부하가 높은 프로펠러가 어떤 임계 회전수를 넘는 속도로 구동될 때 일어나는 현상이며, 날개주위의 흐름이 점진적으로 교란되고 그 결과로 추력 손실이 발생하게 된다.
- 캐비테이션은 프로펠러와 유체와의 경계면에서 국부압력이 증기압 이하로 떨어질 때 발생하지만, 해수에는 혼합된 공기와 불순물이 많이 포함되어 있어서 이들이 캐비티 발생을 촉진하기 때문에 증기압보다 높은 상태에서 캐비티가 발생하기도 한다.
- 프로펠러가 회전할 때 각 회전각에 따라 유입속도가 달라서 캐비테이션은 특정 각도 영역에서만 발생하게 된다. 따라서 캐비테이션은 주기적으로 생성, 성장, 붕괴 및 소멸 과정을 반복하게 된다.

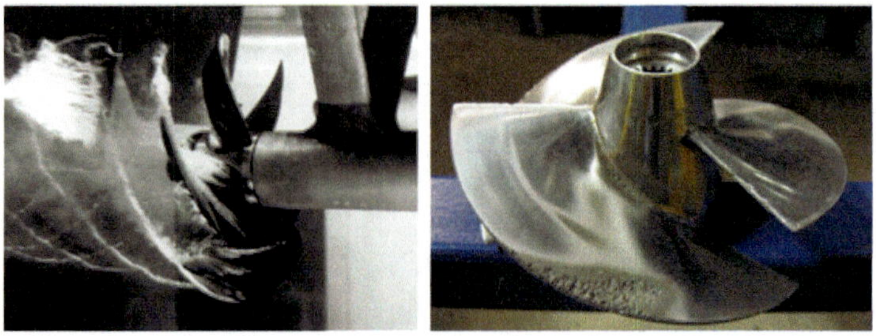

그림 7-15 캐비테이션 현상과 침식

## 7.5.2 캐비테이션 터널(Cavitation Tunnel)

- 수조내부에 압력 조절 장치가 있는 밀폐 수조로, 축소 모형 추진기를 설치하여 실선의 운항 상태와 같은 조건(추력, 캐비테이션 수)에서 모형 프로펠러 거동을 관찰한다.
- 대형 공동수조 : 예인수조 모형선에 프로펠러를 부착한 상태로 시험의 수행이 가능한 수조이다.
- 주요시험으로는 공동 발생 시험, 공동 관측시험, 변동압력 계측, 소음계측 시험, 프로펠러 단면 최적화 시험 등이 있다.

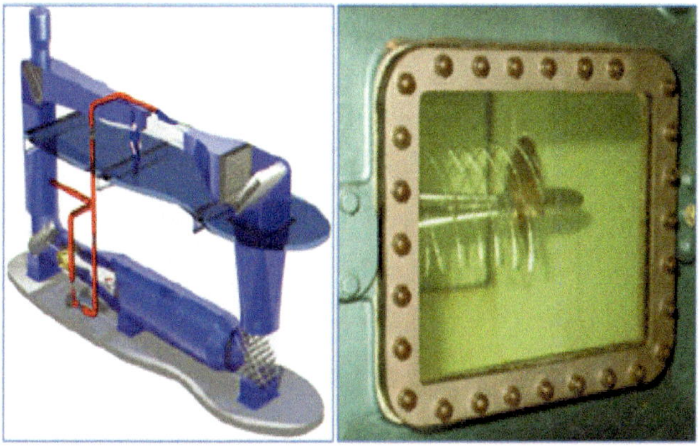

그림 7-16 캐비테이션 터널

- 캐비테이션 수는 다음과 같은 식으로 나타낼 수 있다.

$$\sigma = \frac{P_o - P_v}{\frac{1}{2}\rho V_A^2}$$

여기서 $P_o$는 정역학적 전압력 즉 정적 유체압과 대기압의 합계, $P_v$는 유체의 온도에 지배되는 증기압 이다.

### 7.5.3 캐비테이션 상태의 프로펠러에 대한 상사법칙

- 프로펠러의 추력계수는 다음과 같은 함수 형식으로 표시할 수 있다.

$$\frac{T}{\frac{1}{2}\rho D^2 V_A^2} = f\left(\frac{\delta D}{V_A^2}, \frac{nD}{V_A}, \frac{P}{\rho V_A^2}, \frac{\nu}{V_A D}\right)$$

- 따라서 크기가 다른 2개의 기하학적 상사 프로펠러에 있어 우변의 항이 같다면 흐름의 모양도 상사할 것이고, $T/\frac{1}{2}\rho D^2 V_A^2$ 의 값도 같아진다. 이것은 첫째 항은 두 프로펠러의 Froude 수, 둘째 항은 두 프로펠러의 Slip 비 J(슬립 함수), 넷째 항은 두 프로펠러의 Reynolds 수가 같아야 한다는 것을 의미한다.
- 캐비테이션과 연관되는 것은 압력 $P$가 포함된 세 번째 항으로 캐비테이션이 일어나는 프로펠러의 모형시험에 있어서는 이 값은 실물과 모형이 같도록 하여야 한다는 것인데, 이것은 캐비테이션 수가 같아야 한다는 것이다.

$$\sigma = \frac{P_o - P_v}{\frac{1}{2}\rho V_A^2}$$

- 그러므로 캐비테이션이 있는 프로펠러에 대한 시험을 수행하자면 다음과 같은 네 가지 요구 조건을 만족시켜야 한다.

① 실물과 같은 Froude 수의 전진속도로 모형시험을 실시할 것

② 날개 단면위의 Reynolds 수가 같을 것

③ Slip이 같을 것

④ 실물과 같은 캐비테이션 수에서 실험을 실시할 것

①과 ②의 요구조건은 실제 모형시험과 마찬가지로 양립할 수 없는 것이다. 이에 따라 보통 경우 이들 두 가지의 요구 조건 중에 ②의 조건이 일반적으로 덜 중요하다고 생각하여 Reynolds의 법칙이 정확히 지켜지지 못하더라도 모형을 가능한 크게 만들어 마찰 척도 효과를 줄일 수 있을 것으로 기대하고 있다. 한편 ④를 만족시키기 위해서는 모형의 축척에 알맞게 압력을 줄일 수 있는 시설에서 실험을 실시해야 하고, ③을 만족시키기 위해서는 모형 프로펠러를 실물과 똑같은 Slip에서 즉 동일한 $V_A/nD$ 에서 실험하여야 한다.

## 7.5.4 캐비테이션(Cavitation)의 종류

- 얇은막 캐비테이션(Sheet Cavitation) : 날개의 앞면 앞날부터 시작하여 얇은 층의 기포가 발생, 보통 안정적이나 공동의 크기 변화가 선체 진동의 주요 원인이 된다.
- 구름 캐비테이션(Cloud Cavitation) : 압력이 낮은 날개 뒷면 앞날 근처에서 발생한 캐비티가 유선을 따라 코드 방향으로 성장하여 흐르는 경우이다.
- 기포 캐비테이션(Bubble Cavitation) : 고속 프로펠러의 경우 날개가 비교적 두껍고, 받음각이 작은 날개의 뒷면 최대 두께에서 발생, 불안정하여 성능저하, 날개침식을 초래한다.
- 앞면 캐비테이션(Face Cavitation) : 유효 영각이 음이 될 경우 앞날에서 가장 가까운 앞면 부분에서 압력이 떨어지며 발생, 날개침식 요인의 하나이다.
- 뒷면 캐비테이션(Back Cavitation) : 앞날에서 시작한 얇은 캐비티면이 날개의 두꺼운 부분을 통과하면서 뒷부분에 거품이 발생, 압력이 높은 곳에서 파괴된다. 침식의 주원인이 된다.
- 팁 캐비테이션(Tip Cavitation) : 날개 끝에서 일어나는 와류의 형태로 부하가 증가함에 따라 그 세기도 증가, 나선형 자취이다.
- 허브 캐비테이션(Hub Cavitation) : 허브 끝에서 발생하는 와류의 형태로 약한 와류이다.

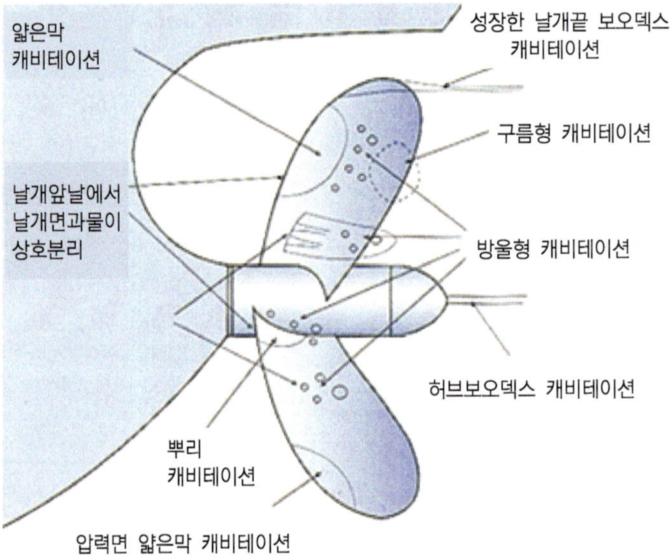


그림 7-17 캐비테이션의 종류

## 7.5.5 캐비테이션(Cavitation)의 영향

- 추진효율 감소 : 프로펠러 날개에 캐비테이션이 과도하게 발생하면 추진효율이 급격히 저하되어 선박의 추진성능이 떨어지게 된다.
- 추력 감소 : 날개 뒷면의 앞날 부근에서는 상당히 낮은 압력 피크가 생겨나게 되는데, 여기서 발생한 캐비티가 코드 길이를 따라 뒷날에 퍼져나감에 따라 뒷날의 압력 감소 분이 작아져 양력이 줄어들며, 추력이 감소되어 효율이 낮아져 속력이 떨어지게 된다.
- 날개의 침식과 손상 : 날개의 손상은 주로 기포 및 구름 캐비테이션이 있을 때 발생한다. 압력이 코드 방향으로 성장하여 흐르다가 여러 개의 기포가 합쳐지면서 높은 압력대에서 붕괴되는 경우이다.
- 날개 표면에 곰보형 자국이 생기거나, 날개 뒷날을 휘게하여 프로펠러의 기능이 저하하게 된다.

- 선체 진동 : 프로펠러 회전에 따라 날개 위의 주기적인 캐비테이션의 발생과 소멸은 가까이에 있는 선체 표면에 변동압력을 가하게 되고, 이는 선체 진동을 일으키는 주요 원인으로 작용한다. 캐비티가 있는 경우, 선체 표면력의 차이는 10배 까지도 증가한다.
- 소음 : 캐비티가 붕괴할 때 발생하는 수중 방사 소음은 캐비티의 면적이 증가함에 따라 크게 높아진다.

## 7.5.6 캐비테이션(Cavitation) 대책

- 반류의 균일화 : 선미 형상을 개선하여, 입사각과 유속의 변화를 최소화 한다.
- 적정 전개면적비 선정
  - 날개에 적정 부하가 걸리도록 가능한 날개면적을 키워 단위 면적당의 추력을 감소시킨다.
  - 캐비테이션 판정표(Criteria)를 이용하여 캐비테이션을 피할 수 있는 전개면적비를 택한다.
- 최적 프로펠러 설계
  - 잠김율을 크게 하여 황천시에도 프로펠러가 수면하에서 회전하도록 한다.
  - 적절한 스큐의 채택으로 유체가 날개면을 따라 최대한 길게 타고 흐르게 한다.
  - 캐비테이션 성능이 우수한 날개단면 형상 채택 및 침식에 강한 재질을 선택한다.
- 슈퍼 캐비테이션(Super Cavitation) 프로펠러로 설계
  - 캐비테이션이 불가피한 경우에 선택한다.
  - 날개의 뒷면이 물과 접촉하지 못하고 완전히 공동 속에서 회전하는 경우이다. (쐐기형 단면, 그림 7-18 참조)
  - 날개 뒷면에서는 더 이상 추력 증가를 기대할 수 없고, 앞면에서만 추력 증가가 가능하다.
- 에어 커튼 장치 활용 : 프로펠러 상부에 기포를 분사하여 공기막을 형성함으로써 변동압력 전달을 차단하게 한다.

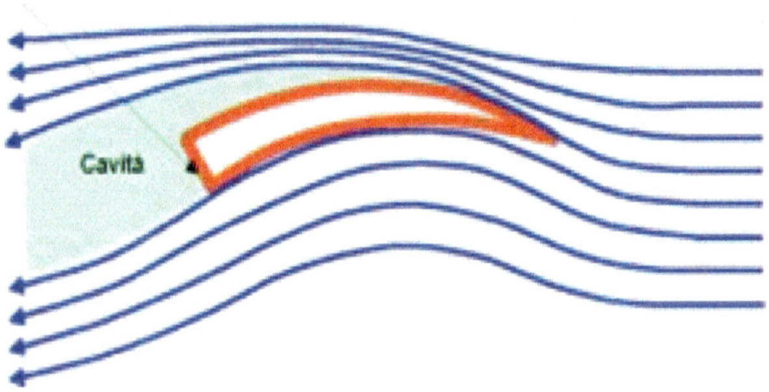


그림 7-18 슈퍼 캐비테이션 프로펠러 단면

## 7.6 프로펠러의 손상 및 보수법

### 7.6.1 프로펠러 손상의 원인 및 손상의 형태

#### (1) 프로펠러 손상의 원인

- 부유물, 로프 등과의 충돌 및 접촉(대부분을 차지함)
- 강도 부족, 캐비테이션 발생 등과 같은 설계 결함
- 재질 결함 및 제작 결함
- 피로 파괴
- 화학적 및 전기 화학적 부식

#### (2) 프로펠러 손상의 형태

- 균열, 변형 및 절손
- 침식과 부식(Erosion & Corrosion)
- 프로펠러 허브의 슬립(Slip)
- 프로펠러 피치 제어 기구의 손상(CPP의 경우)

## 7.6.2 프로펠러 손상 보수법

프로펠러의 손상시 보수법은 다음과 같다.

- 부분 교체
- 전면 교체
- 용접 육성(그림 7-19 참조)
  - Tip 교체 : 새로운 Piece 붙임 (1)
  - Build-up : 육성으로 원래의 형상 복구 (2)
  - 용접 및 Back Gouging : 균열/결함부위 보수 (3,4)

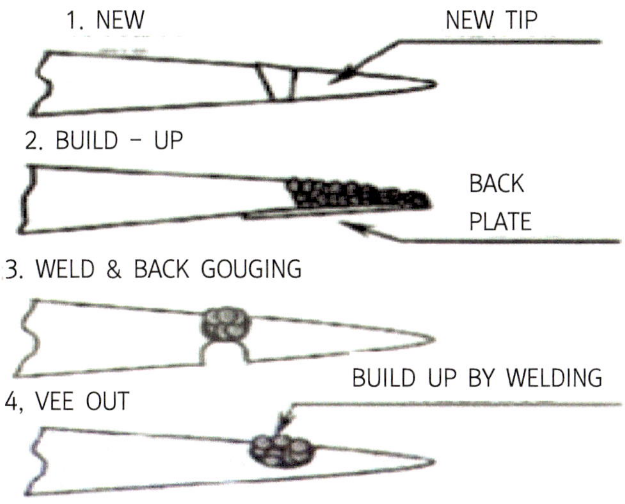


그림 7-19 프로펠러 손상시 보수법

# 연습문제

1. 선박용 추진기(Propulsor)의 종류 중 가변피치프로펠러, 워터제트 추진기, 포드 추진기, 연직축 추진기(Voith Schneider Propeller)에 대해 각 추진기의 특성, 장단점 및 적용 선박에 대해 기술하시오

2. 프로펠러의 설계방법중 "날개요소 이론"에 대해 기술하시오

3. 프로펠러의 성능을 결정하는 하기 요소에 대해 간략히 설명하시오
   1) 피치비
   2) 스큐(Skew)
   3) 날개 단면
   4) 몰수율(I/D)

4. 선박용 프로펠러의 캐비테이션 현상에 대한 발생원인, 종류, 영향 및 대책에 대해 기술하시오

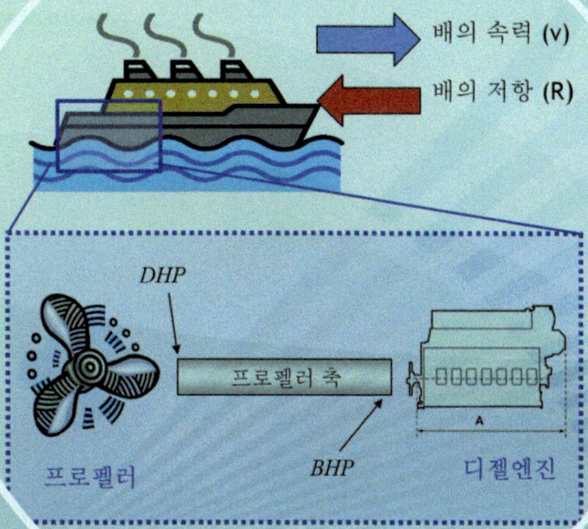


# 8장

# 소요 마력 추정

## 8.1 개요

소요 마력이란 선박의 속력을 달성하기 위해 요구되는 기관마력으로서 선박이 수면 위를 전진할 때 반대방향으로 작용하는 항력을 저항이라 하고, 이러한 저항을 극복하고 일정한 속력으로 운항될 수 있도록 제공되는 전진력을 소요마력이라 하며, 이는 추진성능에 의해 그 크기가 정해진다. 성능이 우수한 선박은 낮은 저항값을 갖는 형상을 가지고, 높은 추진성능을 갖도록 설계된 선박으로서, 선체와 추진기가 적절하게 조화를 이룰 때 가능하게 된다. 이러한 소요마력의 추정에 대해 살펴보면 아래와 같다.

- 저항 성능
- 추진 성능
- 실선 소요마력 추정법

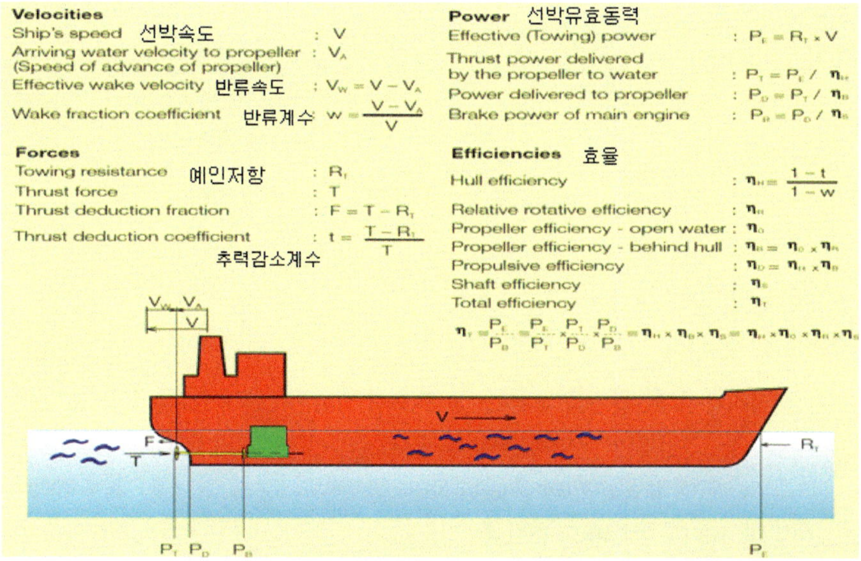

# 8.2 저항 성능

## 8.2.1 선박의 저항

선박이 수면위를 일정한 속력으로 전진할 때 반대 방향으로 항력을 받게 되며 이때 선박에 작용하는 항력을 저항(Resistance)이라 한다. 선박의 저항은 그 선박의 형상과 밀접한 관계가 있으며, 저항 성능이 우수한 선박은 낮은 저항값을 갖도록 설계된 선박이다.

## 8.2.2 저항의 종류

전체 저항은 점성저항과 조파저항의 합으로 구해진다.(3차원법)

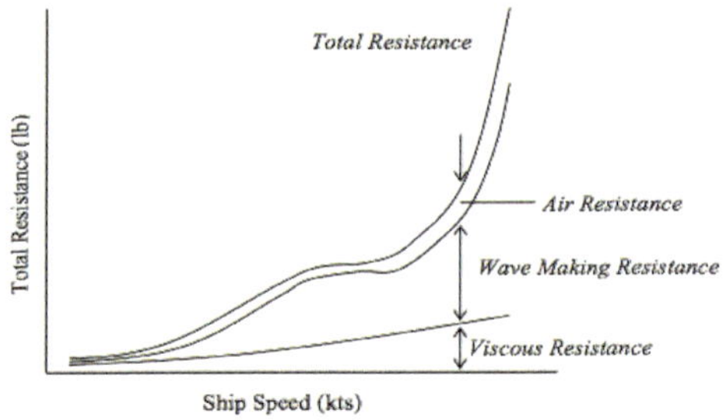


### (1) 점성저항(Viscous Resistance)

- 점성저항이란 선체 표면을 흐르는 물의 점성 때문에 생기며, 그 성분은 다음과 같다.
  - 마찰저항 : 선박이 운항하면서 물과 선체의 표면이 접촉함으로써 발생하는 저항으로 물에 잠겨있는 선체 부분의 침수 표면적과 같은 면적을 갖는 평판의 마찰저항(Frictional resistance)이다.
  - 형상저항 : 평판과 비교해서 선체가 3차원 곡면이기 때문에 증가하는 점성저항의 성분으로, 평판의 마찰저항에 어떤 계수(Form factor)를 곱해서 나타낸다.

- 조도저항 : 선체 표면의 도장표면 요철, 선저의 오손 등으로 인해 매끄러운 평판과 비교했을 때 증가하는 저항 성분을 나타낸다.

- 따라서 마찰저항을 $R_F$, 형상 영향 계수를 $k$, 조도저항을 $\triangle R_F$라 하면 점성저항은 $R_V = (1+k)R_F + \triangle R_F$ 로 나타낼 수 있다.
- 마찰저항 계수, 형상 영향 계수, 조도 수정계수를 살펴보면 다음과 같다.

### 1) 마찰저항 계수(Frictional Resistance Coefficient, $C_F$)

마찰저항을 침수표면적 $S$, 선속 $V(m/\sec)$, 밀도 $(kg\sec^2/m^4)$ 의 함수로 표시하면, 차원해석을 통하여 다음과 같이 주어진다.

$$R_F = C_F \frac{1}{2}\rho S V^2 \rightarrow C_F = \frac{R_F}{\frac{1}{2}\rho S V^2}$$

매끄러운 평판의 마찰저항 계수 $C_F$는 Reynolds 수의 함수이며, 현재 배의 저항계산에 사용되는 관계식에는 다음과 같은 것이 있다.

- Schonherr(ATTC) : $\dfrac{0.042}{\sqrt{C_F}} = \log_{10}(C_F * R_N)$
- ITTC : $C_F = 0.075/(\log_{10}R_N - 2)^2$
- Hughes : $C_F = 0.066/(\log_{10}R_N - 2.03)^2$

Reynolds 수가 증가하면 $C_F$는 감소한다. 즉 배의 속력이 같다면 길이가 긴 배일수록, 혹은 길이가 같다면 속력이 빠른 배일수록 마찰저항 계수는 작아진다.

2) **형상영향 계수(Form Factor, $k$)**

형상영향 계수 $k$의 값은 수조시험에 의해 구해진다. 즉, 조파저항이 거의 없는 저속에서 모형선의 저항 $R$을 계측하고, 이때의 저항 계수를 $C = R/\frac{1}{2}\rho SV^2$ 라고 하면 조파저항은 0 이므로 $C = (1+k)C_F$ 가 된다. 그리고 모형선에서는 조도에 따른 저항의증가 $\triangle R_F$를 0으로 생각한다. 따라서 $k = \frac{C}{C_F} - 1$ 로부터 $k$ 값을 구한다.

이때 $C_F$는 마찰저항 관계 계산식으로 부터 구하고, $C$는 저항시험에서 얻어진 값이다. $k$의 값은 배의 치수비와 $C_b$ 등에 따라 달라지며, 계산에 사용한 마찰저항 계수 $C_F$의 값에 따라 달라진다. 저속 비대선의 경우에는 0.25~0.5 정도이다.

수조시험에 의해 많은 배에 대한 $k$값을 구해두고, 주요치수 및 $C_b$ 등과의 관계를 구해 놓으면 초기계획 시 마력계산에 편리할 것이다. 이에 따라 여러 연구자가 발표한 근사식이 많이 있다.

3) **조도 수정 계수(Roughness Allowance Coefficient)**

표면 조도에 기인하는 마찰저항의 증가분 $\triangle R_F$는 $\triangle R_F = \frac{1}{2}\triangle C_F \rho SV^2$ 으로 나타낼 수 있으며, $\triangle C_F$를 조도 수정 계수라 한다. 조도 수정 계수는 계산이나 수조시험을 통하여 구할 수가 없으므로, 실선의 시운전 성적을 해석하여 얻은 전저항과 수조시험으로부터 얻어진 전저항을 비교해서 그 차이로부터 $\triangle C_F$를 구한다. 따라서 $\triangle C_F$에는 시운전 계측시의 여러 가지 오차도 포함되게 된다. $\triangle C_F$는 배의 크기와 속력에 따라 다르지만 일반적으로 Reynolds 수의 함수로 나타내어지며, $R_N$가 클수록 작은 값을 취한다.

## (2) 조파저항(Wave Making Resistance)

- 조파저항($R_W$)이란 배가 전진하고 있을 때 선체 주위의 수면에 파도를 만들면서 소비되는 에너지에 상당하는 저항이다.

$$R_W = \frac{1}{2} C_W \rho S V^2 \quad \rightarrow \quad C_W = \frac{R_W}{\frac{1}{2}\rho S V^2}$$

이 식에서 $C_W$는 조파저항 계수, $\rho$는 물의 밀도 $(kg\sec^2/m^4)$, $V$는 배의 속력 $(m/\sec)$, $S$는 침수표면적$(m^2)$ 이다.

- 조파저항 계수 $C_W$는 $L/B$, $B/d$, $C_b$ 등의 주요 요목뿐만 아니라 $C_P$ 곡선이나 수선면 등의 형상에 따라 복잡하게 변하므로 마찰저항 계수나 형상저항 계수와 같이 간단한 식으로 표현할 수 없다.
- 배의 크기는 다르지만 $L/B$, $B/d$ 등의 선체 치수비와 $C_b$가 동일한 상사 선형 A와 B가 있을 때, 이 양자의 $C_W$는 $V/\sqrt{Lg}$ 로 정의되는 Froude 수 $(F_n)$가 같은 곳에서는 동일하다고 하는 성질을 가지고 있다. 이 성질을 이용하면 수조시험에 의해 실선의 조파저항 계수 $C_W$를 구할 수 있다.
- 즉, 실선과 상사한 모형선을 끌어서 전저항을 계측하고, 점성저항을 계산에 의하여 구하고, 계측된 전저항과 점성저항의 차를 구하면 $R_W$가 얻어진다. 이것으로부터 $C_W = R_W/\frac{1}{2}\rho S V^2$에 의해 $C_W$가 계산된다.

### (3) 전저항 및 유효마력(Effective Horse Power)

- 배의 전저항 $R$은 점성저항 $R_V$와 조파저항 $R_W$를 합한 값이다.

$$R = R_V + R_W = (1+k)R_F + \Delta R_F + R_W \quad (\because R_V = (1+k)R_F + \Delta R_F)$$

여기에서 $k$는 형상 영향 계수, $\Delta R_F$는 조도 수정 저항, 전저항 계수를 $C_T$라고 하면 다음과 같다.

$$R = \frac{1}{2} C_T \rho S V^2 \rightarrow C_T = (1+k)C_F + \Delta C_F + C_W$$

- 저항을 $R(kg)$, 배의속력을 $V(m/\sec)$ 라고 하면 배를 일정한 속력으로 전진시키는데 필요한 일의 량은 $RV$이므로, 그것을 마력으로 나타내면 $1PS = 75 kgm/\sec$ 이므로 유효마력은 다음과 같다.

$$EHP = \frac{RV}{75}\ (PS)$$

## 8.2.3 저항성능 추정 계열도표(Diagram, Chart) 및 회귀식

선박의 주요 성능에 가장 큰 영향을 미치는 선형과 주요 치수의 결정에 있어서는 몇 가지의 설계안을 마련하고, 무엇보다도 우선 속력과 그에 따른 요구 동력을 검토하게 된다. 이와 같은 비교 검토 작업에 있어서는 각종 출판물이나 정기 간행물 등을 통하여 나타난 상사선에 대한 저항 자료들이 활용되어 진다. 하지만 이 자료들은 완전히 무관계한 선형들을 다루고 있으므로 이들로부터 배의 치수와 계수의 변화에 따르는 저항의 변동 추세를 알아내기는 곤란하며, 이에 못지않게 중요한 사실로서 특정한 변화에 뒤따르는 손실을 예측할 수 없다.

이와 같은 관점에서 주요특성을 조직적으로 변화시킨 모형선의 계열에 대한 실험을 행하고 이를 체계적으로 정리하여 설계에 유용하게 활용할 수 있도록 한 것이 바로 계열 모형시험 자료이다. 이러한 자료는 설계자를 위해 대단히 귀중한 설계도표로서 모형선의 계열은 단일 기준형을 바탕으로 할 수도 있고, 도식적으로 또는 수학적으로 관련된 여러 개의 기준형을 바탕으로 할 수도 있다. 이를테면, 주상비척 계수는 면적 곡선의 조직적인 변화에 의해서 변화시킬 수 있으며, $L/B$ 나 $B/T$ 와 같은 치수비는 기하학적인 방법으로 직접 변화시킬 수 있다.

주요 계열 저항시험 자료를 살펴보면 다음과 같다.

### (1) Taylor Standard Series

- 개발 기관 : DTMB (1954년 Gertler 발표)
  기준 선형의 특성 : 충각(Ram) 선수와 Twin Screw 식 순양함 선미를 갖는 군함이다. 이 선형의 중앙단면적 계수는 0.925이며, 계열의 각 선형은 선수부와 선미부의 주상비척 계수가 같고, $LCB$도 항상 중앙에 있다. 이 계열에서 변화시킨 양은 $C_P$와 $B/T$, $\Delta/(L/100)^3$ 이며, 중앙 단면적 계수 $C_M$은 항상 일정하게 유지되었다.
- 시험 항목 : 저항시험
- 마찰저항 추정방식 : ATTC

  자료 내용 : $C_P$ , $\nabla/(L_{WL})^3$ 의 여러 값에 대한 $V/\sqrt{L_{WL}}$ 에 따르는 잉여저항 $C_R$의 곡선들을 보여주고 있으며, 각 도표는 각각 정해진 $C_P$와 $B/T$ 의 값에 대하여 작성되어 있다.
- 적용 범위
  - $0.48 < C_P < 0.7$, $2.25 < B/T < 3.75$
  - $0.0001 < \Delta/L_{WL}^3 < 0.0006$, $0.5 < V/\sqrt{L} < 1.2$

### (2) Series 64

- 개발 기관 : DTMB 1965년 발표
- 기준 선형의 특성 : 배수량형 고속선, 심한 경사 선수를 가지고 있으며, 벌브는 없고 선수각이 날카로우며 둥근 Knuckle을 가진 트랜섬 선미이다. 이 계열에서 변동하는 주요 계수는 방형비척계수 $C_b$와 배수량-길이비 $\Delta/(0.01L)^3$ 와 $B/T$ 세 가지이고, 주상비척계수 $C_P$는 일정하게 유지되었다.
- 자료 내용 : 특정한 $B/T$ 와 속장비의 값들에 대하여 $C_b$와 $L/B$ 에 대응하는 배수톤당 잉여저항의 곡선으로 표시
- 적용 범위 : $0.35 < C_b < 0.55$, $2 < B/T < 4$, $0.2 < V/\sqrt{L} < 5.0$

### (3) Series 60

- 개발 기관 : DTMB 1963년 발표
- 기준선형의 특성 : 단추진기형 상선, 기준선형으로 $C_b$ = 0.60, 0.65, 0.70, 0.75 및 0.80 인 5개의 선형이 채택되었다. 이들은 각각 성공적인 실선으로부터 얻어진 경험에 따라 적당한 $V/\sqrt{L}$의 값에서 좋은 저항 특성을 나타내는데 필요하다고 인정되는 모양을 가지고 있다. 이들 기준 선형의 단면적 곡선과 수선(WL)의 모양은 선수부와 선미부의 주상비척 계수에 따르는 변화를 고찰하여 다듬어졌으며, 면적 곡선과 선체 정면도(Body Plan)를 비교하여 수정되었다.
- 마찰저항 추정방식 : ATTC
- 자료 내용 : 주어진 $B/T$ 와 $V/\sqrt{L_{WL}}$ 에 대하여 $C_b$와 $L/B$ 에 따르는 배수 톤당 잉여저항 $R_R$곡선 및 $B/T$ 와 Ⓚ에 대하여 $C_b$와 $L/B$ 에 따르는 Ⓒ곡선
- 적용 범위 : $0.6 < C_b < 0.8$ , $2.5 < B/T < 3.5$

### (4) Lap Diagram

- NSMB에서 1935년부터 1955년 사이에 수조시험된 모형시험 자료를 해석하여 Diagram으로 만든 것이다.
- Lap은 저항성분을 잉여저항과 마찰저항으로 나누고 잉여저항계수를 다음과 같이 나타내었다.

$$C_R = \frac{R_R}{1/2\rho A_x V^2}$$

• $A_x$ : 최대 횡단면적

- Lap의 Diagram은 특별한 속장비 즉, $V/\sqrt{C_P L}$의 함수로 잉여저항 계수를 나타낸 것이다.

### (5) 영국 선박 연구협회(BSRA) Series

- 개발 기관 : BSRA 1971년 발표
- 기준선형의 특성 : 보통선수 및 구상선수를 갖는 선형
- 마찰저항 추정방식 : Froude 마찰계수
- 자료 내용 : 속장비에 따르는 ©의 곡선으로 정리 되었으며, $LCB$의 표준 위치로부터의 이탈에 따르는 수정 곡선이 첨부되어 있다.
- 적용 범위 : 보통선수 : $0.55 < C_b < 0.85$ / 구상선수 : $0.55 < C_b < 0.875$

### (6) 스웨덴 국립 선박 실험 수조 (SSPA) Series

- 쌍추진기식 고속정기화물선, 단추진기식 고속화물선, 유조선, 일반화물선, 연안선에 대한 Diagram 이다.
- 길이, $B/T$, $LCB$ 의 위치 등의 변화에 따른 저항 자료이다.
- 속도 범위는 $F_n = 0.3 \sim 1.3$ 이고, 1957년 ITTC 마찰곡선을 이용하였으며, $C_b$, $C_P$가 일정하다.

### (7) NPL Series

- 광범위한 연안선 선형의 계열에 대한 시험자료로 영국의 국립 과학연구소에 의해 행해진 것이다.
- 속장비 1.0 ~ 4.0 이고, 1957년 ITTC마찰 곡선에 의해 해석 되었다.

### (8) Guldhammer & Harvald Diagram

- 수조시험 되었던 모형시험 결과들의 자료를 일정한 방법으로 해석하고, 이를 Diagram으로 표시하였다.
- $B/T$ 가 2.5인 선형에 대하여 $C_R$ 값을 $Fn$ 값에 기준하여 나타내었고, 각각 다른 $C_P$ 값을 갖는 선박을 표현하였다.
- $B/T$, LCB, 선형단면의 형상 등이 다를 경우에는 $C_R$을 수정하도록 되어 있다.

## (9) MARAD Diagram

- 미국에서 저속 비대선에 대한 선형을 계열화하여 모형시험을 한 후, 이 결과를 정리한 것이다.
- 따라서 $C_b$ 가 크고, $L/B$ 가 작으며 $B/T$ 가 큰 선형에 대한 저항성능은 물론 자항요소 $w$, $t$, $\eta_H, \eta_R$ 등을 포함하여 Diagram으로 나타내었다.
- $C_R$ 값은 각 $C_b$, $L/B$, $B/T$ 에 대하여 $Fn$을 기준으로 표현하였다.

## (10) Yamagata Diagram

- 일본의 각종 선형의 모형시험 결과를 정리하여 $Fn$을 토대로 $C_b$에 대한 잉여저항계수를 Diagram으로 나타낸 것이다.
- 단추진기선과 쌍추진기선에 적용 가능하고, 표준선형의 B/L, B/T와 값이 다른 경우에는 이에 대한 수정을 해준다.

## (11) 저항성능 추정 회귀식(Holtrop & Mennen)

- Holtrop & Mennen은 수조 모형시험자료를 회귀분석 방법으로 처리하여 저항 추정식을 다음과 같이 제안하였다.

$$R_T = R_W + R_F(1 + k_1) + R_{APP} + R_A + R_B + R_{TR}$$

즉, 총저항은 조파저항 + 마찰저항 + 선체부가물 저항 + 모형선-실선 상관수정 저항 + 선수 벌브의 조파저항 + 트랜섬 저항으로 나타내었다.

# 8.3 추진 성능

## 8.3.1 선박의 추진 성능

선박이 수면위를 일정한 속력으로 전진할 때 저항을 극복하고 일정한 속력으로 운항될 수 있도록 제공되는 전진력을 추진력이라고 하며, 이는 추진성능에 의해 그 크기가 정해진다.

선박의 추진 성능은 그 선박의 선미 형상 및 추진기의 성능과 밀접한 관계가 있으며, 추진 성능이 우수한 선박은 낮은 추진마력을 갖도록 설계된 선박이다. 따라서 최상의 설계는 선체와 추진기(Propulsor)가 적절하게 조화를 이룰 때 가능하게 된다.

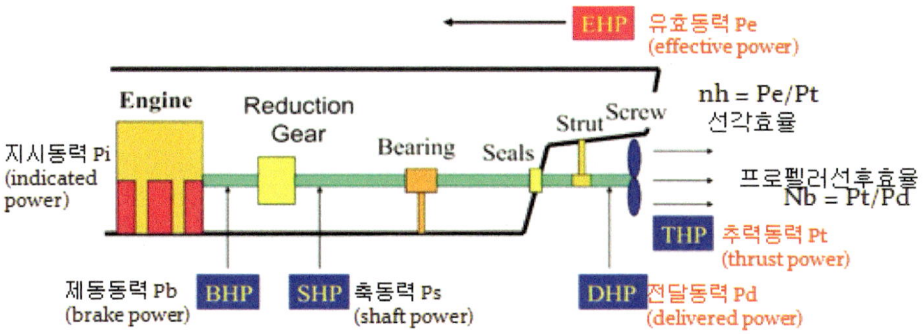


## 8.3.2 추진 효율

### (1) 추진효율의 구성요소

- 선박의 추진효율은 다음과 같이 주어진다.

추진효율 = 준 추진효율 × 축 전달효율

$$\frac{P_E}{P_S} = \frac{P_E}{P_D} \times \frac{P_D}{P_S} = \eta_D \times \eta_S$$

- 여기에서 준 추진효율은 배를 어떤 속도로 움직이기 위하여 사용된 유효 마력($P_E$)과 실제로 프로펠러에 전달된 마력($P_D$)의 비로 $P_E/P_D$ 와 같이 주어진다.
  - 유효마력과 전달마력은 각각 다음과 같다.

$$P_E = R_T V, \;\; P_D = T V_A / \eta_B$$

위의 식에서 $R_T$는 저항, $V$는 배의 속력, $T$는 추력, $V_A$는 프로펠러의 전진 속도, $\eta_B$는 선체 뒤에서의 프로펠러 효율이다.

  - 따라서 준추진효율은 다음과 같다.

$$\eta_D = \frac{R_T V}{T V_A}\eta_B = \left(\frac{1-t}{1-w}\right)\eta_B = \left(\frac{1-t}{1-w}\right)\left(\frac{\eta_B}{\eta_O}\right)\eta_O = \left(\frac{1-t}{1-w}\right)\eta_R\eta_O = \eta_H\eta_R\eta_O$$

  - 여기서 $\eta_H$는 선체효율, $\eta_R$은 상대회전효율, $\eta_O$는 프로펠러 단독효율이다.
  - 축 효율은 축 베어링 및 선미관을 통하여 최종적으로 프로펠러에 전달되는 $P_D$와 축을 통하여 프로펠러로 전달된 마력($P_S$) 의 비 $P_D/P_S$ 로 주어진다.
  - 이에 따라 추진효율의 개선은 거의 대부분 준 추진효율 개선에 집중되어 진다.

## (2) 추진효율 개선방안

- 추진계수의 구성요소를 통하여 알 수 있는 바와 같이 추진계수를 향상 시키려면 프로펠러의 효율을 높이는 방법뿐만 아니라 선체와 프로펠러의 상호작용을 나타내는 계수인 선체효율과 프로펠러 효율비를 높이는 것이 중요하다.
- 그들 계수의 값은 주로 선체의 모양과 프로펠러의 양쪽을 함께 고려하면서 설계하지 않으면 추진계수가 높은 배가 얻어지지 않는다.
- 저속 비대선의 경우 자항요소($w$, $t$, $\eta_O$)가 주로 선미부의 형상으로부터 정해지므로, 평행부의 뒷부분 즉, Run 부분의 비대도를 정의하고 그것과 자항요소들과의 관계를

구하여 활용한다. 이는 Run의 비대도를 일정크기 이하로 억제하여 선미에서 물의 흐름이 선체표면으로부터 떨어져 나가는 것을 방지하고, 추진성능을 향상시킨다는 뜻이다.

- 또한, 흘수, 프로펠러 형상, 진동 등의 면에서 허용하는 범위내에서 가능한 한 프로펠러 직경을 크게 하고 저회전으로 설계함으로써 프로펠러 단독효율을 향상시키는 것이 바람직하다.

### 8.3.3 Wake 발생원인 및 추진성능에의 영향(선체와 프로펠러의 상호 작용)

배가 전진하면 선체표면에 가까운 곳을 흐르는 물은 배의 전진 방향과 같은 방향으로 흐른다. 이와같이 배와 같은 방향으로 흐르는 물을 반류(Wake)라고 하며, 배의 속력 $V$와 프로펠러 전진속도 $V_A$ 와의 차이를 반류속도라 하고, 반류속도의 배의 속력에 대한 비를 반류비라 하며 다음과 같이 정의한다.

$$w = \frac{V - V_A}{V}, \qquad \therefore\ V_A = V(1-w)$$

#### (1) Wake의 발생원인

**1) 마찰 Wake**

선체의 마찰항력 때문에 물이 선체를 뒤따르게 되며, 선미쪽으로 갈수록 경계층의 속도와 체적이 증가하여 선미에서는 주위의 물에 대하여 상당히 빠른 속도로 앞쪽으로 움직이는 반류가 된다.

**2) 유선 Wake**

선체 옆을 지나는 유선들은 선미 근처에서 오물어 들기 때문에 그곳에서의 압력이 상승한다. 이에 따라, 마찰에 기인하는 반류를 돕는 하나의 반류 현상이 나타나게 된다.

3) 파운동에 의한 Wake

배가 일으키는 파도 때문에 발생한다. 물의 입자들은 각각 궤도 위를 움직이므로 프로펠러 근처에 파정이 오느냐 파저가 오느냐에 따라 각각 ⊕⊖의 반류 성분이 될 수 있다.

## (2) Wake의 특성

반류의 특성을 자세히 알고자 하는 경우에는 프로펠러 근처에 피토관들을 배치하여 반류속도의 축방향, 반경방향 및 접선방향의 성분들을 계측하면 된다.

단추진기선의 반류는 프로펠러의 윗부분에서 가장 강하고, 연직 중심선을 따라 아래쪽으로 갈수록 약해진다. 쌍추진기선의 반류는 단추진기선보다 평균반류가 일반적으로 약하다. 그러나 보싱(Bossing)이나 스트럿(Strut) 뒤에는 반류 집중이 일어난다.

일반적으로 반류계수의 평균치는 방형비척계수가 클수록 크고, 또 같은 배라도 프로펠러의 지름이 작을수록 커진다. 반류가 큰 부분과 작은 부분에서는 물의 속도에 차이가 생겨나므로 압력 차가 발생하게 된다. 이에 따라 불균일한 반류 속에 작동하는 프로펠러는 진동 발생의 원인이 되기도 한다.

## (3) Wake의 종류

1) 공칭 반류 (Nominal Wake)

프로펠러가 없을 때 존재하는 물의 흐름이다.

2) 유효 반류 (Effective Wake)

프로펠러가 추력을 발생하여 전진할 때의 반류로 선체 뒤에서와 단독 상태에서의 프로펠러 성능을 알면 도출이 가능하다.

## (4) Wake가 추진성능에 미치는 영향

통상 선박의 추진효율을 가늠하는 수준은 다음과 같다.

$$\text{준추진계수}(\eta_D) = \frac{\text{유효마력}}{\text{전달마력}}$$

$$= \text{선체효율}(\eta_H) \times \text{상대회전효율}(\eta_R) \times \text{프로펠러단독효율}(\eta_O)$$

이 중 반류가 가장 큰 영향을 미치는 것은 $(1-t)/(1-w)$로 주어지는 선체 효율로서 선체의 모양, 프로펠러의 특성, 타의 형태 등에 지배를 받는 추력감소비 $t$ 의 변화가 없다면 반류계수 $w$의 증가는 효율면에서 오히려 유리한 방향으로 작용하게 된다.

그리고 반류가 그 다음으로 영향하는 인자로는 아래의 식으로 주어지는 상대회전효율이라 할 수 있다.

$$\eta_R = \frac{\eta_B}{\eta_O} = \frac{TV_A/2\pi nQ}{TV_A/2\pi nQ_O} = \frac{Q_O}{Q}$$

위 식에서와 같이 개방된 물과 선체 뒤에서 프로펠러가 발휘하는 토크 차이에 기인하고 있다. 그런데 이 토크의 차이는 선체 뒤에서의 불균일한 반류와 난류의 양에 기인한다. 따라서 반류는 상대회전효율에도 영향을 준다고 볼 수 있다.

그러나 상대회전효율의 값은 대개 1에서 크게 벗어나지 않으므로 그다지 큰 영향을 미치지 않는 것으로 판단된다.

### 8.3.4 추력감소계수(t) : 저항의 증가와 추력의 감소

선체가 예인되는 경우에는 선미 쪽에 압력이 높은 구역이 발생하여 전진 방향의 합력성분이 나타나기 때문에 전체적인 저항이 줄어들게 된다. 그러나 선체가 자신의 프로펠러로 추진되는 경우에는 프로펠러가 그것을 지나는 물을 가속하기 때문에 그 구역의 일부에서 압력이 좀 떨어지며, 이에따라 전진 방향의 합력성분도 감소되고, 그 결과로서 저항이 증가하며 모형선 또는 실선의 추진에 필요한 추력도 증가하게 된다.

실험에 의해 밝혀진 바에 의하면, 어떤 모형선을 속력 $V$로 추진 하는데 필요한 추력은 그 속력에서의 예인저항 $R_T$ 보다 크다. 이것을 저항증가라 부른다. 이와 같은 추력의 증가량과 예인저항의 비를 $a$라 하면 다음과 같다.

$$a = \frac{T - R_T}{R_T} = \frac{T}{R_T} - 1\,, \qquad \therefore\ T = (1+a)R_T$$

여기서. $a$ : 저항 증가 계수

이와 같은 저항의 증가를 추력 쪽에서 보면, 프로펠러가 내는 추력 중에서 $R_T$ 만큼만 저항을 극복하는데 사용되고, 나머지 $T - R_T$ 는 추력손실로 생각되어진다. 이와 같은 추력손실 $T - R_T$ 와 추력 $T$ 와의 비를 $t$라 하면 아래 식과 같다.

$$t = \frac{T - R_T}{T} = 1 - \frac{R_T}{T}\,, \qquad \therefore\ R_T = (1-t)T$$

여기서. $t$ : 추력 감소 계수

이러한 추력 감소 계수에 영향을 미치는 것은 프로펠러의 직경, 설치 위치, 선체와의 간격 및 전진속도 등이다.

# 8.4 실선 소요마력 추정

## 8.4.1 소요마력 추정

선박의 저항으로부터 구한 유효마력에 제반 효율들을 고려하여 소요마력을 추정한다.

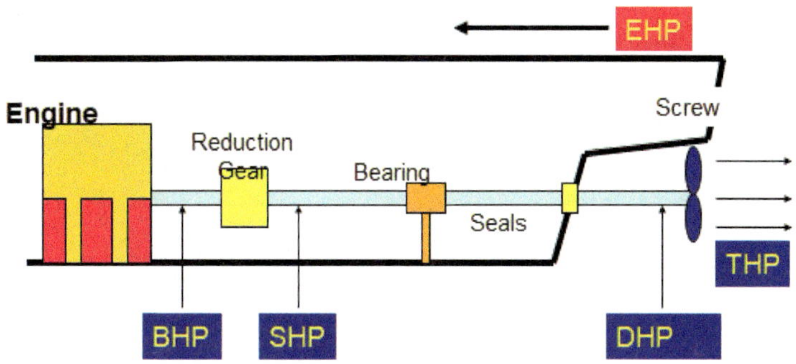


### (1) 전달마력(DHP) 추정

프로펠러에 전달되는 마력(DHP)는 다음과 같이 추정한다.

DHP = EHP / $\eta_D$ , $\eta_D = \eta_H \eta_R \eta_O$ [ $\eta_D$ : 준추진 효율]

$\eta_H$ : 선체 효율

$\eta_R$ : 상대회전 효율

$\eta_O$ : 프로펠러 단독효율

#### 1) 선체효율($\eta_H$)

선체와 프로펠러의 상호작용에 따른 득실을 나타내는 것으로 추진에 필요한 추력 $T$가 저항 $R_T$보다 커져서 불리하게 되는 점과, 프로펠러의 전진 속도 $V_A$가 선체의 영향에 따른 반류 때문에 배의 속력 $V$보다 작아진다는 점을 반영한 것이다.

따라서 선체효율 $\eta_H$는 추력감소비 $t$가 작을수록, 반류 $w$가 클수록 증가한다.

$$R_T = (1-t)\,T, \quad V_A = (1-w)\,V \rightarrow \eta_H = \frac{R_T V}{T V_A} = \frac{1-t}{1-w}$$

### 2) 상대회전효율($\eta_R$)

선체 뒤에 붙어서 작동하는 프로펠러는 불균일한 반류와 난류의 영향으로 인하여 균일한 흐름 속에서 단독으로 회전하는 경우와는 그 효율이 상당히 달라진다.

이에 따라 프로펠러 단독상태의 효율에 대한 선체 뒤에서의 효율을 나타낸 것이 상대회전효율이며, 아래 $\eta_R$ 식으로부터 토크의 비로 주어지게 된다.

일반적으로 상대회전효율의 값은 1에서 크게 벗어나지 않으며, 쌍추진기선에서는 0.95 ~ 1.0, 단추진기선에서는 1.0 ~ 1.1 사이에 있다.

$$\eta_R = \frac{\eta_B}{\eta_O} = \frac{T V_A / 2\pi n Q}{T V_A / 2\pi n Q_O} = \frac{Q_O}{Q}$$

### 3) 프로펠러 단독효율($\eta_O$)

유입속도가 균일한 흐름속을 속도 $V_A$ 로 전진하는 프로펠러의 단독효율은 다음과 같다.

아래 식에서 $Q_O$는 개방된 물속에서 프로펠러가 회전수 $n$으로 돌면서 추력 $T$를 전달할 때 측정된 토크이다.

$$\eta_O = \frac{T V_A}{2\pi n Q_O}$$

### (2) 소요마력(BHP) 추정

선박의 추진에 요구되는 소요마력(BHP)는 다음과 같이 추정한다.

$$BHP = DHP \,/\, \eta_T \,, \qquad \eta_T = \eta_S \eta_G \quad [\,\eta_T : \text{전달 효율}]$$

$\eta_S$ : 축 효율

$\eta_G$ : 감속 기어 효율

따라서,

$$BHP = EHP \,/\, (\eta_D \cdot \eta_T) = EHP \,/\, (\eta_H \cdot \eta_R \cdot \eta_O \cdot \eta_S \cdot \eta_G)$$

#### 1) 축 효율($\eta_S$)

여기서 축 전달효율은 기관이 설치된 위치에 따라 달라지며, 대개 선미 기관선에서 약 98%, 중앙기관선에서는 97%를 취하는 것이 관례이다.

#### 2) 감속 기어 효율($\eta_G$)

감속기어 효율은 감속기어 제작자가 권장하는 값을 사용한다. 통상 98.5% 정도를 고려한다.

## 8.4.2 마력의 종류

선박에 사용되는 마력의 종류는 다음과 같다.

### (1) 도시마력 (Indicative Horsepower, IHP)

- 내연기관의 실린더내에서 생성된 동력

### (2) 제동마력 (Break Horsepower, BHP)

- 통상의 엔진 출력으로 엔진을 제동하는데 필요한 동력

### (3) 축마력 (Shaft Horsepower, SHP)

- 축을 통하여 프로펠러 쪽으로 전달되는 동력
- 제동마력 대비 감속기와 베어링 등의 손실 제외
- 선내에서 프로펠러축에 가장 가까운 선미관(Stern Tube) 앞에서 계측

### (4) 전달마력 (Delivered Horsepower, DHP)

- 실제 프로펠러에 전달된 동력, 축마력에서 축의 손실을 제외

### (5) 추진마력 (Thrust Horsepower, THP)

- 프로펠러가 실제로 추진하는데 사용된 동력

### (6) 유효마력 (Effective Horsepower, EHP)

- 선박이 저항을 극복하면서 전진하는데 필요한 동력
- 이러한 마력들의 크기는 다음과 같다.

$$EHP < THP < DHP < SHP < BHP < IHP$$

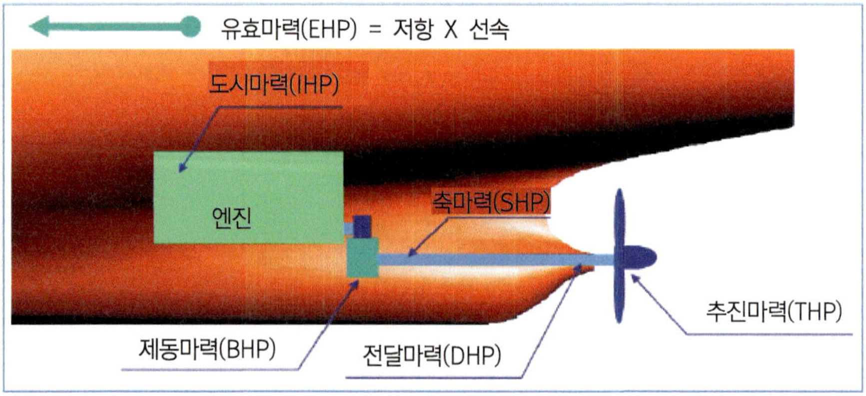


그림 8-1 선박 마력의 종류

## 8.4.3 소요마력 추정시의 제 여유

### (1) 설계 여유 (Design Margin)

- 설계의 불확실성에 따른 여유로 계산방법에 따른 오차, 추정시의 미인지 요소, 설계과정에 따른 요구조건 변화 등이 있으며, 단계별 여유를 소요 마력에 부가한다.
- 선체선도(Lines)가 없는 경우 : 10%,
  모형시험 결과가 없는 경우 : 8%,
  재고 프로펠러 모형시험 후 : 6%,
  설계 프로펠러 모형시험 후 : 4%

### (2) 항해 여유 (Sea Margin)

- 선박이 해상에서 계획된 일정한 항해속력을 항상 유지하려면, 취항 항로의 기상상태, 선체와 프로펠러의 거칠어짐이나 오손, 조타 등으로 인한 소요마력의 증가를 고려하여, 상용출력에 어느 정도의 여유를 가지고 있어야 한다. 이러한 여유분을 Sea Margin 이라 하며, 다음과 같이 정의 한다.

$$S.M = \frac{\text{해상에서의 소요마력(상용출력)} - PS_1}{PS_1} \times 100\ [\%]$$

여기서, $PS_1$은 선박이 바람과 물결이 없고, 깊은 바다 위를 선저와 프로펠러가 깨끗한 상태에서 직진할 때 항해 속력을 얻는데 필요한 출력이다.

- 초기 계획 단계에서 $SM$은 주기관의 출력 결정은 물론 프로펠러 설계, 경제성의 계산에도 사용된다. $SM$의 실용적 자료는 Log Book을 해석하여 얻는다. 즉, 마력과 선속의 장기적인 변화 추세로부터 선체와 프로펠러의 오손에 의한 마력증가의 관계를 알 수가 있다.
- 또한 파도가 심한 날의 자료로부터 풍파에 의한 마력증가의 관계를 알 수 있다. 그러므로 $SM$은 이와 같은 장기간의 평균소요마력과 평균선속의 관계로 부터 구해진다.

이러한 $SM$의 각 요소를 조사하기 위하여 표면조도 영향, 풍압저항, 파랑중 저항증가 등에 관한 수조시험과 이론적 연구가 최초에 이루어지고 있고, 이에 따라 $SM$의 추정 정도도 향상되어 가고 있다.

- $SM$은 항로, 계절, 선박의 크기, 선형, 재화상태, 선체 도료의 종류, 조타기 특성, 주기 특성 등에 따라 다른데, 많은 선박의 Log Book 해석을 토대로 구해진 15%라는 값이 자주 사용된다.(보통 15~20%) 그러나 특수 도료를 칠한 선박에서는 매끈한 선체를 장기간 보존할 수 있으므로 선체 오손으로 인한 마력 증가가 작아 $SM$이 작다. 한편 저속비대선에서는 풍파에 의한 마력 증가가 상대적으로 크게 되므로 보다 큰 $SM$이 필요하다.

### 8.4.4 어드미럴티 계수(Admiralty Coefficient)에 의한 방법

- 선박설계의 초기단계에서 개략적으로 선박에 요구되는 마력을 구하기 위해 다음 식 8.1로 정의되는 Admiralty 계수를 사용한다.

$$C_{adm} = \frac{\Delta^{\frac{2}{3}} V^3}{P_S} \quad \cdots\cdots \text{(식 8.1)} \qquad P_S = \frac{\Delta^{\frac{2}{3}} V^3}{C_{adm}} \quad \cdots\cdots \text{(식 8.2)}$$

여기서, $\Delta$ : 배수량(t), $V$ : 속력 (knots), $P_S$ : 마력

- 유사선형의 시운전 성적 또는 수조시험결과를 속장비 $V/\sqrt{L}$를 가로축, $C_{adm}$를 세로축으로 하여 정리해 두면, 계획선의 배수량과 속력이 주어졌을 때 같은 속장비에서는 $C_{adm}$이 같은 값이 된다고 생각하여 식(2)로부터 주기 마력을 계산할 수 있으므로 초기 단계에서의 주기관 마력추정에 편리하게 사용 가능하다.
- 저속비대선의 경우에는 속력과 마력과의 관계가 배수량의 함수로 주어진다. 그러므로 배수량이 주어지면, 이 곡선을 사용하여 주기마력을 대략 추정할 수 있으므로 초기계획 때 편리하게 활용이 가능하다.

## 8.4.5 계산도표에 의한 방법

- 계산도표를 사용하여 계획선의 유효마력과 추진계수를 추정해서 소요마력을 구하는 방법으로 이들 도표는 모형선의 주요 치수비와 $C_b$ 등을 계통적으로 변화시키면서 수조시험을 실시하여 그 결과를 도표화 한 것이다.
- 계산도표를 이용하여 마력계산을 하는 경우에, 계획선의 $C_P$ 곡선의 형상과 도표 작성에 사용된 모형선의 $C_P$ 곡선이 비슷하지 않으면 계산 결과가 반드시 일치한다고 볼 수 없다. 그러므로 이들 계산 도표는 유사선으로 부터 마력을 계산하는데 사용하는 것이 효과적이다.

## 8.4.6 유사선의 자료에 의한 방법

계획선과 주요 요목이 비슷한 배의 수조시험 결과나 시운전 해석결과를 얻을 수 있는 경우, 그 자료들을 적당히 수정하면 계획선의 소요마력 곡선을 상당히 정확하게 추정할 수 있다.

① 배의 전저항계수는 $C_T = (1+k)\,C_F + \Delta C_F + C_W$

② 계획선과 유사선의 Form Factor를 근사식으로 구하고, 그들 값을 각각 $k_{cal}$, $k'_{cal}$이라 한다. 유사선의 실제 수조시험을 통한 Form Factor를 $k'$라고 하면, 계획선의 Form Factor는 다음과 같다.

$$k = k_{cal} \times \frac{k'}{k'_{cal}}$$

③ 평판의 마찰저항계수는 계산식을 그대로 사용하여 구하고, $\Delta C_F$ 는 적당한 도표를 사용하여 구한다.

④ 유사선의 조파저항 계수를 계산도표를 이용하여 구한다. 이 값을 $(C'_W)_{cal}$이라 하고, 수조시험값 $C'_W$와의 비 $r = C'_W / (C'_W)_{cal}$ 을 구한다. 이 값을 Froude 수를 가로축으로 하여 그래프로 나타낸다. 다음으로 계획선의 조파저항계수를 계산하고 그것을

$(C_W)_{cal}$이라 한다. $(C_W)_{cal}$에 유사선과 동일한 Froude 수에 대한 $r$을 곱하여 $(C_W)_{cal} \times r$로 조파저항계수 $C_W$를 구한다.

위의 계산에서 유사선의 자료를 써서 계획선의 전저항계수 $C_T$가 구해지므로, 그것으로부터 계획선의 유효마력(EHP)이 계산된다.

⑤ 자항요소 중 프로펠러 효율비 $\eta_R$은 유사선의 값을 그대로 사용한다. 반류 계수 $w$에 대해서는 유사선의 계산치와 시험 결과의 비를 계획선의 계산치에 곱해서 구한다.

⑥ 프로펠러의 단독효율에 대해서는 계산도표의 값을 그대로 사용한다.

⑦ ① ~ ⑥ 에서 계획선의 자항요소와 프로펠러의 단독효율이 구해지므로 추진계수가 계산되고, 따라서 소요마력이 계산된다.

### 8.4.7 모형시험에 의한 방법

선박의 추진성능은 일련의 모형시험(저항시험, 프로펠러 단독시험, 자항추진시험 )으로부터 추정될 수 있으며, 이는 선박 건조 후 실시되는 속력 시운전의 결과 해석으로 확인된다. 이를 위해서는 모형시험 기법과 해석 방법, 실선 시운전 기법과 그 해석 방법 그리고 모형선-실선 상관해석에 관한 체계 확립이 필요하다.

#### (1) 저항시험

실선의 축척 모형을 예인하여 속력과 저항의 관계를 구하고, 그 시험결과를 해석하여 잉여저항 계수 및 마찰저항 계수를 구한다. 모형선의 전저항 계수를 $C_{TM}$이라 하면 식 8.3과 같다.

$$C_{TM} = \frac{R_{TM}}{1/2\,\rho_M S_M V_M^2} \qquad \text{(식 8.3)}$$

모형선의 Reynolds Number $R_{nM}$는 식 8.4와 같다.

$$R_{nM} = \frac{V_M L_M}{\nu_M} \qquad \text{(식 8.4)}$$

$R_{nM}$에 대응하는 마찰저항 계수 $C_{FM}$ (ATTC, ITTC 1957, Huges 방법 등)을 계산하여 이를 $C_{TM}$에서 빼면 식 8.5와 같이 잉여저항 계수 $C_R$이 계산된다.

$$C_R = C_{TM} - C_{FM} \qquad \text{(식 8.5)}$$

실선의 $R_{nS}$는 $R_{nS} = \dfrac{V_S L_S}{\nu_S}$이고, 여기에 대응하는 실선의 마찰저항 계수 $C_{FS}$를 계산하고, 상기의 잉여저항 계수를 적용하면 실선의 전저항계수 $C_{TS}$는 식 8.6과 같다.

$$C_{TS} = C_R + C_{FS} + C_A \qquad \text{(식 8.6)}$$

$C_A$ : 모형선-실선 상관수정계수

이로부터 실선의 전저항은 $R_{TS} = C_{TS}\dfrac{1}{2}\rho_S S_S V_S^2$로 계산되고, 유효마력은 $P_E = \dfrac{R_{TS} V_S}{75}$ 가 된다.

### (2) 프로펠러 단독시험

프로펠러 단독시험에서는 프로펠러 전진속도 $V_M$ 에 따른 프로펠러의 추력 $T_{MO}$ , 토크 $Q_{MO}$ , 회전수 $n$ 을 계측하여, 프로펠러 단독 상태에서의 추력계수, 토크계수, 단독효율 등을 계산한다. 프로펠러의 Reynolds 수는 다음과 같다.

$$R_N = \frac{V_{0.7R}C_{0.7R}}{\nu} = \frac{C_{0.7R}nD\sqrt{J^2-(0.7\pi)^2}}{\nu_M} > 3.0\times 10^5 \text{ (추정값)}$$

전진비 $J = V_A/nD$

추력계수 $K_T = \dfrac{T_{MO}}{\rho n^2 D^4}$

토크계수 $K_Q = \dfrac{Q_{MO}}{\rho n^2 D^5}$

프로펠러 단독효율 $\eta_O = \dfrac{J}{2\pi}\dfrac{K_T}{K_Q}$

## (3) 자항추진시험

모형선의 속력 $V_M$에 따른 프로펠러의 추력 $T_M$, 토크 $Q_M$, 회전수 $n_M$ 및 예인력 $F_D$를 계측한다. 모형선과 실선의 Load Condition을 맞추기 위한 예인력 $F_D$는 다음과 같다.

$$F_D = \frac{1}{2}\rho_M S_M V_M^2(C_{FM}-C_{FS}-C_A),\ R = \frac{1}{2}\rho S V^2(1+k)C_F + C_W + \triangle C_F)$$

선속별로 $F_D$를 맞추기 위하여 여러 RPM에 대하여 시험하고 $V_M, F_D, n_M, T_M, Q_M$ 등을 측정한다. 시험 결과로부터 선속별로 $F_D$에 대응하는 $n_M, T_M, Q_M$ 을 구한다.

### 1) 모형선 추진계수

$T_M$ 과 $Q_M$ 이 얻어졌으므로 모형프로펠러의 $K_{TM}$ 과 $K_{QM}$ 은 다음 식과 같다.

$$K_{TM} = \frac{T_M}{\rho_M n_M^2 D_M^4}, \qquad K_{QM} = \frac{Q_M}{\rho_M n_M^2 D_M^5}$$

이 $K_{TM}$에 대응하는 $J_{TM}$과 $K_{QM}$을 모형 프로펠러의 단독특성 곡선에서 추력일치방법(Thrust Identity)으로 찾아내고 식 8.7과의 관계로부터 식 8.8이 된다.

$$V_A = (1-w)V, \quad J = \frac{V_A}{nD} \qquad \text{(식 8.7)}$$

$$w_{TM} = 1 - \frac{J_{TM} D_M n_M}{V_M} \qquad \text{(식 8.8)}$$

또한 $\eta_{R \cdot M} = \dfrac{\mathrm{K_{TM}}}{\mathrm{K_{QM}}}$ 으로 되며, $t_M = \dfrac{T_M + F_D - R_{TMD}}{T_M}$ 로부터 구한다.

여기서, $R_{TMD}$는 저항시험을 통하여 구한 저항치이다. Scale Effect를 무시하고 위와 같이 계산하면 식 8.9가 된다.

$$\eta_D = \eta_{\mathrm{R\,M}} \frac{1-t_M}{1-w_M} \eta_{OM} \qquad \text{(식 8.9)}$$

따라서 $P_D = P_E / \eta_D$ 로 된다.

### 2) ITTC 78 해석법 Scale Effect를 고려하여 추정한 실선추진계수

$$t_S = t_M \ , \ \eta_{RS} = \eta_{\mathrm{R \cdot M}} \qquad \text{(식 8.10)}$$

$$w_S = (t+0.04) + (w_{TM} - t - 0.04)\frac{(1+k)C_{FS} + \triangle_{CF}}{(1+k)C_{FM}} \quad (\because w_S \neq w_M) \qquad \text{(식 8.11)}$$

식 8.10과 식 8.11을 통해서 실선의 식 8.12가 도출된다.

$$\frac{K_T}{J^2} = \frac{S_S}{2D_S}\frac{C_{TS}}{(1-t_S)(1-w_S)^2} \quad \text{(식 8.12)}$$

위의 계산을 통하여 예인력 $F_D$를 구한 후, 이를 가로축을 $J_S$, 세로축을 $K_Q, K_T, \eta_O, \frac{K_T}{J^2}$ 로 하는 도표에 피팅하여 $J_S$ 값 $K_{QOS}$ 의 값을 찾아내고, 이들 값을 토대로 $n_S$, $P_{DS}$, $T_S$, $Q_S$, $\eta_O$, $\eta_H$ 등의 값을 구한다.

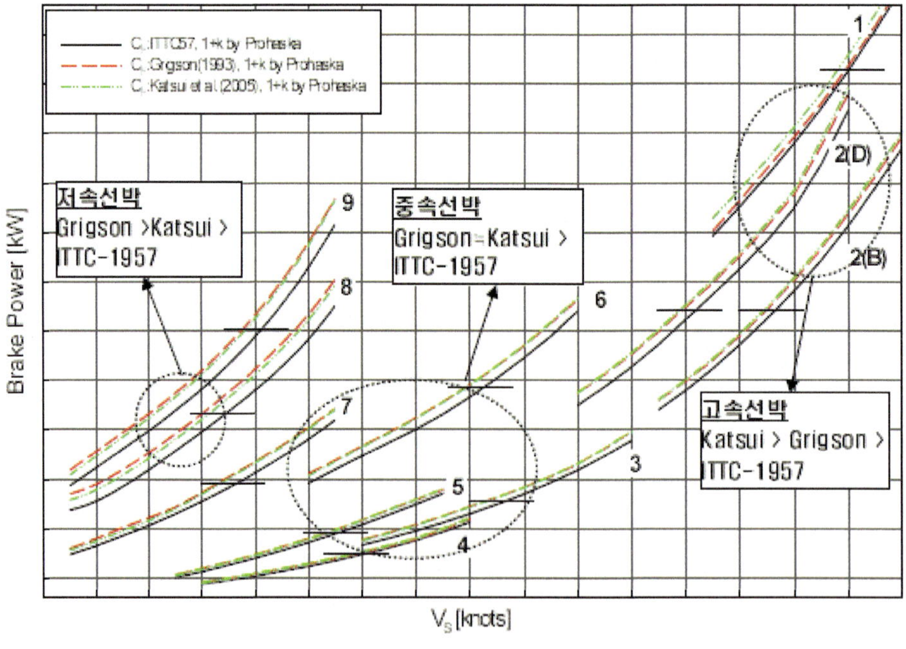


<속도와 제동동력(brakepower, 엔진에서나오는 추진력)과의관계>

## 연습문제

1. 선박 저항의 종류에 대해 기술하시오

2. 추진효율 개선방안에 대해 기술하시오

3. 실선 소요마력 추정시에 사용되는 Admiralty 계수에 의한 방법에 대해 간략히 설명하시오

4. 실선 소요마력 추정시에 사용되는 제반 여유(Margin) 중 설계여유, 항해여유, 기관여유에 대해 간략히 설명하시오

5. Diesel Mechanical Propulsion 시스템을 장치한 아래 값을 가지는 선박의 총추진효율($\eta_{OPC}$)과 소요 마력(BHP)을 구하는 식을 기술하시오(설계속도에서 선박의 유효마력은 EHP 이고, 반류계수는 w, 추력감소 계수는 t, 상대회전효율은 $\eta_R$, 프로펠러 단독효율은 $\eta_O$, 축효율은 $\eta_S$, 감속기어효율은 $\eta_G$임, 여유(Margin)는 10%의 항해 여유, 15%의 기관출력 여유를 고려하시오)

# 9장

## 주요장비의 제작과 품질실무

## 9.1 개요

선박 추진 시스템인 아래의 주요장비(Equipment)들이 조선소에서 계획 되고 설계된 성능과 품질이 만족된 상태로 전문 메이커(Maker)에서 제작되어 입고되도록 관리를 하여야 하며, 또한 선박에 설치 후에도 성능이 만족되도록 단계별로 관리를 하여야 한다.

- 동력을 발생시키는 주기관(Main Engine)
- 주기관의 동력을 추진기에 전달하는 축계 시스템(Shaft System)
- 추진력을 발생시켜 선박의 속력을 달성하는 추진기(Propulsor)

이에 따라 주요장비의 제작 시 필수적으로 관리를 해야 할 요소인 금속재료(Metallic material), 제작공정(Manufacturing process), 제작설비(Manufacturing facility), 검사시험방법(Inspection & test method) 등을 파악하고 이해를 하여야 한다.

## 9.2 생산작업 일반(Manufacturing Work General)

선박 추진시스템 주요장비(Equipment)의 제작방법은 그 특성에 따라 다양하다.

주기관(Main engine)은 고효율, 고성능을 가지기 위해서 다양한 기계부품이 필요하며, 복잡한 조립작업이 필요한 기계조립품이다. 따라서 주요 자재인 금속재료의 입고에서부터 제관(製罐)작업, 기계가공 작업, 방청작업, 기계조립작업 및 공장 시운전(Shop test) 등 복잡하고 세밀한 생산과정과 검사, 시험 과정을 거쳐야 한다.

축계(Shaft)는 단조작업(Forging)으로 성형가공을 한 후 열처리(Heat treatment)를 하여 고강도, 고장력의 기계적 성질을 가진 단조품을 정밀하게 기계가공을 한 제품이다.

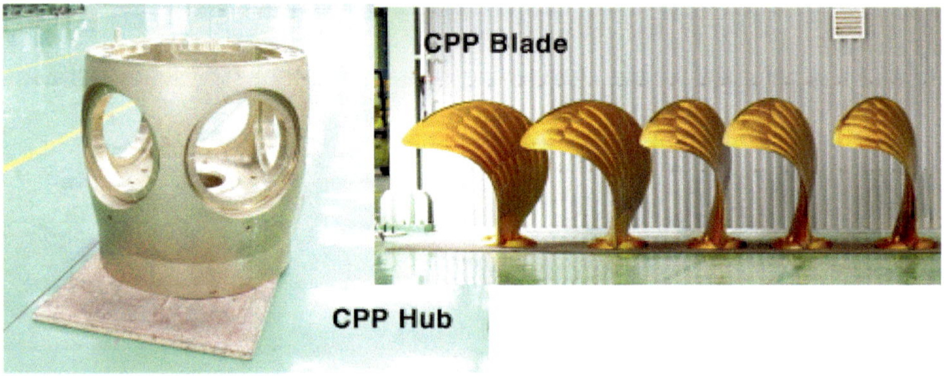


그림 9-1 가변피치 프로펠러 (CPP)

이 축계(Shaft)를 통하여 주기관(Main engine)에 추력이 전달되는 것을 방지하기 위한 추력베어링(Thrust bearing)과 축을 지지하기 위한 축계베어링(Shaft bearing)이 선박에 함께 설치가 된다. 추진기(Propeller)는 복잡한 형상과 해수에 대한 내부식성 제품으로, 합금강을 주조(Casting)한 후 정밀기계 가공을 한 주조품이다. 고정피치 프로펠러(FPP, Fixed Pitch Propeller)는 일체형으로 주조하여 기계가공 작업을 하며, 가변 피치 프로펠러(CPP, Controllable Pitch Propeller)는 날개(Blade)를 별도로 제작을 하여 몸체(Hub)에 조립을 하여 완성을 한다.

그러므로 선박 추진시스템의 주요 장비의 제작 시 사용되는 여러 가지 금속재료에 대한 특성과 제작 시 필요한 관리요소를 파악해야 한다. 또한 각 공정단계별 생산작업 과정에 대한 이해를 통하여 표준작업 절차를 준수하고, 세밀하고 체계적으로 제작관리를 함으로써 계획된 품질을 확보하는 것이 필수적이다.

# 9.3 금속재료(Metallic Material)

주요하게 사용되는 금속재료는 강판(Steel plate), 주조품(Steel casting), 단조품(Steel forging), 강관(Steel pipe) 등이 있다. 이 재료들의 특성에 따라 제작방법과 관리방법에 차이가 있다.

## 9.3.1 강판(Steel Plate)

금속을 성형 가공하는 방법 중에 압연(Rolling) 작업으로 생산되는 제품은 강판, 봉강, 형강, 철근 등 다양한 것이 있다. 강판(Steel plate)은 강(Steel)으로 만든 판으로, 두께에 따라 6 mm 이상인 것을 후판, 1~6 mm인 것을 중판, 1 mm 이하인 것을 박판이라 한다.

강판은 선박, 건축, 교량, 차량 등에 사용되는 일반구조용인 열간압연 강재, 용접성이 우수한 용접구조용 강재, 항복점이 높은 고장력강 등이 있다. 또한 용도에 따라 내후성 강판과 저온용강판, 냉간압연강판, 표면처리 강판, 표면특수형상강판 등이 사용되고 있다.

그림 9-2 여러 가지 강판

## 9.3.2 주조품(Casting)

주조는 금속을 전기로(Electric arc furnace) 내에서 열에 녹인 다음에 주형(Mould)에 주입하여 원하는 모양의 제품을 만드는 것이다. 주로 선철(銑鐵), 강(鋼), 동합금(銅合金), 알루미늄 합금 등의 재료로 제품을 만드는데 사용된다. 주조품은 단조품에 비해 기계적 성질에 방향성이 없는 복잡한 형상의 제품을 제작하는데 효과적인 방법이다. 재질에 따라 주물(Iron casting), 주강(Steel casting)으로 나눌 수 있으며, 합금 주강으로 고망간강, 니켈, 크롬강 등이 있다. 주조한 상태의 제품은 강도와 인성이 낮으므로 기계적 성질을 개선하기 위해 일반적으로 풀림, 담금질 등의 열처리가 실시된다.

주조작업을 공정별로 분류하면 전기로(Electric arc furnace)에서 용해, 주형(Mould)에 주입(鑄入), 후열처리(Post heat treatment)로 구분 할 수 있다.

그림 9-3 용해 공정

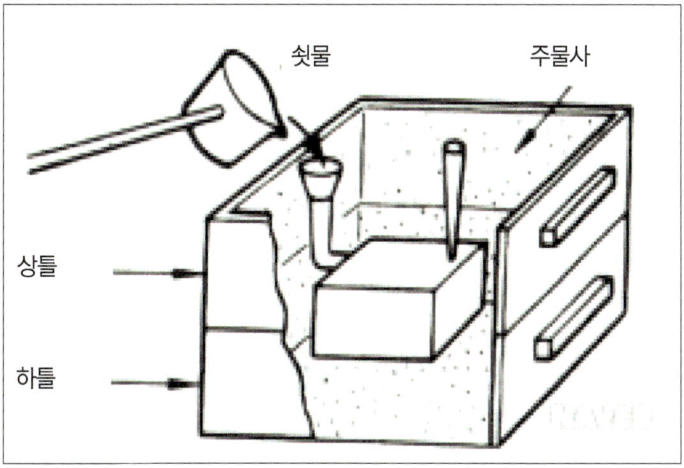


그림 9-4 주입공정

그림 9-5 후열처리 공정

### 9.3.3 단조품(Steel Forging)

고체인 강괴, 강편을 고온에서 가열하여 프레스, 해머, 롤(roll) 등을 사용하여 단조 또는 단조와 압연으로 단련하여 성형한 제품이다. 단조에 의해서 기포의 압착, 금속 조직의 변화, 결정입자의 미세화 등이 얻어지고 강도 인성 등의 기계적 성질이 개선된다. 일반적으로 그 재료에서 재결정이 진행되는 온도를 경계로 하여 그 이상의 온도에서 단조하는 것을 열간단조, 그보다 낮은 온도에서 단조하는 것을 냉간단조라고 한다. 단조방법은 대형 축(Shaft)과 같이 평탄한 공구 사이에 소재를 놓고 두들기면서 소재를 적당히 돌리거나 위치를 바꾸어 소정의 모양의 제품으로 만드는 자유단조와 요각(凹刻)한 금형 사이에 소재를 끼우고 두들겨서 소정의 모양의 제품을 만드는 형단조의 방법이 있다.

그림 9-6 자유단조 작업

### 9.3.4 강관(Steel Pipe)

내부에 빈 공간이 있고 봉 형태를 띠는 철강제품을 통칭한다. 유전개발용, 송유관용, 일반배관용, 구조용, 열교환기용, 농업용, 전선관용 등 광범위하게 사용된다. 접합부의 유무에 따라 보통 무계목강관(Seamless pipe)과 용접강관(Welded steel pipe)으로 나뉜다. 무계목강관은 소재에 구멍을 뚫은 다음 가공하거나 이미 천공된 소재를 프레스로 압출하는 방식으로 만든다. 대표적인 방법으로는 압연 천공법, 원심 주조법, 압출법, 인

발법 등이 있다. 용접강관으로 사용할 수 없는 고압, 고온, 저온, 내식 등 특수 배관용, 기계 구조용 및 열교환기용에 주로 사용된다. 용접강관은 철판을 구부려 이음매를 용접하는 방식으로 만드는데, 용접하는 방법에 따라 전기저항용접강관(ERW 강관), 가스용접관, 아크용접강관(SAW 강관)으로 분류된다. 원자재의 성질에 따라 탄소강 강관, 스테인리스강 강관, 아연도금 강관 등으로 구분하기도 한다.

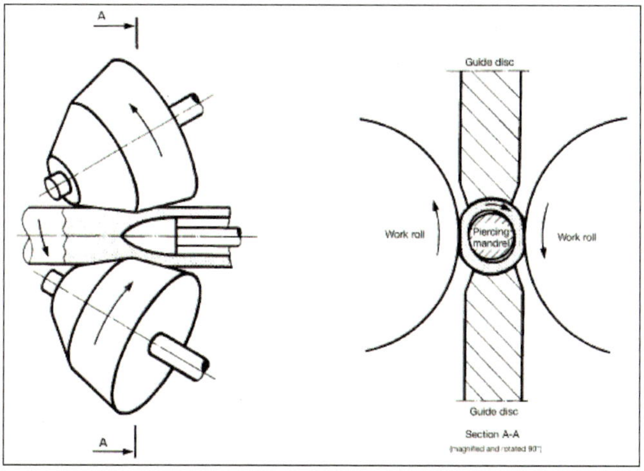


그림 9-7 Seamless Pipe 제작공정

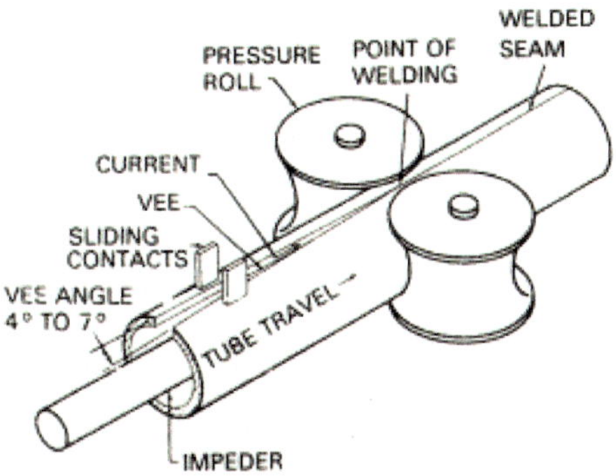


그림 9-8 Seam(Welded Steel) Pipe 제작공정

그림 9-9 Spiral Pipe 제작공정

## 9.4 열처리(Heat Treatment)

열처리(Heat treatment)란 재료를 가열·냉각 등의 조작을 적당한 속도로 조절하여 그 재료의 특성을 개량하는 작업으로 온도에 따라 내부에 존재하는 상의 종류나 배합이 변하는 성질을 이용한 것이다. 재료를 고온에서 급랭할 때 일어날 변화를 일부 또는 전부 저지하여 필요한 특성을 내는 담금질(Quenching), 담금질한 후 비교적 저온에서 가열하여 변화를 약간 진행시켜 알맞은 특성을 가지게 만드는 뜨임(Tempering), 가열하여 천천히 식힘으로 금속재료의 뒤틀림을 바로잡거나 상의 변화를 충분히 끝나게 하여 안정상태로 만드는 풀림(Annealing), 불림(Normalizing) 등이 있다. 또한 표면경화 열처리(Surface hardening)는 제품의 표면 중 적당한 부분만 강하게 하여 필요한 강도를 갖도록 하고, 내부는 부드럽고 질긴 성질을 유지하여 인성 등을 갖도록 하는 열처리방법이다. 침탄, 침탄질화, 질화(연질화, 염욕질화 등), 고주파 등의 방법이 있다.

## (1) 담금질(Quenching)

재료의 경도와 강도를 높이기 위한 목적으로 사용되며, 주로 고탄소 강의 단조품에 많이 적용 되고 있다. 강을 오스테나이트(Austenite)화 한 다음 급랭에 의해 오스테나이트 전부 또는 일부가 마르텐사이트(Martensite)로 변태하여 경화되는 열처리이다.

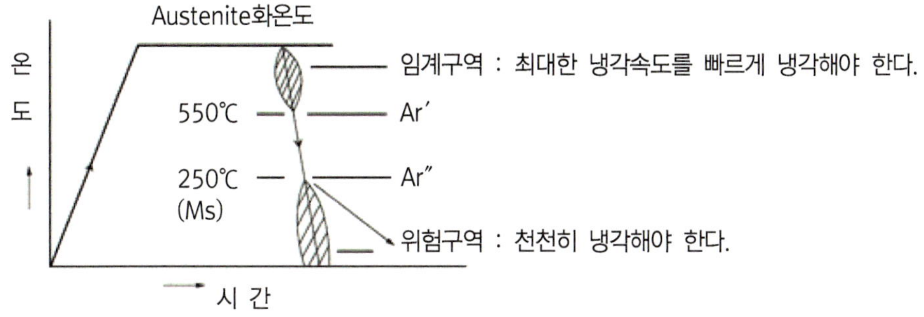


9-10 퀜칭 열처리 곡선

## (2) 뜨임(Tempering)

담금질(Quenching) 열처리에 의해 경화된 재료는 연성이 부족하고 취성이 너무 강하므로 그대로 사용하기가 어려워 뜨임(Tempering)을 한다.

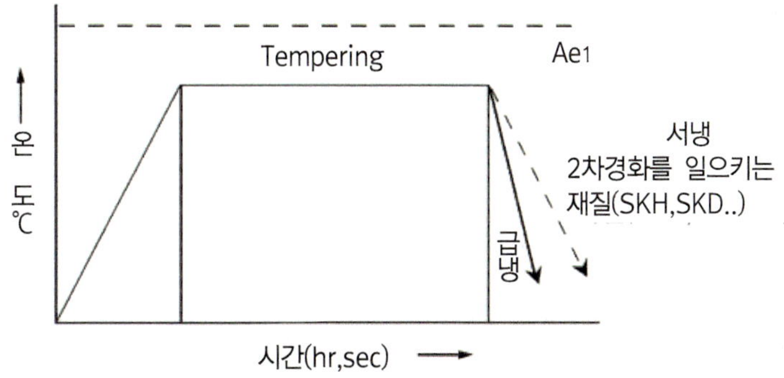


그림 9-11 템퍼링 열처리 곡선

강을 공석 온도 이하의 온도로 재가열하여 적절한 시간 동안 유지한 다음 공랭함으로써 연성과 인성을 향상시키고 잔류응력을 제거하며, 조직을 안정화시킬 목적으로 시행하는 열처리이다.

### (3) 풀림(Annealing)

단조, 주조, 압연 등의 가공작업으로 금속에 발생한 가공경화나 잔류 응력을 제거 할 목적으로 실시하는 열처리이다. 적절한 온도로 가열하고 그 온도를 유지한 다음 열처리로 내에서 적절한 속도로 냉각하여 경도를 감소시키고 가공성을 향상시키며, 냉간 가공을 용이하게 할 수 있도록 원하는 미세조직을 얻는 처리이다.

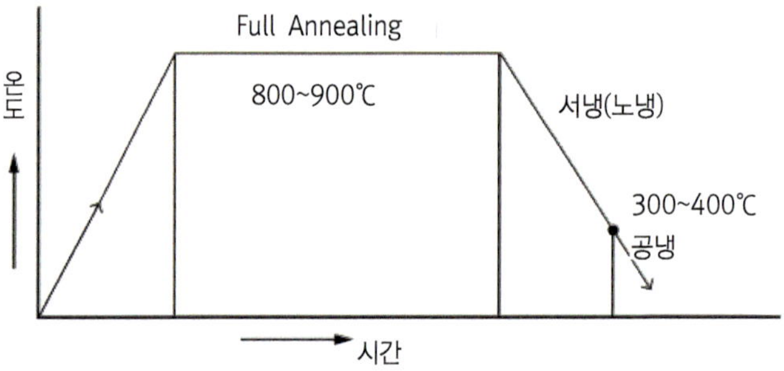


그림 9-12 어닐링 열처리 곡선

### (4) 불림(Normalizing)

풀림(Annealing)과 유사한 열처리 방법이나, 냉각속도를 빠르게 하여 재료의 항복점, 인장강도, 경도 등을 더 높게 하는 열처리 방법이다. 강을 변태영역 이상의 적절한 온도의 오스테나이트영역으로 가열한 다음 상온에서 자연냉각 하는 처리이다.

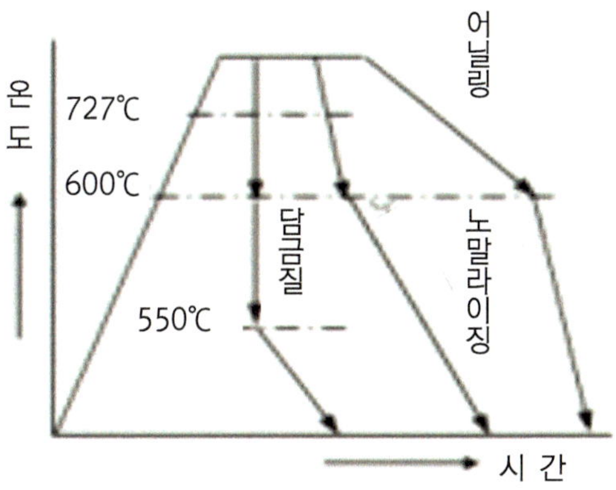


그림 9-13 노말라이징 열처리 곡선

### (5) 표면경화 열처리(Surface Hardening)

기계부품 중에서 내마모성이 요구되는 축(Shaft), 기어(Gear) 등의 표면 경도를 높이는 목적으로 실시하는 열처리의 일종으로 침탄, 질화, 고주파열처리 등 다양한 방법이 있다.

침탄처리는 저탄소강의 표면에 탄소를 침투시켜 표면만 고탄소강으로 만드는 공정으로 표면은 딱딱하게 내부는 무르게 하여 기계적 성질(강하면서 부러지지 않는 성질)을 얻기 위한 방법이다. 질화(저탄소강 표면에 질소투입)처리를 할 경우에 침탄보다 더 높은 경도를 얻을 수 있다.

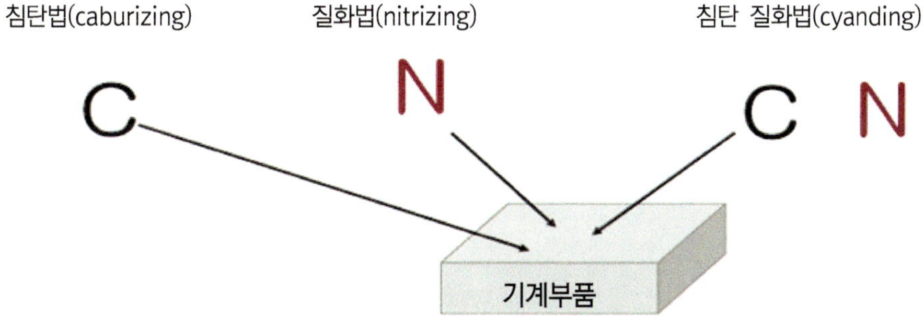


그림 9-14 침탄, 질화처리 개념도

그림 9-15 고주파 열처리 작업

고주파열처리는 중탄소강 이상에서 적용을 하며 고주파를 사용하여 재료의 표면을 급가열하여 냉각하는 방법으로 표면만 경화가 필요한 경우에 효과적으로 사용되는 열처리 방법이다.

## 9.5 제관작업(製罐, Fabrication Work)

기계의 프레임(Frame) 혹은 블록과 같은 용접구조물을 제작하기 위하여 자재들을 도면을 기준으로 강판을 마킹(Marking), 절단(Cutting), 취부(Fit-Up) 후 용접을 하는 작업과정을 말한다.

그림 9-16 제관작업 중인 구조물

## 9.5.1 마킹작업(Marking)

마킹은 철판의 표면에 도면의 형상대로 직접 그리는 작업을 말하는데, 절단을 위해 표시한 것과 취부작업시 부재의 위치를 표시한 것이 있다. 마킹 작업은 수작업으로 하는 경우도 있지만 절단기에서 자동으로 작업을 하는 경우도 많다.

그림 9-17 마킹작업

## 9.5.2 절단작업(Cutting)

절단은 마킹된 철판을 자르는 작업이다. 절단 작업 시에는 플라즈마 절단기, 가스 절단기, 공작기계 등이 사용되고 있으며, 작업자가 수동으로 작업하는 경우도 있다.

그림 9-18 절단작업

### 9.5.3 취부작업(Fit-Up)

취부작업은 정반에 올려진 주판재(Main plate) 위에 부재 또는 형강재를 가용접 하는 작업이다. 부재가 부착되어 용접 될 위치에는 제작 도면을 기준으로 부재의 방향과 부재 번호 등을 먼저 취부 마킹을 실시한다.

용접이 필요한 위치에 마킹과 부재가 준비되면, 취부사는 시공기준에 따라 본 용접작업을 할 수 있도록 가용접(태그용접, Tack welding)을 하여 부재를 고정시킨다.

그림 9-19 취부작업

### 9.5.4 용접 작업(Welding)

취부작업이 완료되면 본 용접작업을 실시하는데, 설계도면에 표시된 부위를 용접사가 용접절차서(WPS)에 따라서 작업을 한다.

설계도면에는 용접부위에 약속된 표준기호와 용접각장의 크기를 표시하고 있는데, 도면에 표시된 기호와 실제 용접작업이 완료된 모습은 그림 9-20과 같다.

용접절차서(WPS)란 용접 작업을 수행하는 데 필요한 제반 사항을 명시한 문서를 말한다.

용접절차서는 시험실에서 본 용접과 동일한 조건하에서 시편을 용접한 후 용접된 시편을 시험분석하고 Test하는 과정(WPQT : Welding Procedure Qualification Test)을 거쳐서 작성이 된다.

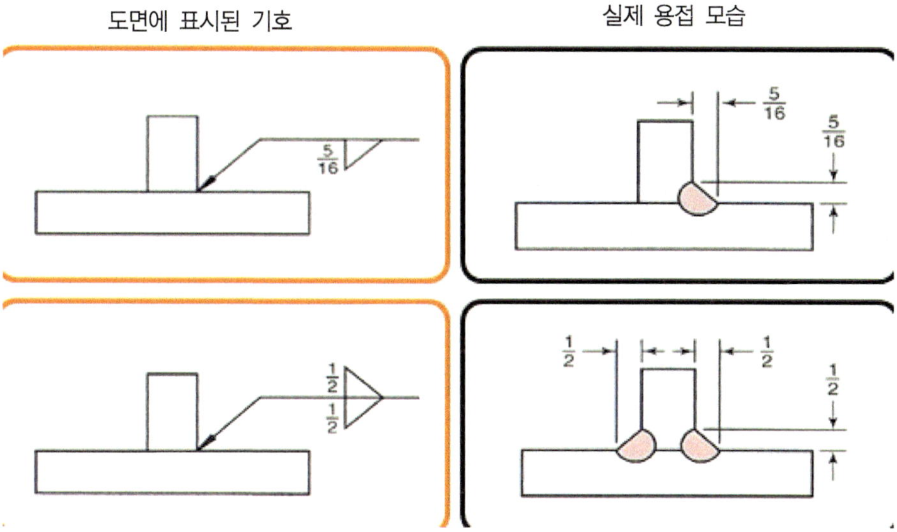


그림 9-20 용접기호 사례

## 9.6 기계가공 작업(Machining Work)

선박 추진시스템의 각종 장비(Equipment)는 정밀한 기계가공을 한 후에 기계조립 작업을 하여 제작하고 있다. 따라서 조립되는 각종 부품은 기계조립에 적합하게 설계된 형상, 기계가공 공차, 평탄도, 평행도, 직진도, 수직도, 원심도, 표면거칠기(Surface roughness) 등을 만족하기 위해서는 적합한 공작기계에서 기계가공작업(Machining work)을 하여야 한다.

주요한 공작기계로는 밀링머신(Milling machine), 선반(Lathe), 보링머신(Boring machine), 호빙 머신(Hobbing machine), 드릴링머신(Drilling machine) 등 여러 가지가 있다.

## 9.6.1 표면 거칠기(Surface Roughness)

설계된 표면 거칠기의 부품을 제작하기 위하여 공작기계에서 절삭가공 작업을 하여야 한다. 절삭가공(Machining)이란 공작기계를 이용하여 성형하고자 하는 금속보다 경도(Hardness)가 높은 절삭공구(Cutting tools)로 공작물로부터 칩(Chip)을 깎아내어 원하는 형상을 만드는 것이다.

| 다듬질 기호 | | 표면거칠기 구분값 | | | 정도 | 사용 예 |
|---|---|---|---|---|---|---|
| | | $R_a$ | $R_{max}$ | $R_z$ | | |
|  |  | 특별히 규정하지 않는다. | | | 일체의 가공이 없는 자연면 | 압력에 견뎌야 하는 곳 |
| | ∼ | | | | 고운 자연면을 그대로두고 아주 거친곳만 조금 가공 | 스패너 자루, 핸들, 활의 바퀴 (주조면,단조면) |
|  | ▽ | 25a | 100S | 100Z | 가공 흔적이 남을 정도의 막다듬질 | 드릴가공면, 샤프트의 끝면 |
|  | ▽▽ | 6.3a | 25S | 25Z | 가공 흔적이 거의 없는 중 다듬질 | 기어와 크랭크의 측면 |
|  | ▽▽▽ | 1.6a | 6.3S | 6.3Z | 가공 흔적이 전혀 없는 상 다듬질 | 게이지의 측정면, 공작기계의 미끄럼면 |
|  | ▽▽▽▽ | 0.2a | 0.8S | 0.8Z | 광택이 나는 고급 다듬질 | 래핑, 버핑에 의한 특수용도의 고급 플랜지면 |

그림 9-21 표면 거칠기의 종류

## 9.6.2 공작기계(Machine Tools)의 종류

### (1) 밀링머신(Milling Machine)

밀링 커터가 회전하면서 상하, 좌우, 전후의 선형(Linear) 이송운동을 하는 공작물을 절삭하는 공작 기계이다. 적합한 밀링 커터를 사용함으로써 평면 절삭, 홈 절삭, 절단 등 복잡한 절삭이 가능하며, 용도가 넓다.

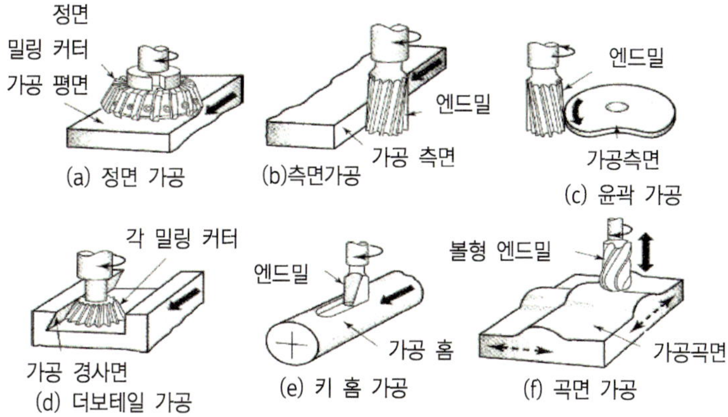


그림 9-22 밀링가공의 종류

### (2) 선반(Lathe)

공작기계 중에서 역사가 가장 오래 되었으며, 일반적으로 많이 사용되는 대표적인 기계이다. 공작물을 회전시키면서 나사를 깎는 작업은 물론 각종 기계부품을 정밀하게 가공할 수 있게 되었다.

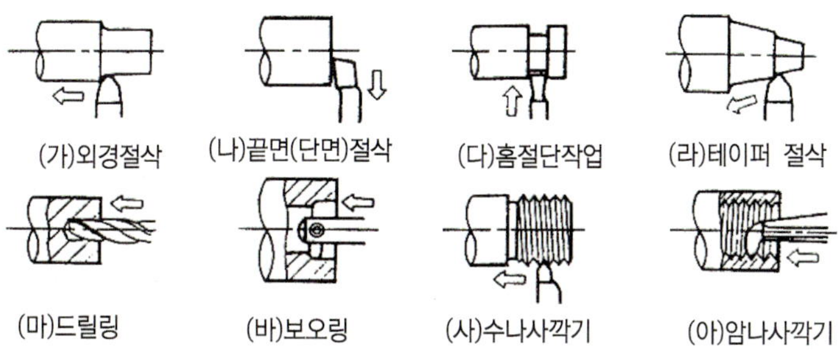


그림 9-23 선반작업 종류

### (3) 보링머신(Boring Machine)

이미 뚫려 있는 구멍을 정밀하게 깎아 넓히는 작업을 주목적으로 하는 공작기계이다. 공작물을 테이블 또는 마룻바닥 위에 고정하고 보링용 공구를 회전시켜서 작업한다. 대형 또는 복잡한 모양의 공작물에 여러 종류의 구멍을 가공하는 데 편리하다.

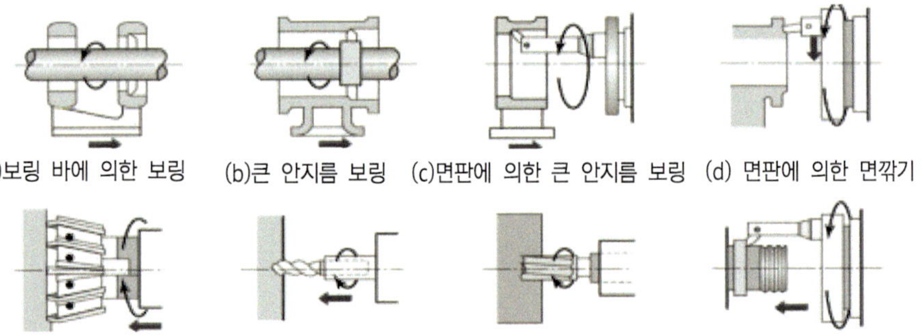

(a)보링 바에 의한 보링 (b)큰 안지름 보링 (c)면판에 의한 큰 안지름 보링 (d) 면판에 의한 면깎기

(e)정면밀링커터에 의한 면깎기 (f) 구멍 뚫기 (g) 엔드밀깎기 (h) 바깥지름깎기,수나사깎기

그림 9-24 보링작업 종류

### (4) 호빙머신(Hobbing Machine)

기어(Gear) 절삭용 공작기계로 평기어·헬리컬기어 및 웜기어 등의 기어를 절삭할 수 있으며, 수직 호빙머신과 수평 호빙머신이 있다. 웜(Worm)과 웜기어(Worm gear)가 맞물려 있는 상태에서 기어를 절삭한다.

| 구분 | 두 축이 평행 | | | 두 축 교차 | 두 축이 교차 및 평행하지 않음 |
|---|---|---|---|---|---|
| 기어의 종류 |  |  |  |  |  |
| 명칭 | 평기어 | 헬리컬기어 | 래크와 피니언 | 베벨기어 | 웜과 웜기어 |
| 특징 | 두 축 평행 | 소음이 적음 | 회전↔직선 | 직각으로 만남 | 큰 감속비 |

그림 9-25 기어(Gear)의 종류

## (5) 드릴링머신 (Drilling Machine)

전동기에 의해 회전하는 축에 드릴 등의 절삭 공구를 고정시키고, 회전시키면서 수직 운동을 하여 구멍을 뚫을 때 사용하는 공작기계이다. 크기나 작업 형태에 따라 핸드 드릴링 머신, 직립 드릴링 머신, 레이디얼 드릴링 머신, 탁상 드릴링 머신, 평 드릴링 머신, 다축(多軸) 드릴링 머신 등 여러 가지 종류가 있다.

| 드릴링 | 카운터 싱크 | 카운터 보어 | 스폿페이싱 | 리밍 | 태핑 |
|---|---|---|---|---|---|
| • 드릴로 공작물에 구멍을 뚫는 가공 방법 | • 접시 머리 나사의 머리부를 깍을 때 사용<br>• 원추 모양 한쪽에 나선으로 날이 잡혀 있어서 구멍 부분에 모따기에도 사용 | • 금형가공시,렌치 볼트 머리 부분이 들어갈 수 있도록 단을 만들 때 사용 | • 단조나 주조품의 경우 표면이 울퉁불퉁하여,볼트나 너트가 닿는 구멍 주위의 부분만을 평탕하게 가공하여 체결이 잘되도록 하는 가공 방법 | • 리머를 사용하는 가공법을 말하며,리머란 드릴로 뚫은 구멍의 치수를 정확히 하기 위한 가공 | • 탭을 사용하는 가공법<br>• 구멍에다가 나사신을 만드는 가공 |

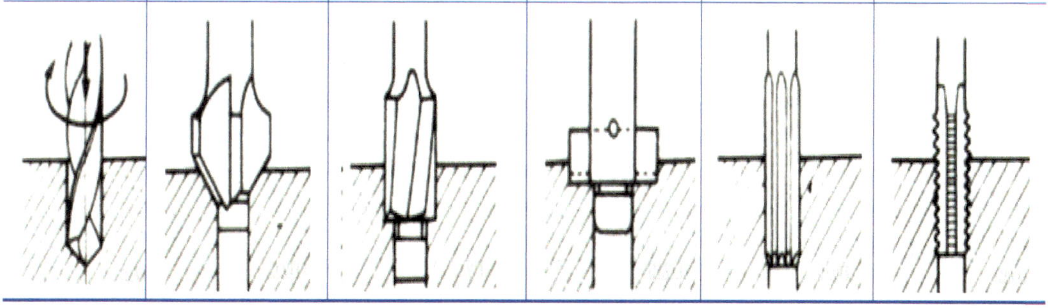

그림 9-26 드릴링 작업 종류

# 9.7 기계조립 작업(Assembly Work)

선박 추진시스템의 각종장비(Equipment)는 선박에 설치 후 설계된 성능을 가지기 위해서는 전문 제작업체(Maker)에서 정밀한 기계가공 후 기계조립 작업을 하여 제작하고 있다.

기계조립작업(Assembly work)은 제작된 많은 기계부품들을 정확한 위치에 연결하고 고정시켜 한 대의 완성된 제품을 만드는 과정이며, 조립작업에 필요한 기계부품을 기계요소라고 하다. 기계요소는 공장에서 직접 가공하여 사용하는 부품과 표준품을 구매하여 사용하는 경우도 있다.

## 9.7.1 기계 요소(Machine Elements)

기계요소는 기계를 구성하는 부품 즉, 기계 부품을 구성 요소로 분해할 수 있는 최소 단위로 나타낸 것이다. 기계 요소는 결합용 요소, 전동 요소, 축계 요소, 운동조정용 요소가 있으며 상세내용은 다음과 같다.

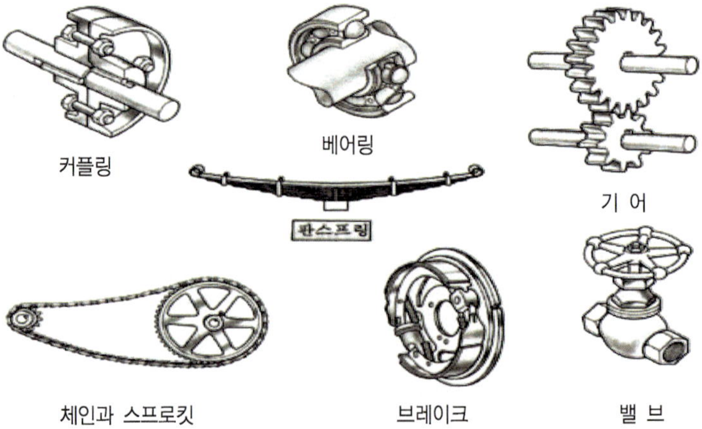


그림 9-27 여러 종류의 기계요소

① 결합용 요소: 나사, 키, 코터, 핀, 리벳 등으로, 임시적 체결이나 반 영구적 체결을 하는 기계 부품이며 작지만 대단히 중요한 부분이다.

| 묻힘키(성크키) | 평키(플랫키) | 안장키(새들키) | 반달키(우드러프 키) | 페더키(미끄럼 키) |
|---|---|---|---|---|
|  | 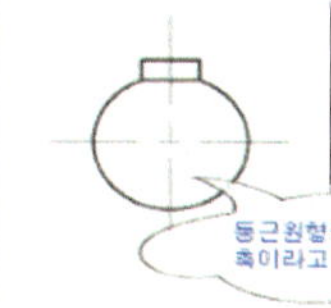 | 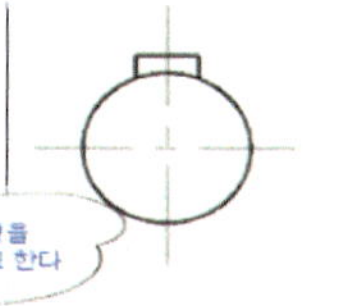 | 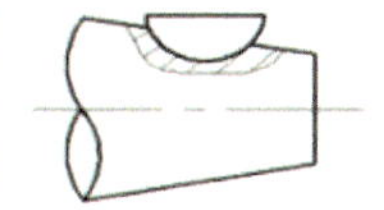 | 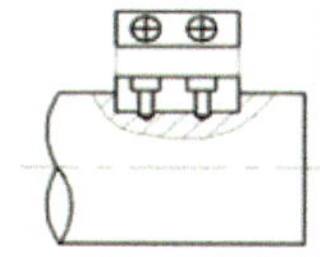 |
| 가장 많이 사용<br>테이퍼 1/100 | 축은 자리만 평편<br>보스에 홈 | 축은 절삭하지 않고<br>보스에만 홈 | 테이퍼 축에 주로 사용<br>축이 약해짐 | 축방향으로 보스<br>이동가능 |

| 접선키 | 원뿔키 | 둥근키(핀키) | 스플라인 | 세레이션 |
|---|---|---|---|---|
| 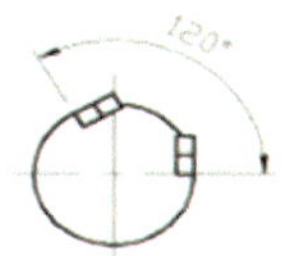 | 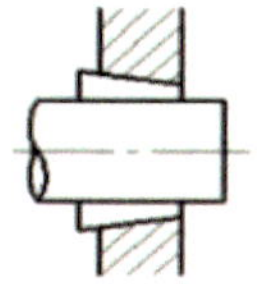 | 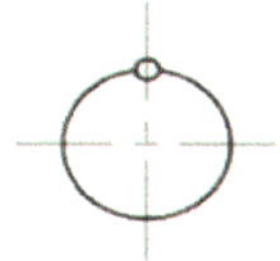 | 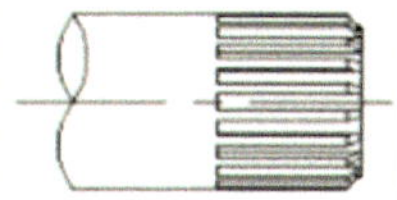 | 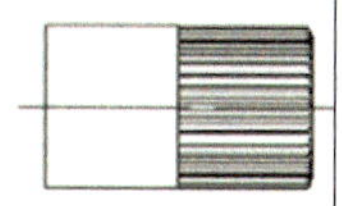 |
| 2개의 키를 조합 | 갈라진 원뿔통에<br>끼워 넣어<br>마찰력으로 고정 | 축과 보스에 드릴로<br>구멍을 내어 홈을<br>만듬 | 축의 둘레에 4~20개의<br>턱을 만듬 | 축에 작은 삼각형의<br>작은이를<br>만듬,자동차의 핸들 |

그림 9-28 키(Key) 종류

② 전동 요소: 회전축, 마찰차(Friction wheel), 기어, 벨트, 로프, 체인 등과 같이 동력을 전하는 부분이다.

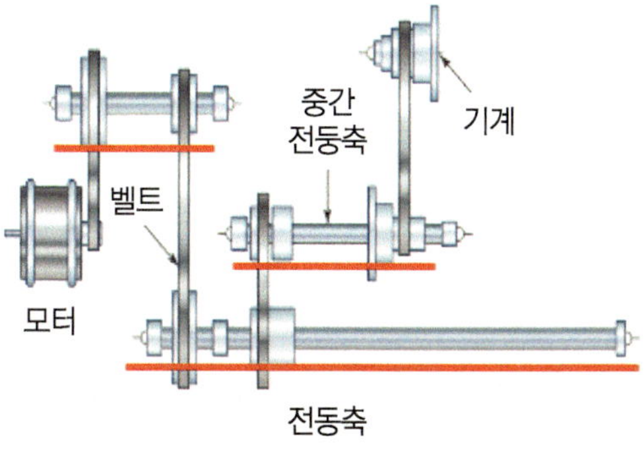


그림 9-29 전동요소

③ 축계 요소: 축, 축이음(Coupling), 미끄럼베어링, 볼베어링, 롤러 베어링 등과 같이 축을 연결하거나 축을 지지하는 부분이다.

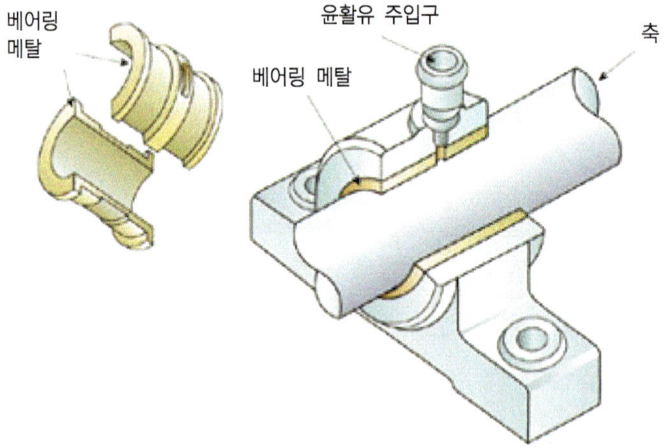


그림 9-30 베어링 개념도

④ 운동조정용 요소: 브레이크와 같은 제동요소와 스프링과 같은 완충 요소가 포함된다. 그 외에 관용 요소로 파이프, 파이프 이음 등이 있다.

## 9.7.2 기계조립 순서

기계는 여러 가지 사용목적에 따라 그 구조 및 운동방식이 다양하므로 조립작업도 다르게 진행이 된다. 그러나 조립작업의 기본이 되는 합리적인 기계조립 순서는 다음과 같다.

### (1) 도면 검토(Drawing Review)

조립작업의 첫 단계는 조립도, 부품조립도, 부품도의 상세한 검토이다. 이 검토를 통하여 기계 전체의 구성품이나 설치위치, 상대운동의 관계 등을 완전히 이해하고 특수한 자재(Material) 및 공구(Tool)의 필요 여부를 파악하고, 준비를 하여야 한다.

### (2) 부품 준비(Preparing of Machine Elements)

한 대의 기계를 조립하기 위해서는 수많은 부품이 필요한데, 사전에 품질검사를 실시하여 조립작업 시에 문제가 발생하지 않도록 하여야 한다. 또한 조립 순서에 맞게 부품이 순차적으로 공급이 되어 효율적인 조립작업이 진행되도록 하여야 한다.

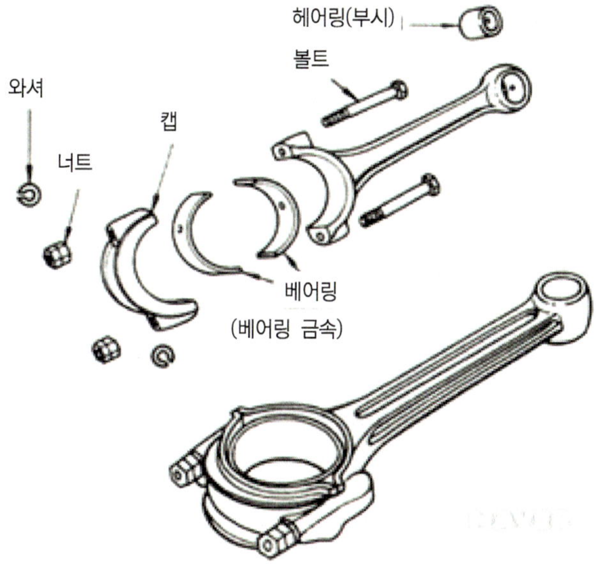


그림 9-31 커넥팅 로드(Connecting Rod) 부품

### (3) 조립작업의 장소

소형기계의 조립은 보통 수평의 작업대나 조립용 정반(Surface table) 위에서 작업을 할 수 있다. 그러나 대형 기계의 경우에는 조립작업 중 하중을 견딜 수 있도록 공장 바닥에 적합한 기초공사를 한 후 대형 정반을 설치하며, 엔진(Engine) 등은 조립 후 공장 내 시운전(Shop test)을 할 수 있도록 전용 작업장을 준비하여 작업의 효율을 높이고 있다.

### (4) 조립작업(Assembly Work)

기계 조립작업 시에는 먼저 베드(Bed), 프레임(Frame), 컬럼(Column) 등과 같은 기계 몸체의 대형 부품을 먼저 조립하고, 준비된 다른 부분품을 순서에 따라 그 몸체에 조립을 한다. 만약 부분 조립(Sub-Assembly)이 필요한 부품의 경우에는 사전에 부분조립으로 유니트(Unit)화 하여 본체에 조립을 하도록 한다. 조립이 완성된 제품은 필요한 절차에 따라 공장 내에서 검사, 시운전을 실시하여 제품의 품질과 성능을 확인하고 그 결과를 기록한다.

그림 9-32 조립작업 중인 주기관

그림 9-33 공장 내 시운전 중인 주기관

### (5) 검사, 시운전 후처리

조립된 제품이 조립공장에서 시운전이 완료되면 보통 다음과 같은 조치를 하고, 출하 준비를 한다.

#### 1) 주유(Oiling)

기계 작동에 필요한 시스템 오일(System oil)을 주유하고, 기계작동 부위에도 윤활유를 도포하여 운동성능이 유지되도록 하고, 방청(Rust prevention)이 되도록 한다. 또한 노출된 기계 가공면은 그리스(Grease)를 도포하여 보호 및 방청이 되도록 한다.

#### 2) 외부물질의 침입방지

외부와 연결되는 배관(Pipe), 구멍(Hole) 등에는 출하, 납품 후 외부 이물질이 들어가지 않도록 사전에 커버링(Covering)을 하여 밀봉을 한다.

#### 3) 파손방지

중요한 가공면에는 목판, 펠트(Felt), 합성수지 등으로 포장하여 손상되지 않도록 보호하고, 운송 중 변형이 예상되는 부분에는 보강재를 설치하거나, 완충재를 충진하여 손상을 방지한다. 압력계, 온도계, 회전계 등 파손되기 쉬운 계기류(Instruments)는 분해하여 상자에 넣어 별도로 포장하여 출하한다.

#### 4) 운송에 따른 해체

제품은 완전 조립된 상태로 납품이 되면 가장 좋지만, 필요에 따라 운송을 위해 분해를 하는 경우도 있다. 이때는 조립도에 미리 분해되는 곳을 명시하고, 현물에는 재조립을 하기 편리하도록 마킹(Marking)을 하여야 한다.

그림 9-34 방청처리 된 기계 가공면

### 9.7.3 주요한 조립작업

기계는 몸체인 베드(Bed), 프레임(Frame), 컬럼(Column) 등의 대형부품은 고장력 볼트체결(Bolting) 작업으로 조립하고, 다른 부분품을 순서에 따라 다양한 방법으로 그 몸체에 조립작업을 한다. 주요한 조립작업 방법은 다음과 같다.

#### (1) 유압너트 작업(Hydraulic Nut)

대형 구조물이나 고장력의 볼트체결이 필요한 기계부품을 조립할 경우에 사용되는 볼트 조임 작업으로 유압(Hydraulic power)을 이용하여 높은 토크(High torque)의 너트(Nut)를 체결 한다.

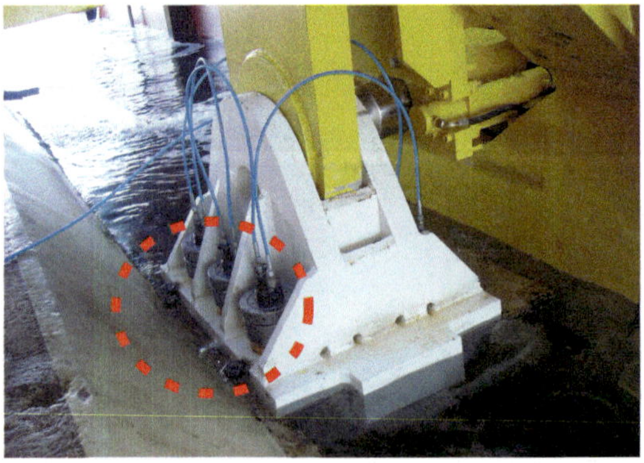

그림 9-35 유압너트 작업

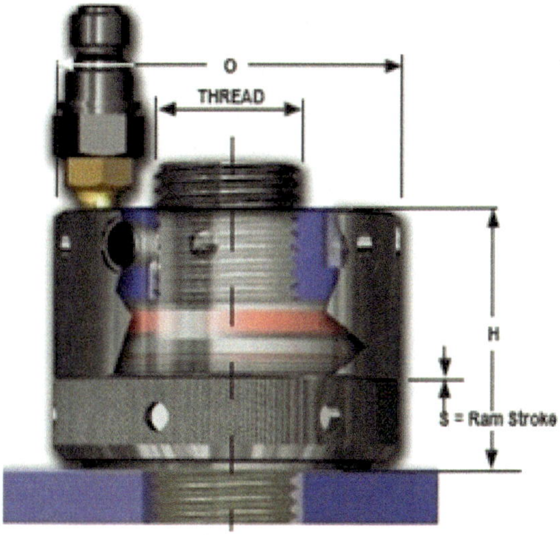


그림 9-36 유압너트 구조

## (2) 축이음 작업(Coupling Work)

축과 축을 연결하기 위하여 사용되는 작업이다.

축이음에는 다양한 방식이 있으며, 저마다 다른 특징을 갖고 있다. 설계를 할 때는 축이음의 구조나 축과의 고정방법, 허용 토크나 허용 회전수 등을 감안하여 기계에 가장 적합한 형식을 선정해야 한다.

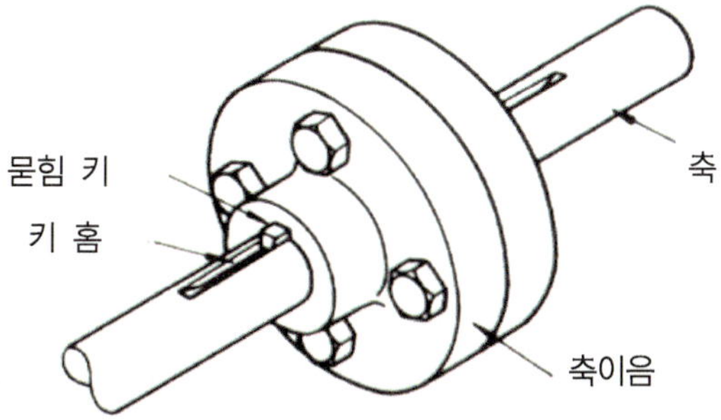


그림 9-37 축이음 개념도

그림 9-38 Coupling의 종류

커플링의 종류는 크게 고정커플링(Rigid coupling)과 유연커플링(Flexible coupling)으로 나눌 수 있다. 용도에 따라서 적합한 종류(Type)을 선정하여 작업하여야 한다.

### (3) 열박음 작업(Shrinkage Fitting Work)

기계 조립작업 시 억지끼워 맞춤작업(Tight fitting)이 필요한 경우에 하는 작업 방법으로 열팽창이나 수축을 이용한다. 작업 방법은 가열박음과 냉간박음의 2가지로 나눌 수 있다.

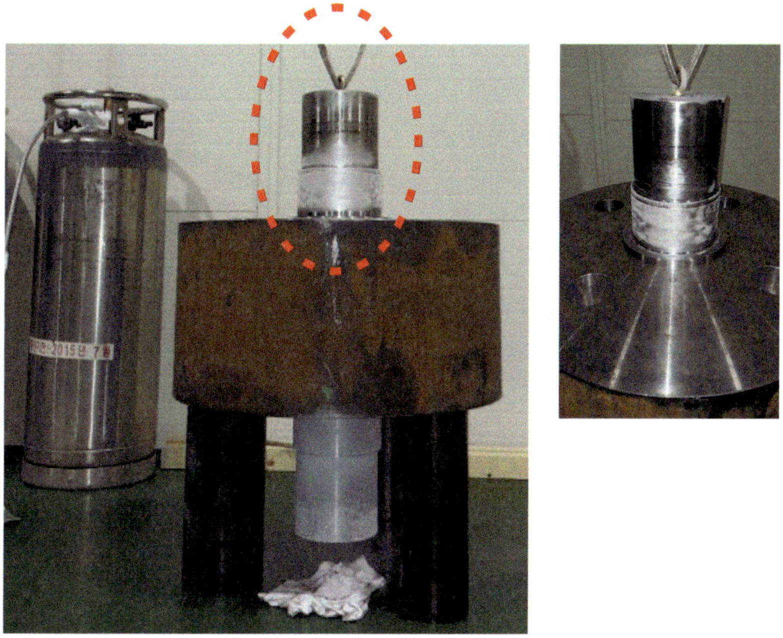

그림 9-39 Shrinkage Fit

가열박음은 구멍(Hole)쪽을 가열해서 내경(Bore)을 키워서 끼우는 작업방법이고, 냉간박음은 반대로 축(Shaft) 등을 냉각시켜 외경(Out diameter)을 줄여서 끼우는 작업방법이다.

냉간박음을 할 경우에 액체질소나 드라이아이스를 이용해서 축의 외경을 줄인다. 냉간박음은 열에 의한 손상, 변형이나 산화를 피할 수 있어서 조립작업 시 많이 사용되는 작업방법이다.

일반적으로 회전축(Shaft)에 기어(Gear), 커플링(Coupling) 등을 조립 할 경우나 엔진 블록(Block)에 실린더(Cylinder)를 조립 할 경우, 또 조선소에서 축계에 볼트를 조립 할 경우 등 다양하게 활용되고 있다.

### (4) 배관 작업(Piping Work)

기계 조립 작업 시에는 기계가 정상적으로 작동(Operation) 하기 위해 필요한 다양한 관(Pipe)의 연결 및 설치작업이 필요하다. 관(Pipe)을 밸브, 관이음 등을 이용하여 배치, 접속하는 것인데, 관은 다양한 종류의 액체, 기체의 수송과 이동에 필요한 것으로서, 그 용도나 유체의 종류에 적합한 배관이 되어야 한다. 또한 배관은 그 내부의 유체가 무엇인가를 판별하기 쉽도록 배관의 표면(보온되어있는 경우는 보온의 표면)에 정해진 색을 칠하여 배관을 식별하도록 하고 있다. 관의 접속에 이용되는 관이음은 관이음재를 의미하는 경우와 관의 접속 방법을 말하는 경우가 있다. 전자의 경우는 소켓, 엘보, 니플, 크로스 등 여러 종류의 이음 재료들이 있다. 후자의 의미에 있어서는 용접 이음, 나사식 이음, 플랜지식 이음, 유니언 이음으로 대별 된다.

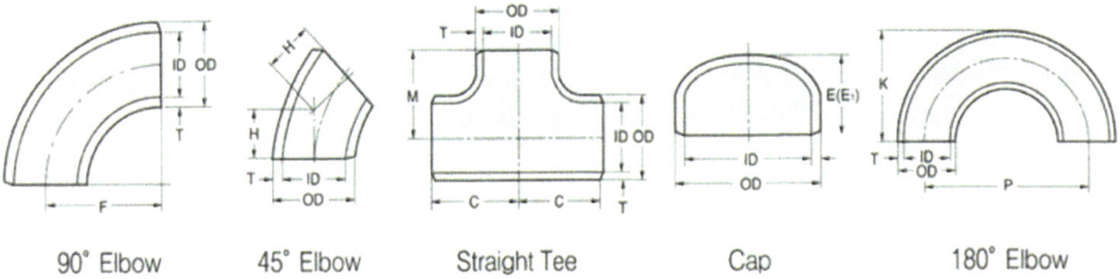


그림 9-40 관이음재 종류

그림 9-41 다양한 배관연결

# 9.8 기계제작의 품질실무(Quality for Manufacturing)

선박 추진 시스템의 주요장비(Equipment)들이 전문 메이커(Maker)에서 제작되어 조선소로 입고가 되므로, 제작 시 필수적으로 관리를 해야 할 요소인 금속재료(Metallic material), 제작공정(Manufacturing process), 제작설비(Manufacturing facility), 검사 시험(Inspection & Test) 등 각 단계별로 품질을 체계적으로 관리하여 제품의 완성 단계에서 양질의 품질이 확보되도록 하여야 한다.

## 9.8.1 재료의 품질(Quality for Material)

기계의 몸체 및 부품에 주요하게 사용되는 금속재료인 강판(Steel plate), 주조품(Steel casting), 단조품(Steel forging), 강관(Steel pipe) 등은 그 특성에 따라 품질관리를 하여야 한다.

### (1) 검사증명서(Mill Test Certificate) 확인

금속재료가 설계된 사양과의 일치 여부를 파악하기 위해 우선 자재의 검사증명서(Mill Test Certificate)를 확인하여야 한다.

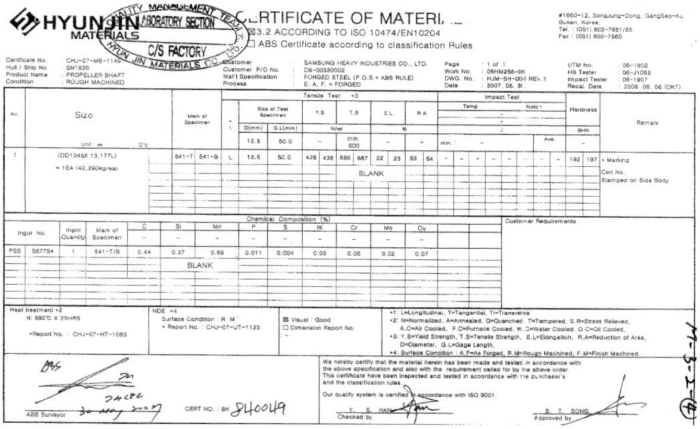
HYUNJIN MATERIALS

C.:RTIFICATE OF MATERI..

☒3.2 ACCORDING TO ISO 10474/EN10204

☐ ABS Certificate according to classification Rules

#1660-12, SongJung-Dong, GangSeo-Ku Busan, Korea. Tel. : (051) 602-7651/55 Fax : (051) 602-7660

Certificate No. : CHJ-07-ME-1149
Hull / Ship No. : SN1620
Product Name : PROPELLER SHAFT
Condition : ROUGH MACHINED
Customer : SAMSUNG HEAVY INDUSTRIES CO., LTD.
Customer P/O No. : DB-00330002
Mat'l Specification : FORGED STEEL (P.O.S.+ ABS RULE)
Process : E. A. F. + FORGED
Page : 1 of 1
Work No. : 06HM256-06
DWG. No. : HJM-SH-006 REV.1
Date : 2007. 06. 30.
UTM No. : 06-1902
HB Tester : 06-J1082
Impact Tester : 06-1907
Recal. Date : 2006. 05. 08. (DKT)

| No. | Size | Mark of Specimen | | *1 | D(mm) | G.L(mm) | Y.S (N/㎟) | | T.S (N/㎟) | | E.L (%) | | R.A (%) | | Impact Test (J) | Hardness (BHN) | | Remark |
|---|---|---|---|---|---|---|---|---|---|---|---|---|---|---|---|---|---|---|
| | | | | | 12.5 | 50.0 | - | | min. 600 | | - | | - | | min. - Ave. | - | | |
| 1 | (OD1045X 13,177L) = 1EA (42,290kg/ea) | 541-T | 541-B | L | 12.5 | 50.0 | 428 | 438 | 656 | 667 | 22 | 23 | 53 | 54 | - | 192 | 197 | * Marking Cert No. Stamped on Side Body |
| | BLANK | | | | | | | | | | | | | | | | | |

Chemical Composition (%)

| Ingot No. | | Ingot Quantity | Mark of Specimen | C | Si | Mn | P | S | Ni | Cr | Mo | Cu |
|---|---|---|---|---|---|---|---|---|---|---|---|---|
| | | | | - | - | - | - | - | - | - | - | - |
| PSS | S67754 | 1 | 541-T/B | 0.44 | 0.27 | 0.69 | 0.011 | 0.004 | 0.03 | 0.06 | 0.02 | 0.07 |
| | | | | BLANK | | | | | | | | |

Customer Requirements

Heat treatment *2
N: 890℃ X 23HRS
*Report No. : CHJ-07-HT-1063

NDE *4
Surface Condition : R. M.
* Report No. : CHJ-07-UT-1123

☒ Visual : Good
☐ Dimension Report No.

*1: L=Longitudinal, T=Tangential, Tr=Transverse
*2: N=Normalized, A=Annealed, Q=Quenched, T=Tempered, S.R=Stress Relieved, A.C=Air Cooled, F.C=Furnace Cooled, W.C=Water Cooled, O.C=Oil Cooled,
*3: Y.S=Yield Strength, T.S=Tensile Strength, E.L=Elongation, R.A=Reduction of Area, D=Diameter, G.L=Gage Length,
*4: Surface Condition : A.F=As Forged, R.M=Rough Machined, F.M=Finish Machined

We hereby certify that the material herein has been made and tested in accordance with the above specification and also with the requirement called for by the above order. This certificate have been inspected and tested in accordance with the purchaser's and the classification rules.

Our quality system is certified in accordance with ISO 9001.

ABS Surveyor 30 May 2007 CERT NO. : BK 840049

Y. S. HAN Checked by

S. T. SONG Approved by

그림 9-42 검사증명서 Sample

모든 금속재료는 제작 단계에서 시편을 채취하여 시험분석과 물리적 특성에 대한 시험을 하여 검사증명서(Certificate)를 작성한다.

검사증명서에는 강재의 일반사항, 품명, 재질, 치수(Size), 화학성분(Chemical composition), 기계적 성질(Mechanical property) 등이 기록되어 있고, 선급(Class) 검사관의 확인 서명이 되어 있다.

### (2) 열처리 검사성적서(Heat Treatment Report) 확인

단조품이나 주조품은 제작, 가공작업 시 재료에 발생한 가공경화나 잔류 응력을 제거하기 위해 반드시 후열처리(Post heat treatment)를 하여야 한다.

재료 검사 시에는 열처리에 대한 검사성적서를 반드시 확인하여 적합한 열처리가 시행되었는지 여부를 확인해야 한다.

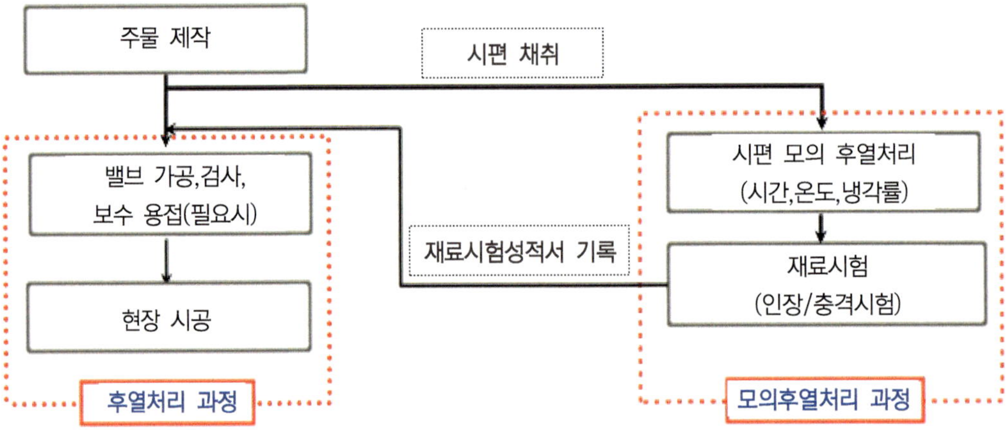


그림 9-43 후열처리 절차 사례

# 열처리 검사 성적서
## HEAT TREATMENT REPORT OF INSPECTION

| 고 객 (CUSTOMER) | | 열처리회사 (COMPANY) | | TEL : FAX : | No. : |
|---|---|---|---|---|---|
| 품 번 (Part No.) | | 재 질 (Material) | SCM415 | 수 량 (Quantity) | 200 EA |
| 품 명 (Part Name) | | 열처리 (Heat Treat) | C.Q.T | 처리장비 (F'ce No.) | PIT-2 |
| 규 격 (SIZE) | | | | | |

**열처리 조건 (Heat Cycle)**

▶ Carburizing Cycle

OIL TEMP. : 60℃

▶ Tempering Cycle

**경화깊이**

| 깊이 | 경도 |
|---|---|
| 0.05 | 735 |
| 0.2 | 742 |
| 0.4 | 703 |
| 0.5 | 675 |
| 0.6 | 664 |
| 0.7 | 594 |
| 0.8 | 553 |
| 0.9 | 501 |
| 1.0 | 487 |
| 1.1 | |
| 1.2 | |

경도 분포 (Load 300g)

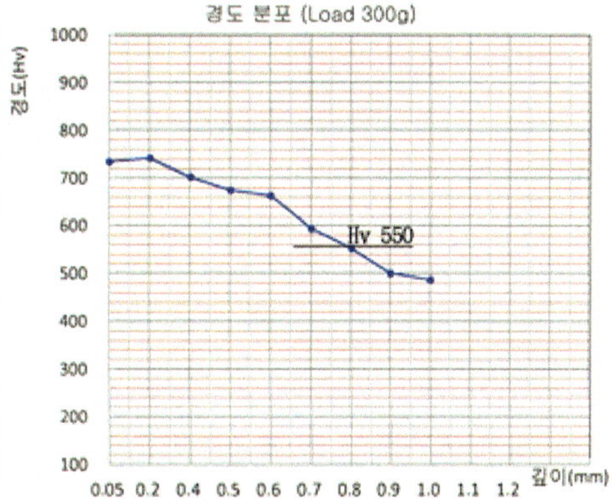


| INSPECTION | SPECIPICATION | RESULT | REMARK |
|---|---|---|---|
| 유효 경화깊이(mm) CASE DEPTH | (Hv 550) 0.3 ~ 1.0 | 0.80 | |
| 표 면 경 도 SURFACE HARDNESS | HRC 55 ~ 65 | 60, 61 | |
| 내 부 경 도 CORE HARDNESS | HRC 20 ~ 40 | 36, 37 | |
| 표 면 조 직 SURFACE STRUCTURE | TEMPERED MARTENSITE | | |
| 내 부 조 직 CORE STRUCTURE | LOW CARBON MARTENSITE + FERRITE | | |
| 잔류 오스테나이트 RETAINED AUSTENITE | 20% 이하 | 10% | |

| 비 고 : (REMARK) | 품 명 | 품 번 | 규 격 | 재 질 | 수 량 | 비 고 |
|---|---|---|---|---|---|---|
| | | | | | | |

합 격 품질관리팀

| 판 정 RESULT | 합 격 OK | 특 채 ACCEPT | 불합격 REJECT | 결 재 | Tested By | Checked By | Approved By |
|---|---|---|---|---|---|---|---|
| | | | | | | | |

그림 9-44 열처리 검사성적서 Sample

### (3) 재료(Material)의 실물검사

재료의 실물검사는 먼저 치수를 확인하기 위해 주요 부위를 계측기로 측정 하여야 하고, 제작 시 발생한 결함의 잔존여부를 확인하기 위해 육안검사를 실시하여야 한다. 주요한 결함은 치수 상이, 뒤틀림, 끝단 노치(Notch), 점부식(Pitting), 표면기공(Blow hole), 크랙(Crack) 등이 있다.

그림 9-45 조선용 후판 강재

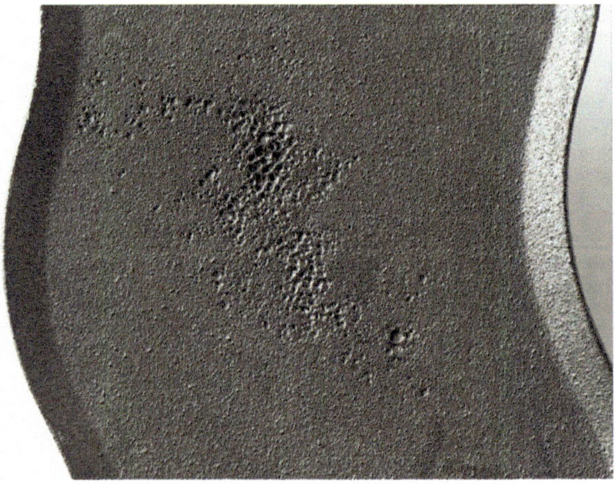

그림 9-46 주조품 표면 기공 결함

## 9.8.2 제관품의 품질(Quality for Fabrication)

용접구조물로 된 기계의 몸체(Frame)는 설계된 하중을 지탱할 수 있는 구조가 되어야 하고, 외관치수가 기계 가공에 문제가 없어야 하며, 용접 부위에 결함이 없어야 하므로 다음과 같은 품질검사가 필요하다.

### (1) 육안 검사(Visual Inspection)

용접작업이 완료된 구조물의 외관을 육안으로 검사를 하는 방법을 말하는데, 주요 검사 내용은 구조 변형, 부재 누락, 부재 오부착, 부재손상 및 용접부 표면결함 등을 검사한다.

용접부의 표면결함은 육안으로 확인할 수 있으며 주요 결함은 언더컷(Under cut), 오버랩(Overlap), 크레이터(Crater), 비드(Bead)불량, 스패터(Spatter) 등이 있다.

그림 9-47 용접 작업이 완료된 구조물

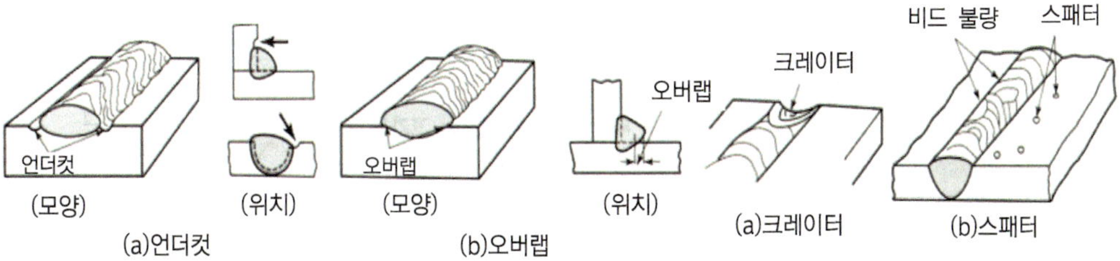


그림 9-48 용접부 표면결함

## (2) 치수 검사(Dimension Inspection)

용접작업이 완료된 구조물의 주요 치수는 설계도면에 명시된 허용공차(Tolerance)를 만족해야 한다. 허용공차(Tolerance)는 기준치를 중심으로 규격상한값과 규격하한값의 차이값을 표시한 것으로 아래의 예시는 기준값이 48 mm이고, 허용공차가 4 mm이므로 도면상에는 48±2 mm로 표시한다.

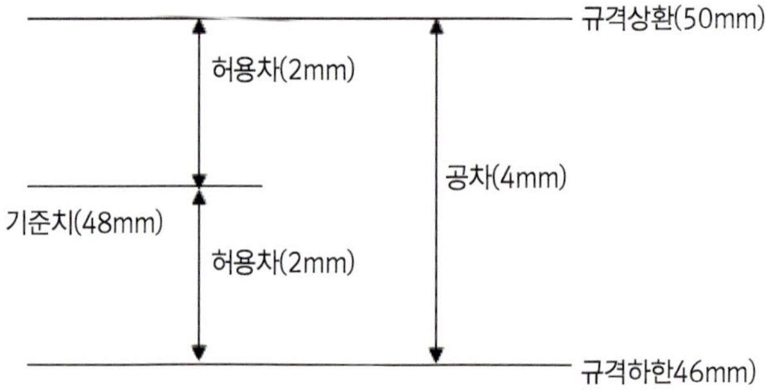


그림 9-49 허용공차 개념도

일반적으로 용접구조물의 허용공차는 아래 예시와 같이 외관 치수를 기준으로 적용이 된다.

| CODE | 적용 범위 및 기준치 |
|---|---|
| DIN8570<br>(Part-1) | • 판정기준<br>- Linear Dimension |

| Degree of Accuracy | Nominal Dimension Range(MM) | | | | | | | | | |
|---|---|---|---|---|---|---|---|---|---|---|
| | 30~120 | 120~315 | 315~1000 | 1000~2000 | 2000~4000 | 4000~8000 | 8000~12000 | 12000~16000 | 16000~20000 | 20000~이상 |
| A | ±1 | ±1 | ±2 | ±3 | ±4 | ±5 | ±6 | ±7 | ±8 | ±9 |
| B | ±2 | ±2 | ±3 | ±4 | ±6 | ±8 | ±10 | ±12 | ±14 | ±16 |
| C | ±3 | ±4 | ±6 | ±8 | ±11 | ±14 | ±18 | ±21 | ±24 | ±27 |
| D | ±4 | ±7 | ±9 | ±12 | ±16 | ±21 | ±27 | ±32 | ±36 | ±40 |

그림 9-50 DIN 규격의 허용공차 Sample

## (3) 용접부 비파괴검사(NDT for Welding Joint)

금속재료의 내외부에 있는 결함이나 구조물의 용접부에 내외부 결함 여부를 확인하기 위하여 여러 가지 비파괴검사를 실시한다.

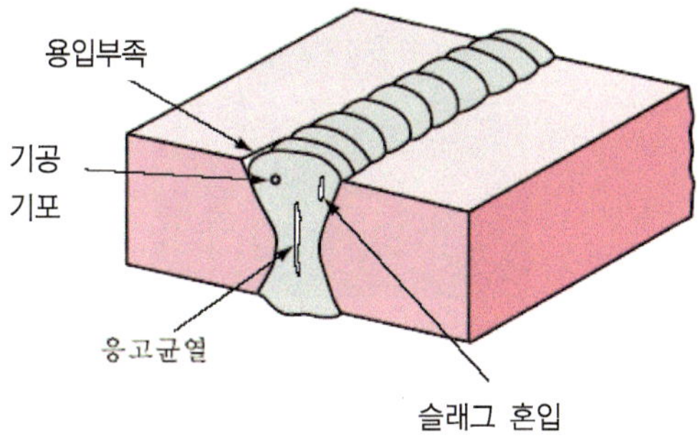


(a) 맞대기 이음

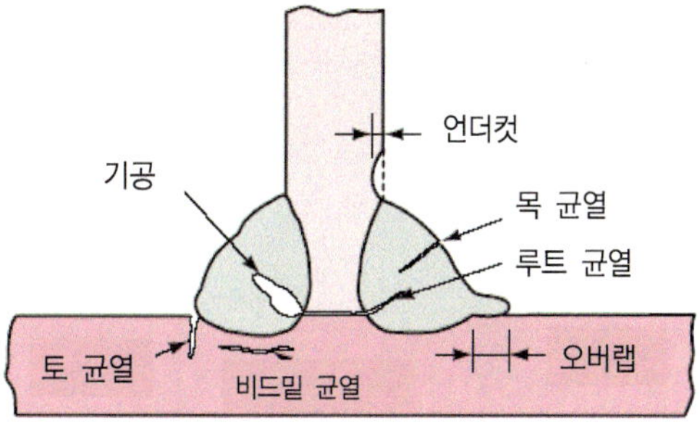


(b) T형 이음

그림 9-51 용접부의 내부, 표면결함 종류

용접부위에 주로 사용되는 비파괴 검사(Non Destructive Test) 방법에는 육안검사(VT), 방사선투과시험(RT), 초음파탐상시험(UT), 자분탐상시험(MT), 침투탐상시험(PT) 등이 있다. 방사선투과시험(RT)은 엑스선 또는 방사성 동위원소를 이용하여 제품 내부의 불연속 부분(또는 결함)을 관찰(검사) 하는 방법이다. 산업현장에서는 주로 용접부의 불연속 부위(또는 결함)을 검사할 때 사용한다. 디지털 방사선투과법은 필름 대신에 방사선 센서 또는 형광물질을 이용하여 투과된 영상을 컴퓨터 모니터로 보게 하는 방법이다.

초음파탐상시험(UT)은 제품에 가해진 초음파빔(Ultrasonic beam)이 균열 등과 같은 결함을 만나면 반사되는 성질을 이용하여 제품의 내부결함을 검사하는 방법이다. 초음파 검사법은 투과성과 감도가 우수하며, 기차바퀴, 압력용기, 금형 같은 대형 물체의 결함을 여러 방향에서 검사하는 데 사용된다. 이 방법은 다른 비파괴 검사법에 비해 정확도가 높으나, 검사결과를 제대로 해석하려면 숙련된 경험이 요구된다.

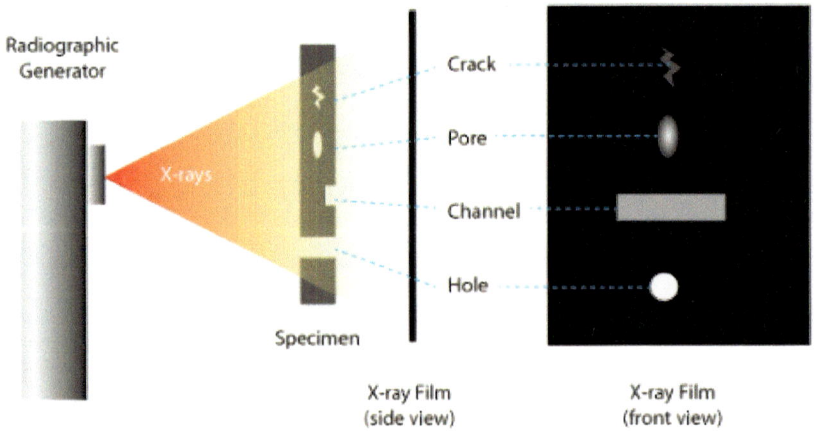


그림 9-52 RT검사 개념도

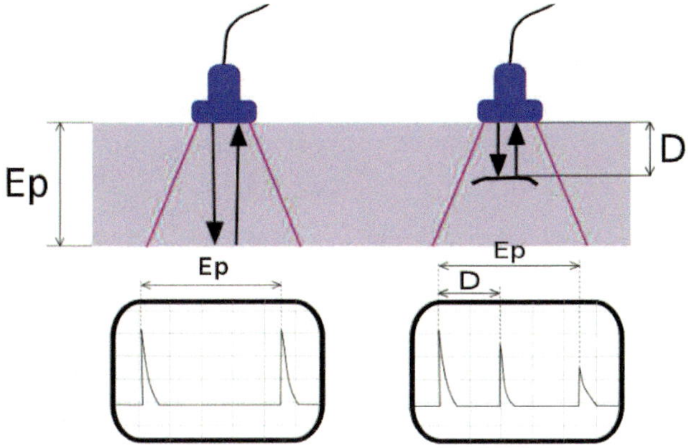


그림 9-53 UT검사 개념도

자기탐상시험(MT)은 강자성의 미세입자를 이용하여 제품표면 혹은 표면 밑 결함을 검사하는 방법이다. 먼저 제품표면 위에 강자성 입자를 직접(건식) 혹은 물이나 기름에 타서(습식) 뿌린 후 제품에 자기장을 걸어주면 표면의 불연속선, 즉 결함을 따라 입자들이 모이는 것을 관찰할 수 있다.

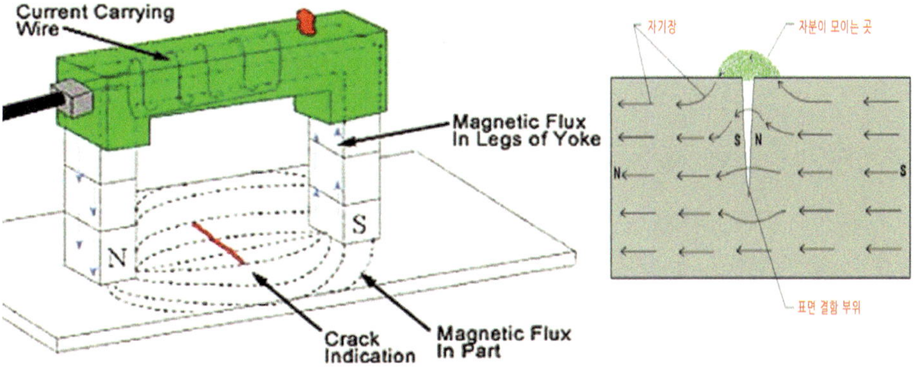


그림 9-54 MT검사 개념도

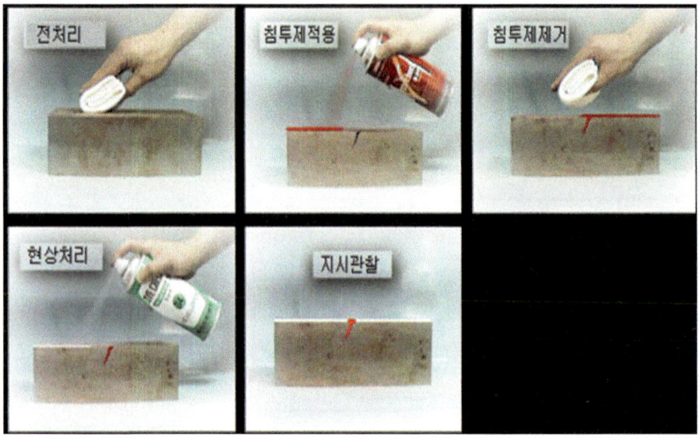


그림 9-55 PT검사 순서도

이렇게 모인 입자들은 일반적으로 결함의 형상이나 크기를 나타낸다. 표면에서 깊지 않으면 표면 밑 결함도 이 방법으로 찾을 수 있다. 침투탐상시험(PT)은 제품표면에 액체를 발라서 표면의 열린 틈을 통해 내부로 침투되는 것을 조사하여, 표면균열, 겹친 부위, 기공과 같은 결함을 검사하는 방법이다. 이 방법은 장치가 간단하고 다루기 쉬우며 다른 방법에 비해 비용이 적게 들어, 표면결함을 찾는데 널리 이용되고 있다. 그러나 이 방법으로는 내부 결함을 검사할 수는 없다.

### 9.8.3 기계가공품의 품질(Quality for Machining)

기계가공 도면에 따라 공작기계에서 정밀한 가공된 기계부품은 도면에 표기된 치수정밀도와 형상 정밀도 등 가공정밀도가 허용공차를 만족하는지 측정을 하여 적합 여부를 확인하여야 한다.

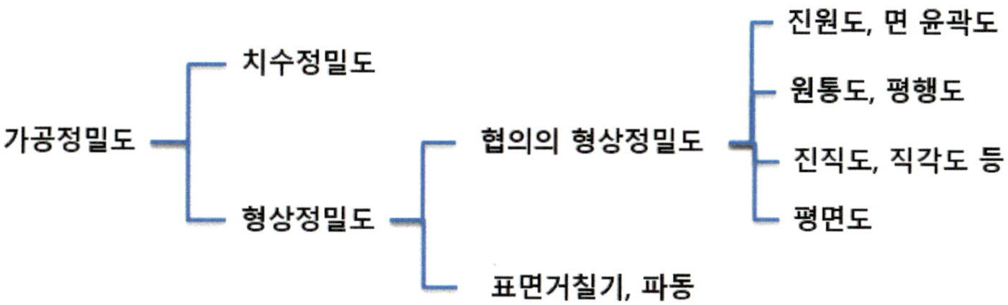


가공정밀도의 허용공차는 기계가공도면에 표시가 되어있으나, 일반적으로 용접구조물의 일반공차보다 허용범위가 작으며, 기계조립에 필요한 부품들의 정밀한 기계가공 작업 시에 적용이 된다.

기계 가공품의 정밀도 측정은 공작기계 위에서 하는 경우도 있고, 별도로 설치된 정반으로 이동하여 측정하는 경우도 있다. 측정공구로는 버니어캘리퍼스, 마이크로메터, 다이얼 게이지 등의 수동 측정공구와 레이저를 이용한 3차원 계측기 등도 있다.

| 별표 1. 용접구조물 일반 공차 (±) | | 별표 2. 기계 가공 공차 (±) | |
|---|---|---|---|
| 치 수(mm) | 공 차 | 치 수(mm) | 공 차 |
| 120이하 | 1 | -6 이하 | 0.1 |
| 315이하 | 2 | -30 이하 | 0.2 |
| 1,000 이하 | 3 | -120 이하 | 0.3 |
| 2,000 이하 | 4 | -315 이하 | 0.5 |
| 4,000 이하 | 5 | -1,000 이하 | 0.8 |
| 5,000 이하 | 7 | -2,000 이하 | 1.2 |

그림 9-56 일반공차와 가공공차의 비교표

| 공차의 종류 | | 기호 | 공차역의 정의 | | 표시예의 해석 | |
|---|---|---|---|---|---|---|
| 형상 공차 | 진직도 공차 | — |  | 공차역을 나타내는 수치 앞에 기호φ가 붙여 있는 경우에는 이공차역은 직경이1인 원통 속의 영역이다. | 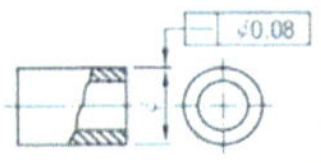  | 통의 직경을 나타내는 치수에 공차 기입란이 붙어 있는 경우에는 그 원통의 축선은 직경이 0.08 mm인 원통 내에 있어야 한다. |
| | 평면도 공차 | ▱ | 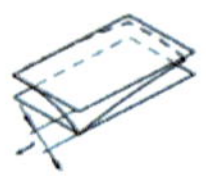 | 공차역은 t만큼 떨어진 2개의 평행한 평면 사이에 끼어 있는 영역이다. |   | 이 표면은 0.08 mm만큼 떨어진 2개의 평행한 평면 사이에 있어야 한다. |
| | 진원도 공차 | ○ |  | 대상으로 하는 평면 내에서의 공차역은 t만큼 떨어진 2개의 동신원 사이에 있는 영역이다. | 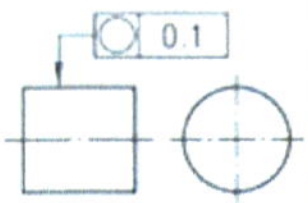  | 임의의 축 직각 단면에서의 바깥둘레는 동일 평면상에서 0.1 mm만큼 떨어진 2개의 동심원 사이에 있어야 한다. |
| | 원통도 공차 | ⌭ | 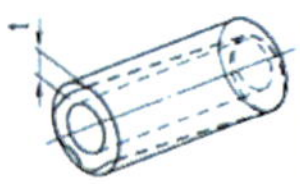 | 공차역은 t만큼 떨어진 2개의 동축통 사이에 있는 영역이다. | 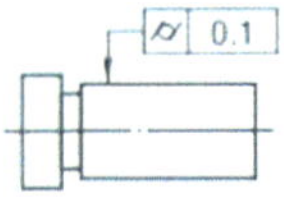  | 대상으로 하는 면은 0.1 mm 만큼 떨어진 2개의 동축 원통면 사이에 있어야 한다 |
| | 선의 윤곽도 공차 | ⌒ |  | 공차역은 이론적으로 정확한 윤곽선위에 중심을 둔 직격이 t인 원이 만드는 2개의 포물선 사이에 끼어 있는 영역이다. | 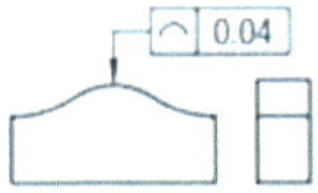  | 투영면에 평행한 임의의 단면에서,대상으로 하는 윤곽은 이론적으로 정확한 윤곽을 가진 선 위에 중심을 둔 직격 0.04 mm의 원이 이루는 2개의 포물선 사이에 있어야한다. |
| | 면의 윤곽도 공차 | ⌓ |   | 공차역은 이론적으로 정확한 윤곽면 위에 중심을 둔, 직경이 t인 구가 만드는 2개의 포물선 사이에 끼어 있는 영역이다. | 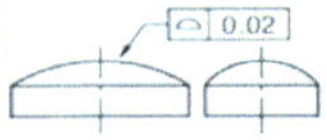  | 대상으로 하는 면은 이론적으로 정확한 윤곽을 가진 면 위에 중심을 둔 직경 0.02 mm의 구가 이루는 2개의 포물선 사이에 있어야 한다. |

| | | | | | | |
|---|---|---|---|---|---|---|
| 자세 공차 | 평행도 공차 | // |  | 공차역은 데이텀 평면에 평행하고,t만큼 떨어진 2개의 평행한 평면 사이에 끼어 있는 영역이다. | 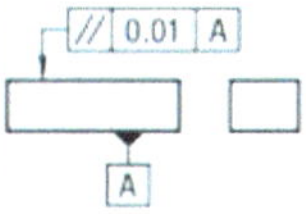 | 지시선의화살표로 나타내는 면은 데이텀 평면A에 평행하고, 지시선의 화살표 방향으로 0.01 mm만큼 떨어진 2개의 평면 사이에 있어야 한다. |
| | 직각도 공차 | ⊥ | 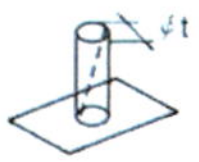 | 공차역을 나타내는 수치 앞에 기호∅가 붙어 있는 경우에는,이 공차역은 데이텀 평면에 수직이고 직경이 t인 원통 속의 영역이다. | 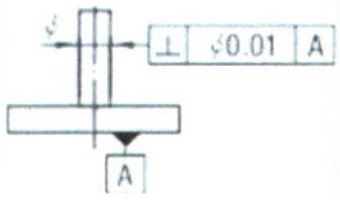 | 지시선의 화살표로 나타내는 원통의 축선은 데이텀 평면A에 수직이고, 직경 0.01 mm의 원통안에 있어야 한다. |
| | 경사도 공차 | ∠ | 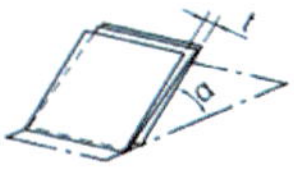 | 공차역은 데이텀 평면에 대해 지정된 각도로 기울고, 서로 t만큼 떨어진 2개의 평행한 평면 사이에 끼어 있는 영역이다. | 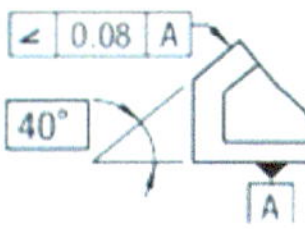 | 지시선의 화살표로 나타내는 면은 데이텀 평면A에 대해 이론적으로 정확하게 40° 기울어지고, 지시선의 화살표방향으로 0.08 mm 만큼 떨어진 2개의 평행한 평면 사이에 있어야 한다. |
| 위치 공차 | 위치도 공차 | ⌖ |  | 공차역은 대상으로 하는 점의 이론적으로 정확한 위치(이하,진위치라고 함)를 중심으로 하는 직경t인 원이나 구 안의 여역이다. | 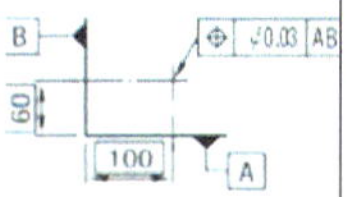 | 지시선의 화살표로 나타내는 점은,데이터 직선A에서 60mm,데이텀 직선 B에서 100mm떨어진 위치를 중심으로 며,직경이 0.03 mm인 원속에 있어야 한다. |
| | 동축도 공차 또는 동심도 공차 | ◎ | 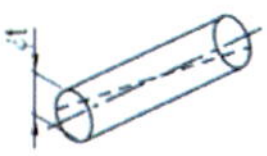 | 공차를 나타내는 수치 앞에 기호∅가 붙어 있는 경우에는 이 공차역은 데이텀 축 직선과 일치하는 축선을 가진 직경t인 원통 속의 영역이다. | 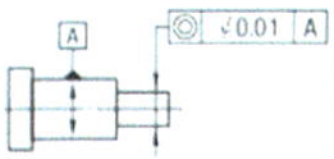 | 지시선의 화살표로 나타내는 축선은 데이텀 축 직선 A를 축선으로 하는 직경 0.01 mm의 원통 속에 있어야 한다. |

| | | | | | | |
|---|---|---|---|---|---|---|
| | 대칭도 | ⌯ |  | 공차역은 데이텀 중심 평면에 대해 대칭으로 배치되며, 서로 t만큼 떨어진 2개의 평행한 평면 사이에 끼어 있는 영역이다. | 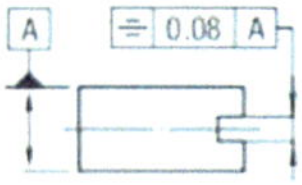 | 지시선의 화살표로 나타내는 중심면은 데이텀 중심 평면 A에 대칭으로 0.08 mm의 간격을 가진, 평행한 2개의 평면 사이에 있어야 한다. |
| | 원주 요동 공차 | ↗ |  | 공차역은 데이텀 축 직선에 수직인 임의의 측정 평면상에서 데이텀 축 직선과 일치하는 중심을 갖고,반지름 방향으로 t만큼 떨어진 2개의 동심원 사이의 영역이다 | 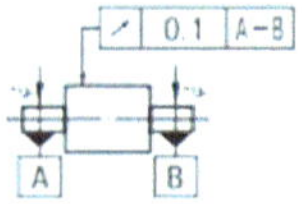 | 지시선의 화살표로 나타내는 원통면의 반지름 방향의 진동은 데이텀 축 직선 A-B를 기준으로 1회전 시켰을 때 데이텀 축 직선 수직인 임의의 측정 평면상에서 0.1 mm를 넘지 않아야 한다. |
| | 전체 요동 공차 | ⌰ | | 공차역은 데이텀 축 직선에 일치하는 축선을 가지고, 반지름 방향으로 t만큼 떨어진 2개의 동축 사이의 영역이다. | 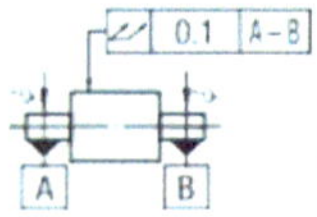 | 지시선의 화살표로 나타내는 원통면의 반지름 방향의 전체 진동은 데이텀 축 직선 A-B를 기준으로 원통 부분을 회전 시켰을 때 원통 표면상의 임의의 점에서 0.1 mm를 넘어서는 안된다. |
| 공차역을 정의하는 칸에서 사용되고 있는 선은 다음과 같은 의미를 갖는다.<br>굵은 실선 또는 파선 : 형체 가는 1점 쇄선 : 중심선<br>굵은 1점 쇄선 : 데이텀 가는 2점 쇄선 :보충 투영면 또는 절단면<br>가는 실선 또는 파선 : 공차역 굵은 2점 쇄선 :보충 투영면 또는 절단면에 대한 형체의 투명 | | | | | | |

그림 9-57 기계가공공차 표시 방법

선박에 설치되는 축계는 정밀 기계 가공된 제품으로, 중간축(Intermediate shaft)과 추진기축(Propeller shaft)은 단조품으로 제작되며 단조작업 후 필요한 열처리를 하여 적합한 기계적 성질을 갖도록 하고 있다. 기계 가공은 황삭가공(Rough machining) 작업을 먼저 하고 마지막으로 정삭가공(Finish machining) 작업을 한다. 가공이 완료된 Shaft는 외경치수, 표면조도, 동심도, 직진도 등을 계측하여 이상 유무를 확인한다.

그림 9-58 Intermediate Shaft(아래)와 Propeller Shaft(위)

프로펠러(Propeller)는 해수에 내부식성을 가진 합금강의 주조품으로 제작이 되는데, 일반적으로 재질은 니켈-알루미늄-브론즈(Ni-Al-Bronze)의 합금이다. 주조 작업 후 전용 공작기계에서 정밀한 기계가공을 하며, 가공정밀도는 일반적으로 ISO484를 따른다.

가공이 완료된 프로펠러는 제품의 이상 유무를 확인하기 위해 품질 검사를 실시하는데, 먼저 정적균형시험(Static Balance Test)를 실시한다. 다음으로 외경치수, 날개형상을 계측하고 설계 도면과 비교하여 확인을 하고, 표면의 결함유무를 육안으로 검사한다.

그림 9-59 제작이 완료된 Propeller

## 9.8.4 기계조립품의 품질(Quality for Assembly Work)

기계조립작업은 조립정반 위에서 작업을 하는데 먼저 대형물인 몸체를 정반위에 세팅(Setting)을 하고 수평도 및 수직도를 측정하여 계측값이 표준을 초과 할 경우에는 재조정 작업을 실시한다. 다음으로 조립 순서에 따라 가공부품들을 차례로 조립을 한다. 대형품인 주기관(Main engine)은 베드플레이트(Bed plate), 프레임박스(Frame box), 실린더프레임(Cylinder frame) 등 3개의 대형블록과 많은 부품으로 구성된다.

Main engine의 조립작업은 엔진 Maker의 조립절차서에 따라 순차적으로 조립을 실시하며, 조립작업 시 단계별 검사는 승인된 ITP(Inspection & Test Plan)를 기준으로 검사, 측정하여 결과를 기록한다.

엔진의 조립작업 시에는 먼저 Bed plate를 정반위에 올려놓고 상부면의 수평도(Levelling)를 측정한다. 다음으로 Bed plate 위에 Frame box와 Cylinder frame을 조립한 다음에 각 Cylinder의 수직도(Centering) 측정과 Cross head의 틈새간격(Gap)을 측정하여 엔진의 운전 시 Piston 작동의 문제가 없도록 한다. 조립작업이 완료되면 공식 시운전에 앞서 엔진 길들이기 운전을 한 다음에 승인된 공장시운전절차서(Shop Test Procedure)에 따라 공장 내 시운전(FAT)을 실시하여 엔진의 성능과 연료 소모율 등 중요 사항을 점검 한다. 공장 내 시운전은 부하시험(Load Test), 최소회전수시험

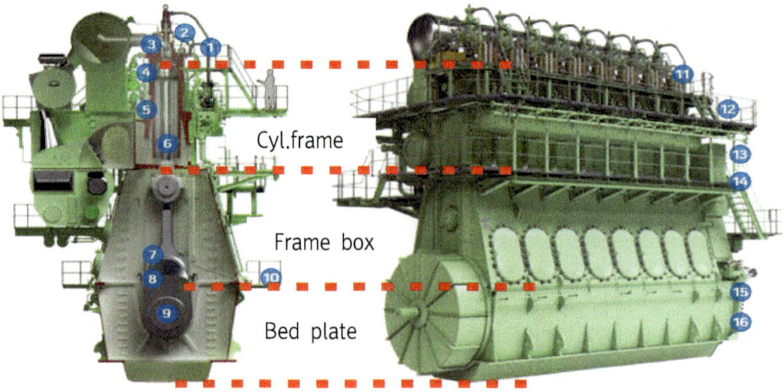


그림 9-60 Main Engine

(Minimum Revolution Test), 조속기시험(Governor Test), 시동과 역회전 시험(Starting & Reversing test), 안전장치시험(Safety Device Test) 등 다양한 항목을 점검한다.

그림 9-61 Main Engine 주요 부품

# 연습문제

1. 하기 열처리(Heat treatment) 방법에 대해 간략히 설명하시오
   1) 담금질(Quenching)
   2) 뜨임(Tempering)
   3) 풀림(Annealing)
   4) 불림(Normalizing)
   5) 표면경화 열처리(Surface Hardening)

2. 하기 공작기계에 대해 간략히 설명하시오
   1) 밀링머신(Milling Machine)
   2) 선반(Lathe)
   3) 보링머신(Boring Machine)
   4) 호빙머신(Hobbing Machine)
   5) 드릴링머신 (Drilling Machine)

3. 하기 조립작업에 대해 간략히 설명하시오
   1) 유압너트 작업(Hydraulic Nut)
   2) 축이음 작업(Coupling Work)
   3) 열박음 작업(Shrinkage Fitting Work)

4. 용접부 비파괴검사(NDT for Welding Joint)에 대해 설명하시오

# 10장

# 주요장비의 탑재작업과 품질실무

## 10.1 개요

선박 추진시스템의 주요장비(Equipment)는 전문 메이커(Maker)에서 제작이 완료되어 조선소에 입고가 되면 선박의 건조 일정에 따라 선박 내에 탑재가 되고, 성능을 확인하기 위한 설치검사, 운전검사를 거쳐 최종적으로 해상시운전(Sea trial)을 실시한다.

## 10.2 탑재작업 일반(Installation on Board)

선박 추진시스템의 주요장비(Equipment)인 주기관(Main engine), 축계(Thrust shaft, Intermediate shaft, Propeller shaft), 선미관(Stern tube), 추진기(Propeller) 등의 탑재작업은 장비 자체를 선박에 설치하는 작업과 장비의 운전에 필요한 연료유, 윤활유, 냉각수, 공기 및 전력 등 각종 유틸리티시스템(Utility system)과의 연결 작업으로 나누어진다. 각 장비의 설치와 배관 및 전기 연결 작업은 조선소의 표준화된 작업 절차서를 기준으로 선박 내에 탑재작업을 한다.

### 10.2.1 주기관(Main Engine) 탑재작업

주기관(Main engine)의 탑재는 일반적으로 엔진이 완성품으로 조립된 상태에서 설치작업을 하고 있다. 이렇게 설치작업을 함으로써 작업의 효율성을 높일 수 있음은 물론, 재조립 작업 시 발생될 수 있는 부품의 파손, 분실, 오염 등의 문제를 예방할 수 있다. 초대형 엔진의 경우에는 탑재장비인 크레인(Crane)의 용량(Capacity)과 안전문제 등으로 인하여 엔진을 적합하게 분해를 한 후에 설치 작업을 하는 경우도 있다.

주기관의 탑재작업은 우선 엔진의 하부 부분인 Bed plate를 기관실의 탱크탑(Tank top) 위에 올려 놓은 후 선체와 수평도 및 중심선을 맞추는 레벨링 작업(Levelling)과 센터링 작업(Centering)을 먼저 실시한다. 레벨링과 센터링 작업이 완료되면 유압잠금볼트(Hydraulic holding down bolt)를 사용하여 엔진을 선체에 고정시킨 다음에 경화수지(Resign chock)를 엔진 Bed plate와 선체 사이에 주입하여 경화 고착시킨다. 이렇게 함으로써 선박 운항 시 엔진 자체의 진동을 최소화하고, 추력에 따른 엔진의 전후 밀림 현상을 방지한다.

엔진 레벨링 작업 시에 축계정렬(Shaft alignment) 작업도 함께 실시하여 축베어링(Shaft bearing)의 하부(Low half) 위치를 고정시켜 축계(Shaft) 설치작업을 원활하게 할 수 있도록 준비를 한다. 또한 추진기(Propeller)에서 발생되는 양방향의 추력(Thrust)이 엔진으로 전달되는 것을 방지하는 추력베어링(Thrust bearing)이 별도로 설치되는 경우에는 베어링의 하부(Low half)도 함께 설치를 한다. 선체에 엔진의 탑재작업이 완료되면 조선소에서 설치한 각종 유틸리티 시스템((Utility system), 전력전선(Power cable) 및 제어전선(Control cable) 등과 정확하게 연결 작업을 하여 엔진 운전 시 문제가 없도록 해야 한다.

그림 10-1 선박추진 시스템 개요

## 10.2.2 축계(Shafting) 설치작업

축계(Shafting)는 일반적으로 1개의 Propeller shaft와 1개 이상의 Intermediate shaft로 구성이 되어 있다. Intermediate shaft는 양 끝단이 연결플랜지(Integral flange)로 되어 있어서 엔진과 Propeller shaft에 볼트를 체결하여 설치를 할 수 있는 구조이다. Intermediate shaft의 설치는 정렬(Alignment) 작업이 완료된 Shaft bearing의 하부 위에 설치한 한 후 베어링 상부를 조립한다. Intermediate shaft bearing은 상, 하부로 분리되는 구조로 되어 있으며, Shaft의 자중으로 인한 마찰력이 주로 발생하는 하부는 내부에 화이트메탈라이닝(White metal lining)을 하여 마찰을 최소화 할 수 있는 구조로 되어 있다.

Intermediate Shaft의 양 끝단의 설치공차(Gap, Alignment)가 허용값 이내로 측정이 되면 축계(Shaft) 연결작업을 한다. 연결작업은 일반적으로 볼트를 냉간박음(Shrinkage fitting)으로 작업을 한 후에 너트를 체결하는 방법을 사용하여 작업을 하고 있으나, 선주의 특별한 요구가 있을 경우에는 유압체결볼트(Hydraulic coupling bolt)를 사용하기도 한다.

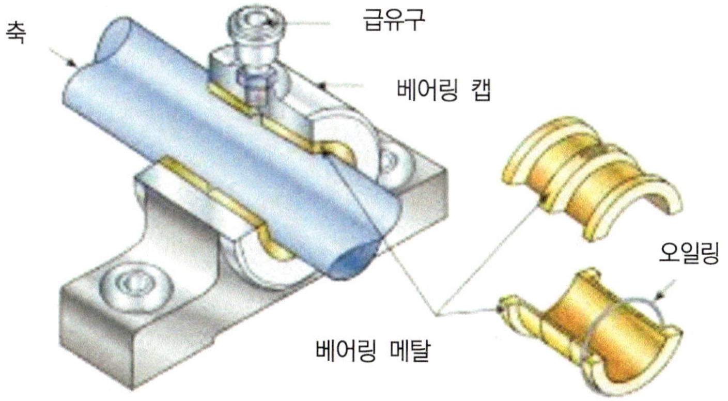


그림 10-2 Shaft Bearing 구조

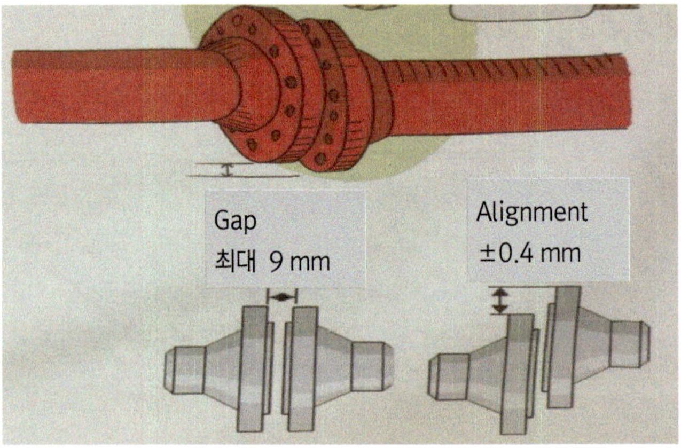


그림 10-3 Shaft 설치 공차 예시

Propeller shaft의 한쪽은 Flange로 되어 Intermediate shaft와 볼트로 체결을 하고, 다른 쪽은 경사(Taper)로 기계가공이 되어 있어 Propeller를 키(Key) 박음 없이 설치할 수 있도록 되어있다. 일반적으로 대형선의 경우 Propeller shaft는 Intermediate shaft 보다 길이가 짧게 제작이 되어 수리 작업 시에 선내로 반출을 가능하도록 하고 있다. 설치가 완료된 Shaft는 주기관에 설치된 회전기어(Turning gear)를 이용하여 저속으로 회전하면서 축계(Shaft)의 동심도를 측정하여 설치 결과의 이상 유무를 확인한다.

## 10.2.3 스턴튜브(Stern Tube) 설치작업

Stern tube는 선체의 스턴보스(Stern boss)에 열박음 작업을 한 후에 선체에 용접작업을 하여 고정을 시켜, 선박 운항 시 Shaft와 함께 회전하는 문제가 발생되지 않도록 한다.

Tube 내부에는 Propeller shaft의 하중을 지지하고, 마찰력을 최소화하기 위하여 전, 후 양 끝단에 Bearing 역할을 하는 화이트메탈(White metal)이 라이닝(Lining)되어 있다. 또한 두 개의 스턴튜브씰(Stern tube seal)이 양측에 설치가 되는데, 선미측 Seal은 바닷물이 선내로 유입되는 것을 방지하고 선수측 Seal은 Stern tube 내부의 Oil이 선내로 유출되는 것을 방지하기 위한 목적이다.

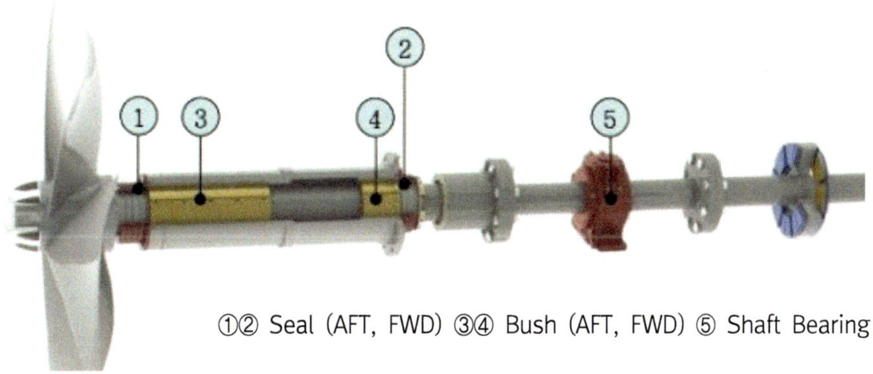


그림 10-4 Stern Tube 설치 개념도

Stern Tube 내부에는 윤활과 냉각을 위하여 윤활유(Lube oil)가 공급되고 순환이 되는데, 이를 스턴튜브 윤활시스템(Stern tube L.O system)이라 한다. L.O system의 배관 내부는 녹이나 이물질 등이 잔존하지 않도록 배관 설치후 Hydro test 및 Flushing 작업 시에 특별히 청결을 유지되도록 관리하여 선박 운전 중 Seal 손상 사고를 방지하여야 한다.

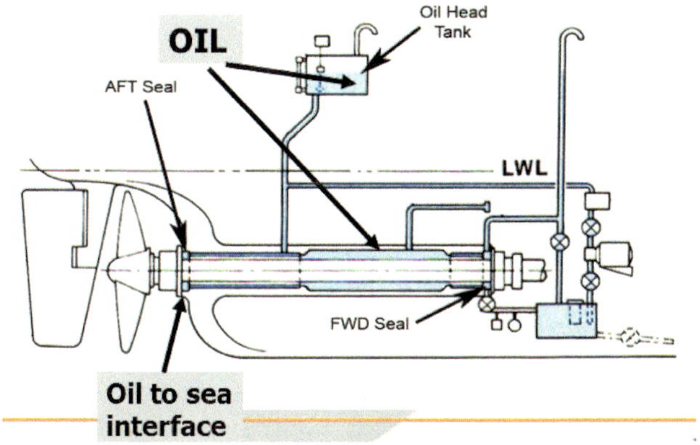


그림 10-5 Stern Tube L.O System 개념도

## 10.2.4 프로펠러(Propeller) 설치작업

Propeller는 1/20 경사(Taper)로 가공이 된 Propeller shaft 끝단에 Hydraulic nut를 이용하여 유압식으로 체결을 한다.

키(Key)를 사용하여 Propeller를 Shaft에 설치를 하는 경우도 있지만, 선박운항 중 Key가 파손될 경우의 문제를 방지하기 위하여 대형 선박에서는 키 없는 방식(Keyless type)을 사용하고 있다.

Shaft에 체결 후에 프로펠러 캡(Propeller cap)을 프로펠러 보스(Propeller boss)에 볼트로 조립하고 그 내부 공간에 그리스(Grease)를 채우는 작업을 하여 향후에 Shaft와 Nut의 나사산이 부식되는 것을 방지한다. Propeller의 설치 작업 후에도 도크(Dry dock) 내에서 선박 건조를 위한 여러 가지의 작업이 동시에 복잡하게 진행이 된다.

이때 다른 작업자의 부주의로 인한 작업 간섭으로 Propeller 끝단 및 표면이 손상되지 않도록 덮개(Covering)를 하여 보호를 하는 등 손상이 되지 않도록 특별히 관리를 하여야 한다.

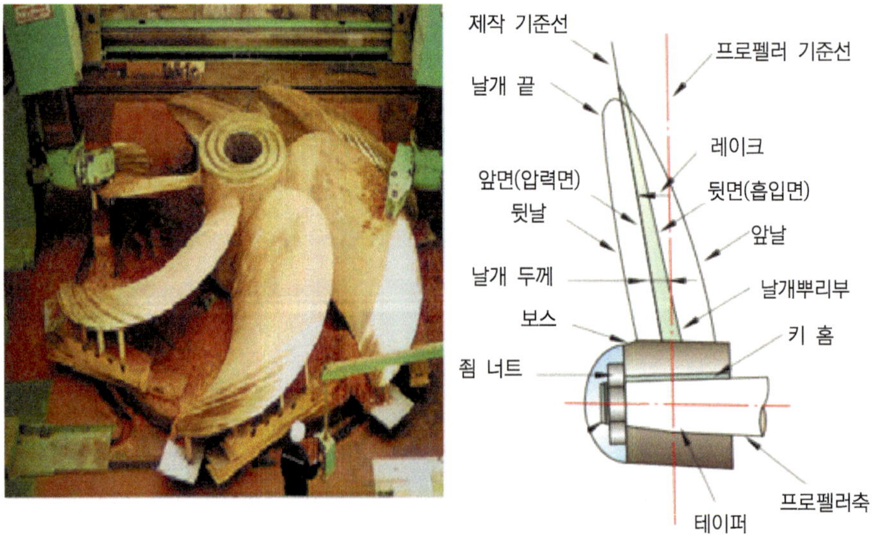


그림 10-6 고정피치 Propeller 구조

그림 10-7 선박에 설치된 Propeller 모습

또한 진수 전에 Propeller 표면에 대한 육안검사를 반드시 실시하여 손상유무를 확인해야 한다.

## 10.3 시운전(Quay Trial and Sea Trial)

선박의 건조가 실질적으로 완료가 되었을 때, 선주감독관 및 선급검사관의 참관하에 조선소 표준 및 상호 협의된 순서(Program)에 따라 시운전을 실시한다.

### 10.3.1 배관(Piping) 작업

배관은 선박의 주요기기가 정상적으로 작동을 할 수 있도록 여러 종류의 기름 및 유틸리티(Utility)를 공급하기 위한 각 시스템의 필수적인 요소이다.

또한 메이커(Maker)에서 공급된 장비(Equipment)의 배관과 조선소에서 설치한 배관을 원활하게 연결하기 위하여 사전에 공유된 정보가 설치를 위한 설계도면에 반드시 반영되어야 한다. 따라서 배관작업은 선박건조의 전 공정을 통해서 제일 중요한 부분을 차지하고 있는데, 일반적으로 아래의 순서로 작업이 되고 있다.

① 배관설치는 각각의 배관부속품을 연결하거나 용접작업을 하여 연결 해나가는 작업이다. 설치작업이 완료가 되면 배관이 정상적으로 설치되었는지 점검을 하여야 한다. 도면과 비교하여 설치된 배관라인을 점검하여 이상 유무를 확인하여야 하며, 밸브 설치방향도 점검을 하여야 한다.

② 하이드로테스트(Hydro Test)는 설치된 배관라인의 막힘이나 누수 여부를 확인하는 작업으로 배관 내부에 물을 채우고 일정한 압력을 가하여 테스트하는 작업이다. Test를 실시할 해당 시스템에 처음부터 끝까지 유체가 흐르는 조건을 만들어서 압력시험을 실시한다.

③ 배관 플러싱(Flushing) 작업은 화학약품, 물, 기름 등으로 배관 내부를 깨끗하게 만드는 작업이다. Flushing 작업은 배관청결을 위한 가장 중요한 작업 중 한가지이다.

Main engine이나 발전기 엔진, 보일러 등을 가동하기 전에 연료유나 윤활유 라인에 이물질이 없도록 깨끗하게 관리를 하여야 작동 시 기기의 손상을 방지함은 물론 원활한 운전을 할 수 있다. 따라서 플러싱 작업이 끝나야 이런 장비들을 작동을 해야 한다.

최근 선박에 자동화 설비가 증가함에 따라 제어(Control)를 위한 유압(Hydraulic oil), 공압 시스템(Pneumatic system)의 설치가 증가하고 있다. 이들의 배관 내부에 이물질이 제거되지 않을 경우에는 작동 시 기기의 손상은 물론 오작동으로 인하여 선박의 안전운항에도 중대한 문제가 발생될 가능성도 있다. 따라서 Control을 위한 System 배관 내부의 청결 관리가 필수적이다.

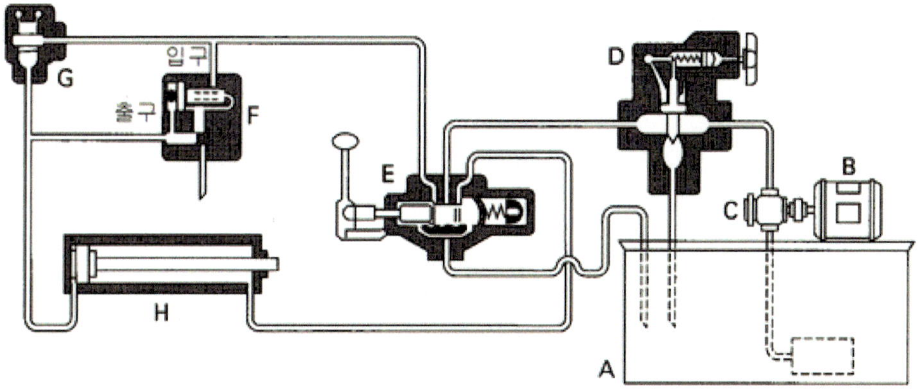


구성요소 목록

| | |
|---|---|
| A-오일탱크 | E-방향제어밸브 |
| B-전기모터 | F-유량제어밸브 |
| C-펌프 | G-직각 첵밸브 |
| D-최대압력(릴리프)밸브 | H-실린더 |

그림 10-8 유압시스템(Hydraulic Oil System) 개념도

## 10.3.2 안벽 시운전(Quay Trial)

Main engine에 대한 안벽 시운전은 선박이 조선소 안벽(Quay)에 계류되어 있는 동안 Main engine 및 관련 Equipment의 운전상태를 점검하기 위해 다음 항목에 대해 Test를 실시한다.

- 시동위치 확인(Confirmation of Starting Position)
- 터닝기어 잠금 시험(Turning Gear Interlock Test)
- 제어장치 시험(Confirmation of Control Test)
- 안전장치 시험(Safety Device Test)
- 최소 회전 시험(Minimum Revolution Test)
- 크랭크케이스 검사(Inspection of Crank Case)

- 시동 공기 용량시험(Test of Starting Air Capacity)
- 개방검사(Overhaul Inspection)

안벽 시운전이 완료되면 운전 중에 엔진 부품에 이상마모 등의 문제가 발생하였는지 여부를 확인하기 위해 엔진을 분해하고, 아래 항목에 대해 개방검사(Overhaul Inspection)를 실시한다.

- 실린더 라이너(Cylinder Liner)
- 실린더 커버(Cylinder Cover)
- 피스톤 전체(Piston Complete)
- 크랭크샤프트 베어링(Crankshaft Bearing)
- 메인 베어링(Main Bearing)
- 크랭크핀 베어링(Crankpin Bearing)
- 크로스헤드 베어링(Crosshead Bearing)
- 크로스헤드 핀과 가이드 슈(Crosshead Pin & Guide Shoe)
- 캠샤프트 구동 체인, 휠(Camshaft Driving Chain & Wheel)

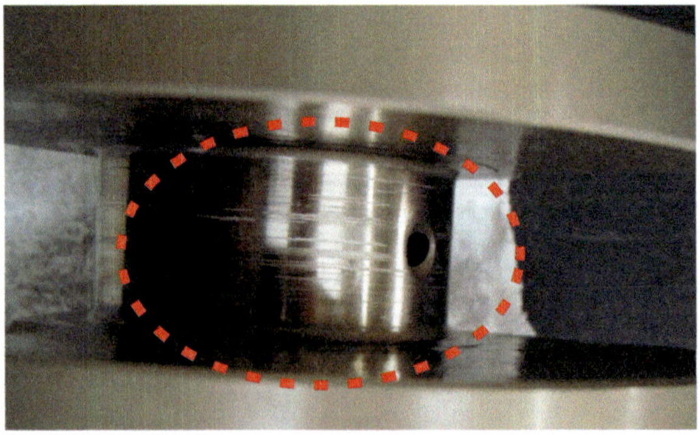

그림 10-9 Crankshaft 이상 마모

개방검사는 엔진의 주요 운동부위를 점검하기 위한 육안 검사이며, 검사 시 이상마모 등의 문제가 발견될 경우도 있다. 이때는 해당 부품의 손상에 대한 문제원인을 파악하고 대책방안을 수립한 후 선주와 협의를 하고, 필요한 조치를 시행한다. 특히 윤활유 시스템(Lubricating oil system)의 작동이 원활하지 못하여 문제가 발생하는 경우가 많으므로 엔진 설치 작업 시 체계적인 단계별 품질관리가 요구된다.

### 10.3.3 해상 시운전(Sea Trial)

공식 해상 시운전(Official sea trial)은 선주와 협의된 시운전 일정 및 시운전 순서에 따라 실시된다. 해상 시운전 시에는 Main engine test 뿐만 아니라 선박의 전반적인 점검을 위한 시운전를 하는데, 30개 이상의 프로그램으로 구성되어 있다.

선박 추진 시스템 관련하여 중요한 Test 및 검사는 아래와 같다.

① 속도 시험(Speed Test)

- 50% 엔진부하(50% Load)
- 75% 엔진부하(75% Load)
- 정상 운항 속도의 엔진부하(Service Rating)
- 100% 엔진부하(100% Load)

② 조종성능 시험(Maneuvering Test)

- 급정거 후진 시험(Crash Stop Astern Test)
- 선회 시험(Turning Test)
- 지그재그 시험(Zig-Zag Test)
- 소음 측정(Measurement of Noise Level)

③ 주기관 시동 시험(Main Engine Starting Test)

④ 실린더 개방검사(Cylinder Overhaul Inspection)

그림 10-10 시운전 중인 LNG선

# 참고문헌

[1] marinediesels.co.uk

[2] 조선기술_지성사_대한조선학회편

[3] 한국선급(KR) 규칙

[4] SOLAS, IMO

[5] 조선해양공학 용어집 통합본_대한조선학회편

[6] Taylor Series, DTMB

[7] Resistance and Propulsion of Ships, S A Harvald

[8] The nPL High Speed Round Bilge Displacement Hull Series, D Bailey

[9] Marine Propeller and Propulsion, J S Carlton

[10] 기본조선학(중) 저항과추진, 대한교과서 주식회사

[11] 선박 동력장치 개론. 정노택. UUP(울산대학교출판부)

[12] 선박의 동력 전달과 추진. 오인호. 다솜출판사

[13] IACS UR M68, Dimensions of Propulsion Shafts and Their Permissible Torsional Vibration Stresses

[14] 금속재료, 기전연구사

[15] 재료시험 및 검사, 기전연구사

[16] 기계공작법, 기전연구사

[17] 각 선급(KR, ABS, LRS, DNVGL 등) Inspection and Test Requirements

# 선박동력 전달장치

2025년 5월 20일 인쇄 발행

| | |
|---|---|
| 저　　자 | 장학수, 이충성, 최민종, 김진구, 문병영 |
| 발 행 인 | 송기수 |
| 발 행 처 | 도서출판 GS인터비전 |
| 편 집 처 | 도서출판 GS인터비전 |
| 편 집 인 | 공예서, 한아름 |
| 표지디자인 | 디자인붐 |
| 인 쇄 처 | 트윈벨미디어 |
| 등록번호 | 제 25100-2016-000050호 |
| I S B N | 979-11-5576-477-0 (93530) |

주　　소 서울 은평구 증산로 15길 69, 2층
전　　화 02-976-7898, 02-3272-7898.
팩　　스 02-6468-7898
홈페이지 gsintervision.kr
E-Mail gsinter7@gmail.com

정 가 30,000원